全国职业教育快递专业（方向）推荐教材
全国邮政行业快递职业培训推荐教材

快递信息技术应用

国家邮政局职业技能鉴定指导中心　组织编写

中国人事出版社
中国劳动社会保障出版社

图书在版编目(CIP)数据

快递信息技术应用/国家邮政局职业技能鉴定指导中心组织编写. -- 北京：中国人事出版社：中国劳动社会保障出版社，2020

全国职业教育快递专业（方向）推荐教材　全国邮政行业快递职业培训推荐教材

ISBN 978-7-5129-1517-6

Ⅰ. ①快…　Ⅱ. ①国…　Ⅲ. ①信息技术-应用-快递-邮政业务-职业教育-教材　Ⅳ. ①F618-39

中国版本图书馆 CIP 数据核字(2020)第 041107 号

中国人事出版社
中国劳动社会保障出版社 出版发行

（北京市惠新东街 1 号　邮政编码：100029）

*

三河市潮河印业有限公司印刷装订　　新华书店经销

787 毫米×1092 毫米　16 开本　15.25 印张　292 千字

2020 年 4 月第 1 版　　2024 年 1 月第 3 次印刷

定价：35.00 元

营销中心电话：400-606-6496

出版社网址：http://www.class.com.cn

http://jg.class.com.cn

版权专有　　侵权必究

如有印装差错，请与本社联系调换：（010）81211666

我社将与版权执法机关配合，大力打击盗印、销售和使用盗版图书活动，敬请广大读者协助举报，经查实将给予举报者奖励。

举报电话：（010）64954652

《快递信息技术应用》编审委员会

主　　任　张小宁

副 主 任　王风雷　左朝君

委　　员　(排名不分先后)

方　玺　李　梅　尹贻军　赵学健　张灵军

朱倩颖　朱　磊　吴阿明　李自立　肖方旭

张　慧　沈晓燕　高俊霞　申志军　周晓丰

主　　编　李　栋　于晓霞

副 主 编　杜华云

编写人员　孙正萍　刘　静　巩晓顺　郑佳佳

前　言

近年来，我国快递业保持较快增长，服务能力显著提升，基础设施条件和政策环境明显改善，现代产业体系初步形成，快递业已成为国民经济的重要组成部分，在降低流通成本、支撑电子商务、服务生产生活、扩大就业渠道等方面发挥了积极作用。

《快递暂行条例》明确指出，国家鼓励和引导经营快递业务的企业采用先进技术，促进自动化分拣设备、机械化装卸设备、智能末端服务设施、快递电子运单以及快件信息化管理系统等的推广应用。现代快递业的快速发展，需要信息技术的大力支持，从快递信息的采集，到快递信息传输，再到快递信息的存储分析，都离不开信息技术的大力支持。因此，要发展现代快递业，必须依靠现代信息技术的发展和应用，实现快递业的信息化。

本书共四篇。第一篇对快递信息技术的基本概念做了详细的介绍；第二篇分别介绍了条码技术、射频识别技术、自动定位跟踪技术和光学字符识别技术等几种常见的快递信息采集技术；第三篇分别对计算机网络知识、移动通信技术及物联网技术等快递网络传输技术进行阐述；第四篇主要介绍数据库技术、数据挖掘与区块链技术、电子数据交换技术等信息存储分析技术以及快递管理信息系统的开发等内容。本书结合信息技术发展的最新进展，加入了大数据、数据中心、区块链等前沿技术，希望对于读者深入理解、掌握和分析快递信息技术的基本原理和最新发展能有所帮助。

本书在编写的过程中，得到了各方的大力支持和帮助：山东工程技师学院的专家和学者承担了教材内容的具体编写工作；国家邮政局相关司局、发展研究中心、邮政业安全中心，中国快递协会和邮政行业职业技能鉴定专家委员会相关负责同志和专家对教材的编写提出了很多很好的意见和建议；中外运-敦豪国际航空快件有限公司、中通快递股份有限公司等多家快递企业的相关业务和培训专家，南京邮电大学、北京印刷学院、淮南联合大学、浙江邮电职业技术学院、武汉交通职业学院的相关专家学者为教材的编写提供了许多帮助和建议，在此一并表示衷心感谢！

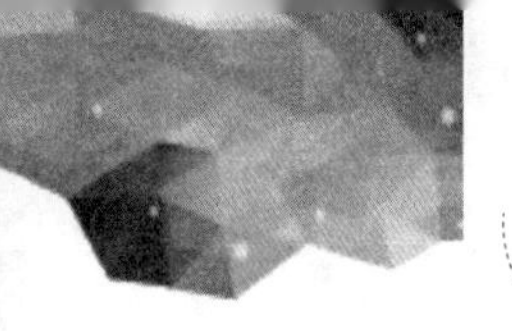

由于快递信息技术发展和应用尚处于不断发展完善的过程中，涉及的范围和领域非常宽泛，加之作者知识与经验积累有限，书中难免有错误和不妥之处，敬请各位专家和读者批评指正，以便得到进一步完善。

国家邮政局职业技能鉴定指导中心

2019 年 9 月

目　　录

CONTENTS

第一篇　快递信息技术基础 …… 1

项目　快递信息及其技术概述 …… 1

任务一　快递信息概述 …… 3

任务二　快递信息技术认知 …… 8

实训任务　检索快递企业信息技术的应用情况 …… 16

第二篇　快递信息采集技术 …… 19

项目一　条码技术 …… 19

任务一　认识条码识别技术 …… 20

任务二　常用的一维条码 …… 29

任务三　二维条码基本知识 …… 44

任务四　条码的识读技术 …… 53

实训任务一　条码的收集 …… 60

实训任务二　BarTender 条码打印软件的使用 …… 61

项目二　射频识别技术 …… 63

任务一　射频识别技术认知 …… 64

任务二　射频识别系统的组成和工作原理 …… 70

任务三　射频识别技术的应用 …… 76

实训任务一　RFID 电子标签的收集与识别 …… 79

实训任务二　设计一个 RFID 系统 …… 80

项目三　自动定位跟踪技术 …… 82
任务一　全球定位系统技术 …… 83
任务二　北斗卫星导航系统 …… 90
任务三　地理信息系统技术 …… 95
任务四　自动定位跟踪技术应用 …… 103
实训任务一　GPS 车辆监控系统软件操作 …… 108
实训任务二　熟悉北斗卫星导航系统 …… 109
项目四　光学字符识别技术 …… 112

第三篇　快递网络传输技术 …… 119
项目一　计算机网络知识 …… 119
任务一　计算机技术基础 …… 119
任务二　计算机网络技术 …… 124
实训任务　无线局域网的组建 …… 134
项目二　移动通信技术 …… 136
任务一　移动通信基础认知 …… 137
任务二　常用移动通信系统 …… 138
任务三　移动通信技术认知 …… 147
任务四　移动通信技术应用 …… 153
项目三　物联网技术 …… 158
实训任务　物联网行业企业信息的收集 …… 165

第四篇　快递信息存储分析技术 …… 167
项目一　数据库技术 …… 167
任务一　数据库技术基础 …… 167

任务二　大数据及其应用 …… 171
实训任务　检索文献 …… 178
项目二　数据挖掘与区块链技术 …… 181
任务一　数据挖掘技术 …… 181
任务二　区块链技术 …… 185
项目三　电子数据交换技术 …… 189
任务一　电子数据交换技术概述 …… 190
任务二　电子数据交换系统 …… 193
任务三　电子数据交换技术在快递中的应用 …… 200
实训任务　EDI 技术操作应用 …… 201
项目四　快递管理信息系统 …… 205
任务一　快递管理信息系统概述 …… 207
任务二　快递管理信息系统的开发 …… 211
任务三　快递管理信息系统的基本功能和系统模块 …… 216
任务四　快递信息安全管理 …… 222
实训任务　应用快递管理信息系统 …… 227

参考文献 …… 233

第一篇
快递信息技术基础

• 项目　快递信息及其技术概述 •

知识目标

◇ 掌握数据、信息以及快递信息的定义。

◇ 了解快递信息的分类、特点及作用。

◇ 了解信息技术的概念和分类。

◇ 掌握信息系统的概念、基本组成和基本功能。

◇ 掌握常见的快递信息技术。

技能目标

◇ 能列举快递企业目前常用的信息技术。

导入案例

智能仓储带来大机遇，“互联网+”让快递变“聪明”

作为信息化时代的产物，互联网将改变传统快递运作方式和效率，“互联网+快递”必将成为快递行业新的亮点。智慧快递将给企业带来人力的节省和效率的提升，成为智能制造的一个重要方向。

随着个性化定制模式逐渐兴起，新一代智能工厂陆续出现，这对快递业提出了新的要求。为了节约生产成本、提升国际竞争力，中国制造业掀起“机器换人”的发展浪

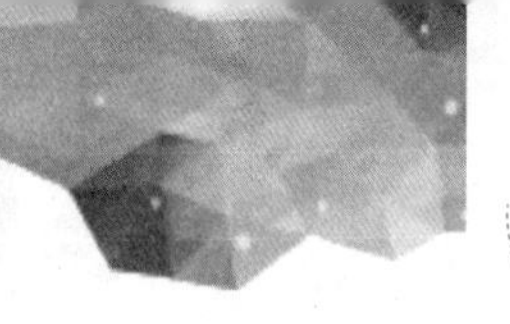

潮。从长远发展来看，自动化快递装备能给企业节省人力和提升效率，因此智慧快递必将成为智能制造的一个重要方向。

目前，众多现代快递系统已经具备了信息化、数字化、网络化、智能化的功能，借助于最新的红外、无限（线）、自动识别、卫星定位等高新技术实现真正的智慧化。随着大电商时代的到来，智慧快递将变得越来越重要。国务院办公厅《关于推进电子商务与快递物流协同发展的意见》中提出鼓励快递物流企业采用先进适用技术和装备，提升快递物流装备自动化、专业化水平，加强大数据、云计算、机器人等现代信息技术和装备在电子商务与快递物流领域应用，大力推进库存前置、智能分仓、科学配载、线路优化，努力实现信息协同化、服务智能化。

一、智能仓储带来巨大机遇

随着仓储自动化的发展，智能型搬运设备已经成为快递业必不可少的工具。这些搬运工具把原材料、零部件等物品送到生产工位上，让安装过程变得更顺利，这种搬运工具逐步发展并延伸应用至各行各业中。

如今搬运工具自动化程度越来越高，自动化导航小车已经能实现无人化搬动。在快递搬动环节，从过去简单的人力小车发展到今天的搬运机器人——自动导引运输车（Automated Quided Vehicle，AGV）。AGV 在汽车生产线上应用十分普遍，其代替了人力搬动，大大提高了生产装配的效率。

2012 年，美国最大网络电商亚马逊公司花费 7.75 亿美元收购 Kiva 机器人系统后，在其快递仓库中大量投入 Kiva 机器人。据了解，这些机器人效率非常高，而且不会疲惫，机器人能举起重达 1 361 kg 的货物，通过仓库的计算机控制系统指挥机器人完成搬运工作，整个快递过程自动化程度相当高。

电商已经成为当今社会一个巨型的产业，人们开始适应这种通过计算机、移动手机进行网上购物的方式。相信未来智慧仓储的市场需求将会越来越大，而快递搬运机器人也会迎来更多的机会。

二、无人化货运已经实现

自从谷歌无人驾驶汽车推出后，日产、奥迪、戴姆勒、沃尔沃等汽车界巨头也相继押注无人驾驶技术。据悉，特斯拉计划引入“自动驾驶员”（Autopilot）功能。未来，无人驾驶将催生全新的交通模式和商业模式。

在快递运输领域，无人驾驶技术的出现将带来巨大的经济效率。据数据统计，过去大型卡车容易发生的交通事故，90%来源于驾驶员的人为疏忽。可以预见无人驾驶技术将改变这种状况。当然，无人驾驶带来的好处远不止如此，它还可以实现可视化监控、实时跟踪货物，让快递成本降到最低等。

据外媒报道，英国的航空发动机公司罗尔斯·罗伊斯正在研发无人驾驶货轮系统，这种货轮系统运行起来会更加清洁有效，同时也能降低运输成本。无人驾驶货轮系统的推出将让全球快递无人化运作成为可能。罗尔斯·罗伊斯表示对此项目有信心，可在未来 10 年内实现目标。

任务一　快递信息概述

一、数据和信息

（一）数据

数据是人们用来反映客观事物的性质、属性及相互关系的符号，包括任何字符、数字、图形、图像和声音等。例如，载重 20 t 的东风卡车以 60 km/h 的速度行驶，其中“20 t”“60 km/h”“东风”“卡车”就是数据，反映了一个特定的卡车行驶情况。

在计算机科学中，数据是指所有能输入计算机并被计算机程序处理的符号介质的总称。数字、文字、图画、声音和活动图像，这些计算机系统中的数据一般以二进制编码形式出现，数据分为数值型数据和非数值型数据。数值型数据有正负、大小之分，可以进行数学运算。非数值型数据有字符、汉字、图像、声音等，它们在计算机中也表示成二进制形式。

数据有 3 个基本特征，即数据名、数据类型和数据长度。数据名是唯一表述某数据的名称；数据类型有字符型、日期型等，每个数据只能归属一种类型；数据长度以字节为单位，表示需要占用的存储空间，对于非数值型数据还要定义其精度。例如，“卡车”是字符型数据，其数据长度为 4 字节。

数据按性质可以分为定位的数据，如各种坐标数据；定性的数据，如表示事物属性的数据，如居民地、河流、道路等；定量的数据，反映事物数量特征的数据，如长度、面积、体积等几何量或重量、速度等物理量；定时的数据，反映事物时间特性的数据，如年、月、日、时、分、秒等。

数据按表现形式分为数字数据，如各种统计或量测数据；模拟数据，由连续函数组成，是指在某个区间连续变化的物理量，又可以分为图形数据、符号数据、文字数据和图像数据等，如声音的大小和温度的变化等。

（二）信息

1. 信息的定义

“信息”一词在英文、法文、德文、西班牙文中均是“Information”，在日文中为

“情报”，在我国古代是“消息”。“信息”作为科学术语最早出现在哈特莱（R. V. Hartley）于1928年撰写的《信息传输》一文中。20世纪40年代，信息的奠基人香农（C. E. Shannon）给出了信息的明确定义，此后许多研究者从各自的研究领域出发，给出了不同的定义。具有代表意义的表述如下：

香农认为“信息是用来消除随机不确定性的东西”，这一定义被人们看作经典性定义并加以引用。

控制论创始人维纳（Norbert Wiener）认为“信息是人们在适应外部世界，并使这种适应反作用于外部世界的过程中，同外部世界进行互相交换的内容和名称”，它也被作为经典性定义加以引用。

经济管理学家认为“信息是提供决策的有效数据”。

综上所述，信息是对某个事物或者事物的一般属性的描述，是事物的内容、形式及其发展变化的反映。信息是具有时效性的、有一定含义的、有逻辑的、经过加工处理的、有决策价值的数据流，即指数据处理后形成的能够反映事物内涵且对人们有意义和有用处的知识、资料、情报、图像、文件、语言和声音等形式。

信息是由实体、属性、值所构成的三元组。即信息=实体（属性1，值1；属性2，值2；…；属性 n，值 n）。例如，5 t东风卡车，信息=汽车（吨位：5，品牌：东风）。

2. 数据与信息的关系

数据与信息是息息相关的，但是数据不等同于信息。信息技术能将不可利用的数据形式加工成可利用的数据形式，即信息。数据是原材料，信息是加工后的、对决策或行动有价值的数据。

简而言之，数据和信息的关系可以看作原材料和成品之间的关系。数据是信息的符号表示；信息是数据的内涵，是数据的语义解释。数据是信息存在的一种形式，只有通过处理和解释才能成为有用的信息。数据可以用不同的形式表示，而信息却不会随着数据的形式不同而改变。数据与信息的关系如图1-1所示。

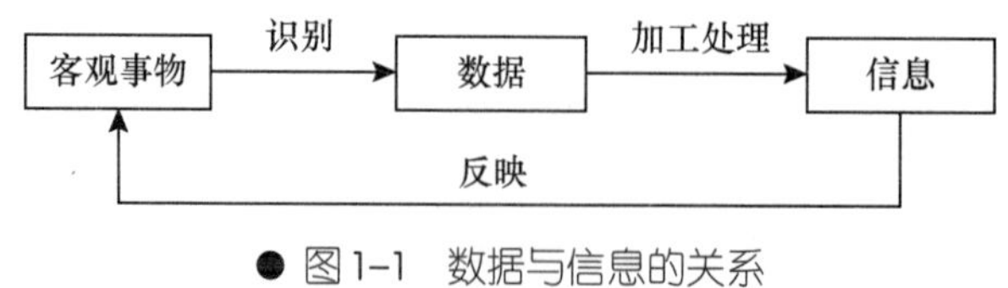

图1-1 数据与信息的关系

例如，某快递企业的运单上有寄件人姓名、收件人姓名、运单编号、寄递物品名称与数量、运费、日期、收派员姓名等数据。这些数据以单个形式出现没有意义，但汇总加工后形成了快递运单，就能准确反映快件的情况，就有了价值。快递企业可以根据此信息对快件进行扫描、分拣、转运。

3. 信息的特征

（1）真实性。信息是事物存在方式和运动变化的客观反映，客观、真实是信息最重要的本质特征，是信息的生命所在。

（2）传递性。传递是信息的基本要素和明显特征，高效的信息传递可以产生更大的价值。利用信息技术，信息传输的速度大大加快，并且信息传输的成本几乎可以忽略不计。信息只有借助一定的载体，经过传递才能为人们所感知和接受。

（3）时效性。信息的功能、作用、效益都是随着时间的延续而改变的，这种性能即信息的时效性。时效性是时间与效能的统一性，它既表明信息的时间价值，也表明信息的经济价值。一个信息如果超过其价值的实用期就会贬值，甚至毫无用处。

（4）价值性。信息是一种资源，具有价值性。人们可以通过利用信息获得效益。例如，消费者想从网上购买一些家用电器，他可以通过网上商城查阅相关电器的信息，选中后直接在线订购、货到付款。这比去实体商店购买更加方便、快捷，还可能享受到更多的折扣优惠。

（5）不对称性。由于各种条件的限制，在市场中交易的双方所掌握的信息是极不相等的，不同企业掌握信息的程度各有不同，这就形成了信息的不对称性。企业掌握的信息越充分，对其决策越有利。例如，快递企业掌握的潜在客户的信息越全面、越详细，就可能提供更加优质的服务，将潜在客户转变为忠实客户。

（6）共享性。信息与一般物质资源不同，它不属于特定的占有对象，可以为众多人群共同享用。实物转赠之后就不再属于原主，而信息通过双方交流，两者都有得无失。信息的这一特性通常以信息的多方位传递来实现。

二、快递信息

（一）快递信息的定义

快递信息是指快递系统内部以及快递系统与外界相联系的各种信息，是快递活动的反映，同时也是组织快递活动的依据。快递信息主要包括反映快递各种活动内容的知识、资料、图像、数据及文件等。

快递信息是快递活动中各个环节生成的信息，一般随着快件收寄到派送的整个过程而产生，与快递过程中的快件收寄、快件分拣、快件运输、快件派送等各种职能有机地结合在一起，是整个快递活动顺利进行所不可缺少的。快递活动涉及作业环节多，作业量大，因此快递作业必须是有计划的作业，整个复杂的作业流程必须通过精确的信息来控制。一套先进适用的信息管理系统不但可以极大地提高快递作业效率，还有助于减少作业环节和提升快递作业速度，从而最终实现高质量、低成本的快递服务目标。

（二） 快递信息的分类

1. 按快递功能分类

按快递功能不同，快递信息可分为计划信息、控制及作业信息、统计信息、支持信息等。

（1）计划信息。计划信息是指对未来快递作业或管理进行规划的信息。快递企业按照系统企业实际情况、客户需求，为提供低成本、高质量的快递服务，在制订快递管理或作业计划时需要收集计划信息。计划信息对制订准确实用的快递管理或作业计划起着决定性的作用。

（2）控制及作业信息。控制及作业信息是指在快递作业过程中产生的信息，如正在收件或派件的作业情况、客户及业务员情况等。

（3）统计信息。统计信息是指在快递作业结束后，对其作业结果分门别类地进行统计得到的信息。如每月的收件量统计，每月不同客户的派件量统计，每年不同快递作业的收入、利润统计等。

（4）支持信息。支持信息是指快递业务以外，但对快递业务能够产生影响的信息，如快递行业人才需求情况、国家的相关政策法规等。

2. 按快递信息来源分类

（1）快递系统内信息。快递系统内信息是指伴随着快递业务活动而产生的信息。

（2）快递系统外信息。快递系统外信息是指快递活动以外但与快递作业有紧密联系的信息，如商流信息、资金流信息等。

3. 按管理层次分类

（1）操作管理信息。操作管理信息是由操作管理层产生的信息，如作业票数、客户名称、作业人员情况等信息。

（2）知识管理信息。知识管理信息一般指行业经验、行业知识和技术等。

（3）战术管理信息。战术管理信息指的是部门级中短期的规划管理信息，如营业网点或处理场地的月度业务量、单位业务量成本等。

（4）战略管理信息。战略管理信息主要是企业高层决策信息，如经营策略的选择等。

（三）快递信息的特点

快递信息除了具备一般信息的特点，如信息的真实性、传递性、时效性和共享性等，还有其特殊性，主要表现在以下 4 个方面。

1. 信息量大，分布广

快递信息的产生、加工和应用在时间、地点上不一致，在方式上也不相同，这就需要有性能较高的信息处理部门，以及功能强大的信息收集、传输和存储能力。

2. 时效强

快递信息都是在一定时间内才具有价值的，即信息具有生命周期，当信息的生命周期结束，就意味着信息失去了价值，这样的信息就不可能再加以利用。绝大多数快递信息动态性强，信息的价值衰减速度快，这对信息管理的及时性要求就比较高。

3. 种类多

不仅快递系统内部各个环节有不同种类的信息，由于快递系统与其他系统，如客服系统、销售系统、客户系统等密切相关，因而还必须收集这些相关系统的信息，这就使快递信息的分类、研究、筛选等的难度加大。

4. 更新速度快

在现代快递活动中，信息价值的衰减速度正在逐渐加快，大量的信息转瞬即逝。例如，快递业的特点之一是各大快递企业千方百计地满足客户个性化的服务需求，多品种小批量生产，多额度小数量派送。由此产生大量的新信息不断地更新原有的数据库，且更新的速度越来越快。快递信息系统必须具有能够即时更新数据、分析数据的强大录入更新系统，以适应快递信息的特点。

（四）快递信息的作用

快递系统是由多个子系统组成的复杂系统，其中每一个子系统都不应被看成独立的部分，它们通过快件的中转联系在一起，快递信息成为各个子系统之间沟通的关键，在快递作业中起着中枢神经系统的作用。快递系统中的相互衔接是通过信息予以沟通的，而且基本资源的调度也是通过信息来控制的，如员工信息、快件信息、设备信息等。因此快递信息除了反映快件中转的各种状态外，更重要的是控制快件中转的时间、方向、发展进程。无论是协调信息，还是作业信息，快递信息的总体目标都是要把涉及企业的各种具体活动综合起来，加强整体的综合能力。

1. 协调快递活动

快递活动是一个多环节的复杂系统，快递系统中的各个子系统通过快件的运动联系在一起，一个子系统的输出就是另一个子系统的输入。合理组织快递活动，就是使各个环节相互协调，根据总目标的需要适时、适量地调度系统内的基本资源。快递系统基本资源的调度通过信息的传递来实现，因此组织快递活动必须以信息为基础，为了使快递活动正常而有规律地进行，必须保证快递信息畅通。

2. 支持快递活动

快递信息对整个快递活动起支持作用。越是高水平的快递活动对快递信息的依赖性越大，企业只有全面准确地掌握各种快递信息，才能充分地利用快递设备，使快递活动畅通，将客户的快件按要求的时间送到合适的地点，提高快递活动的效率和质量。

3. 提供决策支持

快递信息为企业决策提供了依据，只有通过对快递信息的正确判断和分析，才能做出正确的决策。具体表现为快递信息经分析、处理形成决策，决策执行的结果又成为新的快递信息，如此反复循环。

任务二　快递信息技术认知

一、信息技术与信息系统

（一）信息技术

信息技术（Information Technology，IT）是指获取、传递、处理、再生和利用信息的技术，泛指能拓展人们处理信息能力的技术。它能替代或辅助人们完成对信息的检测、识别、变换、存储、传递、计算、提取、控制和利用。

信息技术拓展了人们的信息技术处理能力。人的信息器官及其功能如下：一是感觉器官（如视觉、听觉、嗅觉、味觉、触觉等器官）承担获取信息的功能；二是遍布全身的神经系统承担传递信息的功能；三是思维器官（如记忆、分析、推理等器官）承担处理信息的功能；四是效应器官（如行走器官脚、操作器官手、语言器官口等）承担执行信息的功能。人的这些器官功能通过信息技术得到延伸。

按拓展人的信息器官功能不同进行分类，信息技术可以分为以下 4 类技术。

1. 传感技术

传感技术拓展了人的感觉器官功能，主要完成对信息的识别与采集。传统的物资管理过程中，物资入库时，须搬到秤上由保管员抄录秤数，然后将数据输入计算机中，这种方式已经成为历史。现在有了汽车磅，当装载物资的汽车上了汽车磅后，入库数量一次性被采集并被输入计算机，这样既提高了数据的准确性、及时性，又减轻了工人的劳动强度。

现代传感技术主要包括遥感、遥测及各种高性能的传感器，如红外遥感技术、热敏传感器、光敏传感器及各种智能传感系统等。传感技术的应用极大地增强了人类识别和采集信息的能力。

2. 通信技术

通信技术则拓展了人的神经系统能力，实现信息准确、安全传递。过去人们传递信息主要依靠口头、书信、电话、电报等方式。目前数据传输速率最大的是光纤通信，其传输速率可达到 1 000 GB/s。以资金周转为例，在我国使用传统方法进行资金流通结算，国内一般需要一个星期，国际一般需要半个月左右，而通过通信技术，国内与国际的资金流结算均可在 24 小时内完成。

3. 计算机技术

计算机技术以高速的计算能力以及“海量”的存储能力拓展了人的思维器官能力，包括计算、记忆能力，完成信息的加工、存储、检索、分析等。计算机运行速度快，能自动处理大量信息，并具有很高的精确度，使以前难以甚至无法解决的问题得以解决。例如，在库存信息处理方面，对时常需要更新的大量库存数据、图表，计算机能很快给出结果，使企业在及时补充库存、调整库存商品种类、减少冗杂库存、合理安排运输路线和装运量、节约资源等方面都能进行有效改进。

计算机信息处理技术主要包括对信息的编码、压缩、加密和再生等技术，计算机存储技术主要包括内存储技术和外存储技术。

4. 控制技术

控制技术是信息的使用技术，可拓展人的效应器官能力。控制技术包括调控技术、显示技术等。

在以上基本信息技术中，通信技术、计算机技术和控制技术又合称“3C”技术。信息技术是一门多学科交叉综合的技术，计算机技术、通信技术和多媒体技术、网络技术相互渗透、相互作用、相互融合，将形成以智能信息服务为特征的大规模信息网。信息技术是现代科学技术的先导，是国家现代化的一个重要标志，也是实现物流信息化、智能化的核心手段。

（二）信息系统

1. 信息系统的概念

信息系统（Information System，IS）是一个由人、计算机及其他外围设备等组成的能进行信息的收集、传递、存储、加工、维护和使用的系统。它的主要任务是最大限度地利用现代计算机及网络通信技术加强企业的信息管理，通过对企业拥有的人力、物力、财力、设备、技术等资源的调查了解，建立正确的数据，加工处理并编制成各种信息资料及时提供给管理人员，以便进行正确的决策，不断提高企业的管理水平和经济效益。企业的计算机网络已成为企业进行技术改造及提高企业管理水平的重要手段。

2. 信息系统的基本组成

信息系统部分或全部由计算机系统支持，并由计算机硬件、计算机软件、数据和用户四大要素组成。计算机硬件包括各类计算机处理及终端设备；计算机软件是支持数据信息采集、存储加工、再现和响应用户问题的计算机程序系统；数据则是系统分析和处理的对象，构成系统的应用基础；用户则是信息系统所服务的对象。另外智能化的信息系统还包括知识。

3. 信息系统的类型

信息系统可以分为事务处理系统、管理信息系统、决策支持系统 3 类。

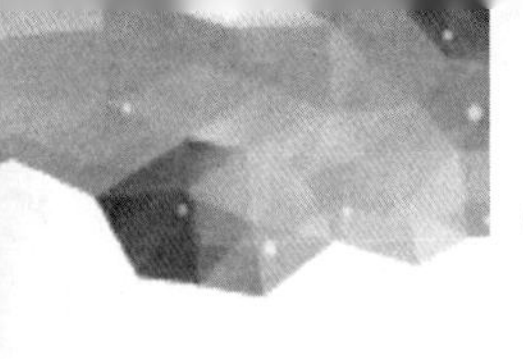

（1）事务处理系统（TPS）主要用以支持操作层人员的日常活动。它主要负责处理日常事务。

（2）管理信息系统（MIS）需要包含组织中的事务处理系统，并提供了内部综合形式的数据，以及外部组织的一般范围和大范围的数据。许多战术层提供的信息能按照该层管理者希望的那样以熟悉的和喜欢的形式提供。但是，为战术层管理者提供的另外一部分信息和大多数为战略层管理者提供的信息是不可能事先确定的。这些不确定性对管理信息系统的设计者来说是个很大的挑战。

（3）决策支持系统（DSS）能从管理信息系统中获得信息，帮助管理者制定好的决策。该系统是一组处理数据和进行推测的分析程序，用以支持管理者制定决策。它是基于计算机的交互式的信息系统，由分析决策模型、管理信息系统中的信息、决策者的推测三者相组合达到好的决策效果。

（三）信息系统的基本功能

1. 数据采集和输入

当数据记录在一定介质上并经校验后，即可输入系统进行处理。在实际处理过程中，可以通过输入设备将系统所需数据随时进行输入。例如，在销售信息系统中，条码扫描系统可以完成数据的收集和录入，通过数据传输，为零售商提供决策支持。

2. 数据加工处理

数据加工处理主要包括代数运算、统计量的计算及各种校验、各种最优算法、模拟预测、排序分类与合并等。信息系统这一部分功能的强弱直接影响到信息系统的优劣，现代信息系统已经能够处理各种类型的数据。

3. 数据存储功能

日常产生大量的各种类型数据，相当一部分需要使用，大量经过加工处理而得到的有关信息和数据也要随时存储起来，以备将来使用和更新。信息系统的这种存储数据功能方便了管理者的日常处理业务，大大提高了工作效率。

4. 数据传输功能

从数据源收集的数据到处理数据、将处理得到的信息传递给使用者、使用数据库中的数据等，这些过程都涉及传输数据的问题。系统的规模越大、数据越多、分布越广，使用的传输技术就越复杂。

5. 信息输出功能

系统输出的信息需要提供给各级管理人员使用，或者将信息从一个子系统传送到另一个子系统。输出信息的形式有报表、数字、文字、图形、图像、语音等，输出的方式有打印、远距离传送等。

二、快递信息技术

目前，快递行业已成为世界经济中增长最快的行业之一。2010 年 9 月 15 日，中国国内规模以上快递企业日处理量突破 1 000 万件，成为继美国和日本后第三个快件日处理量突破千万件的国家，全年快递业务量达到 23.4 亿件。2018 年，中国快递业务量完成 500 多亿件。图 1-2 所示为 2012—2018 年中国快递业务量增长示意图。

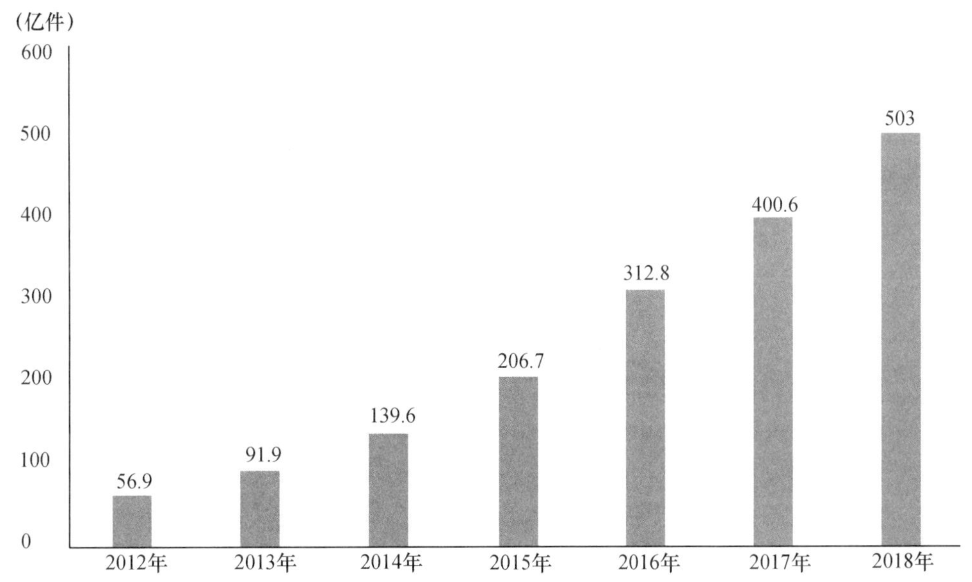

● 图 1-2　2012—2018 年中国快递业务量增长示意图

中国经济规模的增长、快递政策的开放、电子商务的逐渐深入，都给快递行业的高速发展带来了前所未有的契机，同时也对快递企业提出了更高的要求。人们对信息重视程度的提高，要求信息流与实物流实现在线或离线的高度集成，也使得信息技术和现代化的快递装备逐渐成为快递技术的核心。因此，快递企业整体业务水平和运营实力的提升，首先反映在快递信息技术的优化和革新上。

快递信息技术是指运用于快递各环节中的信息技术。根据快递的功能和特点，目前应用在快递行业的信息技术包括计算机技术、通信网络技术、信息分类编码技术、条形码技术、射频识别技术、电子数据交换技术（EDI）、全球定位系统（GPS）、北斗卫星导航系统（BDS）、地理信息系统（GIS）等。

快递信息技术是快递现代化的重要标志，也是快递技术中发展最快的领域，从采集数据的条形码系统，到办公自动化系统中的计算机、互联网，各种终端设备等硬件以及计算机软件都在日新月异地发展。同时，随着快递信息技术的不断发展，产生了一系列新的快递理念和新的快递经营方式，推进了快递行业的变革。成功的快递企业都非常注重

信息技术的应用和推广，进而支持企业的经营战略，以求在激烈的竞争中立于不败之地。

（一）条形码技术

条形码技术是在计算机的应用中产生和发展起来的一种自动识别技术。它是为实现对信息的自动扫描而设计的，是快速、准确、可靠地采集数据的有效手段。条形码技术的应用解决了数据输入和数据采集的瓶颈问题。十多年来，以条形码技术为代表的自动识别技术，已渗透到计算机管理的一些领域。条形码技术已从商业零售领域向运输、快递、电子商务和产品追溯等多领域拓展，并带动了条形码产业的产生和发展。

1. 条形码的概念

条形码也称条码，是由宽度不同、反射率不同的条和空，按照一定的编码规则编制而成的，用以表达一组数字或字母符号信息的图形标识符。这些条和空可以有各种不同的组合方法，从而构成不同的图形符号，也称码制，适用于不同的场合。条形码技术在快递中的使用，使快件从收寄、运输、分拣、派送等各个环节都可以使用条码进行管理，解决了快递信息的录入和采集的瓶颈问题，为快递企业的发展提供了有力的技术支持。

2. 条形码的分类

条形码根据其信息密度和所承载信息量的不同可分为一维条码和二维条码。

（1）一维条码。普通的一维条码自问世以来得到了普及及广泛应用。但一维条码的信息容量很小，如普通运单上的条码仅能容纳十几位的阿拉伯数字，更多的描述快件的信息只能依赖数据库的支持。目前，国内的部分快递企业限于技术和资金的支持还在使用一维条码（见图 1-3）。

（2）二维条码。与一维条码相比，二维条码具有信息容量大、可靠性高、纠错能力强、印制要求不高等优点。目前快递企业多使用二维条码来表达各种快递信息，如图 1-4 所示。

● 图 1-3　一维条码

● 图 1-4　二维条码

（二）射频识别技术

1. 射频识别技术的概念

射频识别（Radio Frequency Identification，RFID）技术与条形码技术一样，都属于非接触式自动识别技术。射频识别技术是利用无线电波对记录媒体进行读写，因此不局限于视线，识别距离比光学系统远，可由几厘米至几米。

与条形码技术相比，射频识别技术具有明显的优势。RFID 读取设备利用无线电波，可以识别高速运动的物体并可同时读取多个标签信息，也就是说一辆满载各种快件的卡车直接从装有射频识别阅读器的检测点驶过时，其装载的所有快件的所有标签信息就可以同时被读取，而条形码依靠手工读取方式，需要一个一个扫描，效率低下。RFID 标签属于电子标签，能适应条件苛刻的环境，且保密性好，而条形码属于易碎标签，容易褪色、被撕毁；RFID 标签内部嵌有存储设备，可以输入数千字节的信息，这是条形码不能比的；最关键的是，条形码永远是一次性的，不可改变，而 RFID 标签可以进行任意修改，因此特别适用于要求频繁改变信息内容的场合。

2. 射频识别技术的原理

RFID 系统一般由电子标签、RFID 阅读器和 RFID 天线三部分组成，如图 1-5 所示。

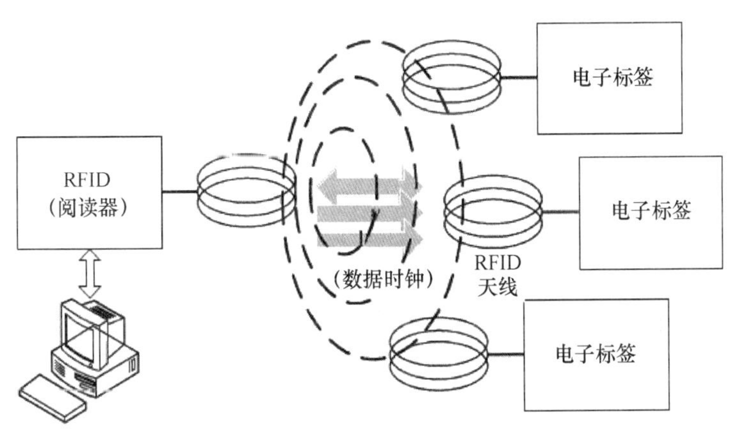

图 1-5　RFID 系统的基本组成

（1）电子标签。电子标签又称射频卡，由耦合元件及芯片组成，电子标签含有内置天线，用于和 RFID 天线进行通信。电子标签按供电方式分为有源卡和无源卡。有源卡内有电池作为电源，其作用距离较远，但寿命有限、体积较大、成本高，且不适合在恶劣环境下工作；无源卡内无电池，它利用波束供电技术将接收到的射频能量转化为直流电源为卡内电路供电，其作用距离相对有源卡短，但寿命长且对工作环境要求不高。

（2）RFID 阅读器。负责标签信息读取和写入的设备。

（3）RFID 天线。负责在电子标签和 RFID 阅读器间传递射频信号。

RFID 系统的基本工作流程是：RFID 阅读器通过发射天线发送一定频率的射频信号，当射频卡进入发射天线工作区域时产生感应电流，射频卡获得能量被激活；射频卡将自身编码等信息通过卡内置发送天线发送出去；RFID 系统接收天线接收到从射频卡发送来的载波信号，经天线调节器传送到 RFID 阅读器，RFID 阅读器对接收的信号进行解调和解码然后送到后台主系统进行相关处理；主系统根据逻辑运算判断该射频卡的合法性，针对不同的设定做出相应的处理和控制，发出指令信号控制执行机构动作。

（三）电子数据交换

电子数据交换（Electronic Data Interchange，EDI）是 20 世纪 60 年代发展起来的，通常指将组织内部及贸易伙伴之间的商业信息或文档，以直接可以读取的、结构化的信息形式在计算机之间通过专用网络进行传输。由于使用 EDI 可以减少甚至消除贸易过程中的纸质文件，因此 EDI 又被人们通俗地称为“无纸贸易”。

EDI 所传递的数据或信息是指交易双方互相传递的具备法律效力的文件资料，可以是各种商业单证，如订单、回执、发货通知、运单、装箱单、收据发票、保险单、进出口申报单、报税单和缴款单等，也可以是各种凭证，如进出口许可证、信用证、配额证、检疫证和商检证等。

EDI 系统的三要素是数据标准化、EDI 软件和硬件及通信网络。图 1-6 所示为 EDI 系统的构成。

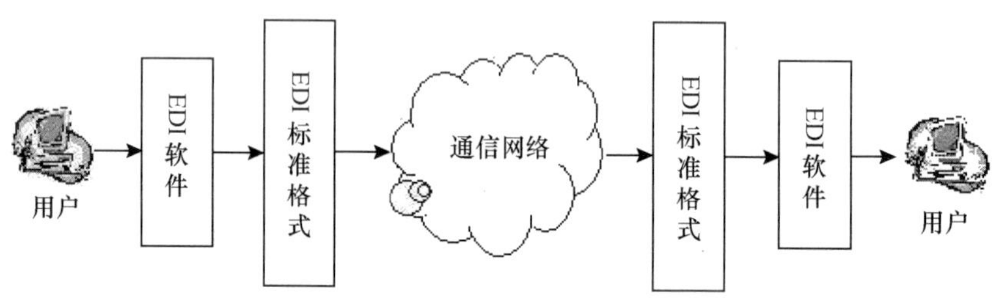

● 图1-6　EDI 系统的构成

（四）全球定位系统与北斗卫星导航系统

全球定位系统（Global Positioning System，GPS）是结合了卫星及无线技术的导航系统，具备全天候、全球覆盖、高精度、应用广的特点，能够为全球范围内的各类目标提供实时的三维定位。GPS 是美国从 20 世纪 70 年代开始研制的，历时 20 年，耗资 200 亿美元，于 1994 年全面建成。GPS 主要由 GPS 卫星（空间部分）、地面支撑系统（地面监控部分）、GPS 接收机（用户部分）三大部分组成。GPS 最初广泛应用于大地测量、工程测量、资源勘察、运载工具导航等多个领域。给不同学科领域带来了一场深刻的技术革命。随着全球计算机和网络技术的普及，GPS 的应用领域正在不断扩大，目前已应用到国民经济各部门，特别是在快递、物流系统中的应用。

北斗卫星导航系统（BeiDou Navigation Satellite System，BDS）是中国自行研制的全球卫星导航系统，其具有定位、通信功能，是继美国全球定位系统（GPS）、俄罗斯格洛纳斯卫星导航系统之后第三个成熟的卫星导航系统。

（五）地理信息系统

地理信息系统（Geographical Information System，GIS）是近十年发展起来的一门综合应用系统，它以地理空间数据为基础，采用地理模型分析方法，适时地提供多种空间的和动态的地理信息，是一种为地理研究和地理决策服务的计算机技术系统。

GIS 主要是利用 GIS 强大的地理数据功能来完善物流分析技术。国外一些公司已经开发出利用 GIS 为物流分析提供专门分析的工具软件。完整的 GIS 物流分析软件集成了车辆路线模型、网络物流模型、分配集合模型和设施定位模型等。

（1）车辆路线模型。它用于解决在一个起始点、多个终点的货物运输中如何降低作业费用，并保证服务质量问题，包括决定使用多少辆车、每辆车的路线等。

（2）网络物流模型。它用于解决寻求最有效的运输路径问题，也就是物流网点布局问题。例如，将货物从多个仓库运送到多家商店，每家商店都有固定的需求量，因此需要确定由哪个仓库提货送到哪个商店运输代价小。

（3）分配集合模型。它可以根据各个要素的相似点把同一层上的所有或部分要素分为几个组，用以解决确定服务范围和销售市场范围等问题。

（4）设施定位模型。它用于确定一个或多个设施的位置。在快递系统中，营业网点和派送路线共同组成了快递网络，网点处于网络的结点上，结点决定着线路。如何根据供求的实际需要并结合经济效益原则，在既定区域内设立多少个网点，每个网点的位置、规模，运用此模型能很容易解决。

（六）信息系统集成技术

20 世纪 70 年代初，美国企业最早使用计算机技术辅助编制物料需求计划（Material Requirement Planning，MRP）。20 世纪 90 年代初，在 MRP 的基础上，美国高德纳公司（Gartner Group Inc）首先提出并实施了企业资源计划（Enterprise Resource Planning，ERP）。此后 ERP 技术得到不断完善和发展，在分销领域延伸发展为分销资源计划（Distribution Resource Planning，DRP），在物流管理领域延伸发展为物流资源计划（Logistics Resource Planning，LRP）。

ERP 是一整套企业管理系统体系标准，集信息技术与先进的管理思想于一身，为企业提供业务集成运行中的资源管理方案。ERP 技术集合企业内部的所有资源，进行有效的计划和控制，以达到最大效益的集成系统。ERP 一般被定义为基于计算机的企业资源

信息系统，其除制造、供销、财务等功能外，还包括工厂管理、质量管理、设备维修管理、仓库管理、运输管理、过程控制接口、数据采集接口、电子通信、法律法规标准、项目管理、人力资源等功能。ERP 还能连接企业的外部资源，包括客户、供应商、分销商等。

ERP 以这些资源所产生的价值，组成一条增值的供应链信息系统，将客户的需求、企业的制造活动与供应商的制造资源集成在一起，从而适应全球市场的高速运转需求。ERP 作为企业的管理信息系统应用在物流管理方面，就是物流管理信息系统，它是企业管理信息系统的一个子系统。实践证明，建立完善高效的物流管理信息系统是中国企业实现物流现代化管理、成功参与国际竞争的必经之路。

项目小结

本项目主要介绍了快递信息和快递信息技术的相关内容，主要包括数据和信息的定义及两者的关系，快递信息的定义、分类、特点及作用，信息技术的定义及分类，信息系统的概念、基本组成及基本功能，目前快递企业中常用的快递信息技术。

知识巩固

（1）什么是数据？列举数据的几种表现形式。

（2）什么是信息？它有哪些特征？

（3）数据和信息的区别和联系有哪些？

（4）快递信息的定义、分类及特点是什么？

（5）快递信息的作用是什么？

（6）什么是信息技术？

（7）信息技术按拓展人的信息器官功能可以分成哪几类？

（8）组成信息系统的硬件、软件包括什么？

（9）列举目前快递应用最普遍的信息技术。

实训任务　检索快递企业信息技术的应用情况

实训目的

（1）提高信息检索能力。

（2）掌握快递信息技术的应用情况。

（3）培养团队合作精神和沟通能力。

实训参考

（1）搜索引擎（Search Engine）是根据一定的策略、运用特定的计算机程序从互联网上搜集信息，在对信息进行组织和处理后，为用户提供检索服务，将用户检索的相关信息展示给用户的系统。搜索引擎包括全文索引、目录索引、元搜索引擎、垂直搜索引擎、集合式搜索引擎、门户搜索引擎与免费链接列表等。

（2）常用的搜索引擎有百度（www.baidu.com）、谷歌（www.google.com）、搜搜（www.soso.com）等。百度是中国互联网用户最常用的搜索引擎，每天完成上亿次搜索，也是全球最大的中文搜索引擎，可查询数十亿个中文网页。而谷歌是全球最大的搜索引擎，搜索国外的信息可以首选谷歌。

（3）使用的技巧和步骤。

1）简单查询。在搜索引擎中输入关键词，然后单击“搜索”即可，系统很快会返回查询结果，这是最简单的查询方法，使用方便，但是查询的结果却不准确，可能包含着许多无用的信息。

2）使用双引号。给要查询的关键词加上双引号（半角的），可以实现查询结果的精确匹配。

3）使用加号（+）。在关键词的前面使用加号，表示同时满足两个以上的条件。

4）使用减号（-）。在关键词的前面使用减号，意味着在查询结果中不能出现关键词。

5）使用通配符。通配符包括星号（*）和问号（?），前者表示匹配的字符数量不受限制，后者表示匹配的字符数量要受到限制，主要用在英文搜索引擎中。

6）使用文档后缀名来搜索特定格式的电子文档，如“快递信息技术应用.pdf”。

实训要求

实训以小组为单位，每组5~6人。

（1）通过网络调查法和文献调查法收集中国某知名快递公司快递信息技术应用情况，包括在收派、运输、分拣、快件跟踪等环节的应用，形成调查报告。

（2）每个小组将调查报告内容做成PPT文档，课堂分组展示和交流。

 实训考核

实训考核表

考核标准	评价标准	分值	分值比例			
			自评（10%）	小组（10%）	教师（80%）	小计
各环节信息技术应用	准确和完整程度	30				
PPT 制作	规范、清楚	30				
小组汇报和分享	汇报和讲解情况	40				
合计		100				
评语（主要是建议）						

第二篇
快递信息采集技术

• 项目一　条码技术 •

知识目标

◇ 了解自动识别技术的概念和分类。

◇ 掌握条码的定义、符号结构、分类和特点。

◇ 了解条码的编码原则和编码方法。

◇ 掌握通用商品条码、储运包装商品条码、物流商品条码、交插二五条码的特点及应用。

◇ 熟练掌握二维条码的基本概念和分类。

◇ 熟悉条码的识读原理和常见的识读设备。

技能目标

◇ 能编制并打印快递运单条码。

◇ 能使用常见的条码识读设备。

导入案例

如何处置快递单，物流服务系统解难题

当你收到快递后，你会如何处置快递单呢？撕了，嫌麻烦；扔掉，可上面又印有自己的姓名、电话等信息，害怕个人信息被泄露。在第六届中国大学生计算机设计大赛软件与服务外包竞赛上，杭州师范大学学生开发设计的二维条码快递单，解决了这个问题。

金某某是杭州师范大学软件工程专业的学生，“基于二维条码的物流服务系统”由他和 4 位同学一起开发设计。他们设计的快递单很简单，上面仅有一维条码、二维条码和 3 个商品运输标识，没有寄件人和收件人的名字、电话、地址等信息。

既然没有任何信息，那么快递员怎么派件?

“这是一套网络操作系统，寄件人只要登录服务网站，将个人信息填好，然后把含有二维条码的快递单打印出来贴在要寄的物品上，交给快递员即可。”金某某说，这些信息统统包含在二维条码里，这样快递员就看不到你的个人信息，那么个人信息也就不会被泄露。

既然地址没有显示在单子上，那么快递员又如何准确无误地将快件送到呢?

金某某说，派件的快递员只要用二维条码扫描仪一扫就能获知地址，在二维条码中还会出现收件人的姓名，这样能准确无误地将物品与收件人对上号。

“这个系统还有一个优点就是，它还会记录下派件地址，在快递员派件途中设计出一条最合理的送货路线，避免漏送、重复送货等不便。”金某某说，多数手机应用软件都能读取二维条码信息，他们设计的快递单上二维条码是进行过加密的，别人是扫不出来的。

为了证明这项新技术，金某某拿起手机就对着快递单上一扫，“瞧，这读出来的就是乱码。还有，只要在收件人确定收件后，那个二维条码就作废了，快递员也无法再用扫描仪阅读到寄件人和收件人的信息。”

这套设计除了保护个人信息外，还可以通过手机实时追踪迅速找到快件的所在位置。经过两天的激烈角逐，通过作品现场展示与答辩、决赛复审等环节，“基于二维条码的物流服务系统”获得中国大学生计算机设计大赛软件与服务外包竞赛一等奖。

任务一　认识条码识别技术

一、自动识别技术概述

随着我国信息化建设和国际化发展进程的加快，自动识别技术已广泛应用于零售、物流运输、邮政快递、电子商务、工业制造等各个领域，在国民经济发展中发挥越来越重要的作用。常用的自动识别技术有条码识别技术、射频识别技术、语音识别技术、图像识别技术以及生物识别技术等。在物流快递动态信息采集技术应用中，条码识别技术应用范围最广，其次还有射频识别、磁条（卡）识别、语音识别等技术。

（一）自动识别技术的概念

自动识别技术就是应用一定的识别装置，通过被识别物品和识别装置之间的接近活动，自动地获取被识别物品的相关信息，并提供给后台的计算机处理系统来完成相关后续处理的一种技术。

自动识别技术将计算机、光、电、通信融为一体，与互联网、移动通信等技术相结合，实现了全球范围内物品的跟踪与信息的共享，从而给物体赋予智能，实现人与物体以及物体与物体之间的沟通和对话。

快递员使用的无线手持系统就是一种典型的自动识别技术。快递员通过无线手持扫描快递运单的条码，获取快件收件人的姓名、地址、电话等，从而完成对此票快件的派送。当然对于到付快件，收件人也可以采用银行卡支付的形式进行支付，银行卡支付过程本身也是自动识别技术的一种应用形式。

（二）常见的自动识别技术

按照应用领域和具体特征的分类标准，自动识别技术可以分为如下 7 种。

1. 条码识别技术

一维条码是由平行排列的宽窄不同的线条和间隔组成的二进制编码。这些线条和间隔根据预定的模式进行排列并且表达相应记号系统的数据项。宽窄不同的线条和间隔的排列次序可以解释成数字或者字母。可以通过光学扫描对一维条码进行阅读，即根据黑色线条和白色间隔对激光的不同反射来识别。

二维条码技术是在一维条码无法满足实际应用需求的前提下产生的。由于受信息容量的限制，一维条码通常是对物品的标示，而不是对物品的描述。二维条码能在横向和纵向两个方向同时表达信息，因此能在很小的面积内表达大量的信息。

2. 射频识别技术

射频识别技术是通过无线电波进行数据传递的自动识别技术，是一种非接触式的自动识别技术。它通过射频信号自动识别目标对象并获取相关数据，识别工作无须人工干预，可工作于各种恶劣环境。与条码识别技术、磁卡识别技术和集成电路卡识别技术等相比，它以特有的无接触、抗干扰能力强、可同时识别多个物品等优点，逐渐成为自动识别中最优秀的和应用的领域最广泛的技术之一，是目前最重要的自动识别技术。

3. 图像识别技术

在人类认知的过程中，图像识别指图像刺激作用于感觉器官，人们进而辨认出该图像是什么的过程，也称为图像再认。

在信息化领域，图像识别是利用计算机对图像进行处理、分析和理解，以识别各种不同模式的目标和对象的技术。图像识别技术的关键信息，既要有当时进入感官（即输入计算机系统）的信息，也要有系统中存储的信息。只有通过存储的信息与当前的信息进行比较的加工过程，才能实现对图像的再认。

4. 磁卡识别技术

磁卡是一种磁记录介质卡片，由高强度、高耐温的塑料或纸质涂覆塑料制成，能防潮、耐磨且有一定的柔韧性，携带方便、使用较为稳定可靠。磁条记录信息的方法是变化磁的极性，在磁性氧化的地方具有相反的极性，识别器才能够在磁条内分辨到这种磁性变化，这个过程被称作磁变。一部解码器可以识读到磁性变化，并将它们转换回字母或数字的形式，以便由一部计算机来处理。磁卡能够在小范围内存储较大数量的信息，在磁条上的信息可以被重写或更改。

5. 集成电路卡识别技术

集成电路卡即 IC 卡，是继磁卡之后出现的又一种信息载体。IC 卡通过卡里的集成电路存储信息，采用射频技术与支持 IC 卡的读卡器进行通信。射频读写器向 IC 卡发送一组固定频率的电磁波，卡片内有一个 LC 串联谐振电路，其频率与射频读写器发射的频率相同，这样在电磁波激励下，LC 串联谐振电路产生共振，从而使电容内有了电荷；在这个电容的另一端接有一个单向导通的电子泵，将电容内的电荷送到另一个电容内存储，当所积累的电荷达到 2 V 时，此电容可作为电源为其他电路提供工作电压，将卡内数据发射出去或接收数据。

按读取界面将 IC 卡分为下面两种。

（1）接触式 IC 卡。该类卡通过 IC 卡读写设备的触点与 IC 卡的触点接触后进行数据的读写。国际标准 ISO 7816 对此类卡的机械特性、电器特性等进行了严格的规定。

（2）非接触式 IC 卡。该类卡与 IC 卡读取设备无电路接触，通过非接触式的读写技术进行读写（如光或无线技术）。卡内所嵌芯片除了中央处理器（CPU）、逻辑单元、存储单元外，增加了射频收发电路。国际标准 ISO 10536 系列阐述了对非接触式 IC 卡的规定。该类卡一般用在使用频繁、信息量相对较少、可靠性要求较高的场合。

6. 光学字符识别技术

光学字符识别（Optical Character Recognition，OCR）技术是属于图形识别的一项技术。其目的就是要让计算机知道它到底看到了什么，尤其是文字资料。

OCR 技术是针对印刷体字符（如一本纸质书籍），采用光学的方式将文档资料转换成为原始资料黑白点阵的图像文件，然后通过识别软件将图像中的文字转换成文本格式，以便文字处理软件进一步编辑加工的系统技术。

OCR 系统从影像到结果输出，必须经过影像输入、影像预处理、文字特征抽取、比对识别、人工校正对识别错误的文字予以更正，最后将结果输出。

7. 生物识别技术

指通过获取和分析人的身体和行为特征来实现人的身份的自动鉴别。

生物特征分为物理特征和行为特点两类。物理特征包括指纹、掌纹、眼睛（视网膜和虹膜）、人体气味、脸型、皮肤毛孔、手腕、手的血管纹理和脱氧核糖核酸（DNA）等，行为特点包括签名、语音、行走的步态、敲击键盘的力度等。

（1）声音识别技术。声音识别技术是一种非接触的识别技术，用户可以很自然地接受。这种技术可以用声音指令实现“不用手”的数据采集，其最大特点就是不用手和眼睛，这对那些采集数据同时还要手脚并用的工作场合尤为适用。目前由于声音识别技术的迅速发展以及高效可靠的应用软件的开发，声音识别系统在很多方面得到了应用。

（2）人脸识别技术。人脸识别技术特指利用分析比较人脸视觉特征信息进行身份鉴别的计算机技术。人脸识别技术是一项热门的计算机技术研究领域，属于生物特征识别技术，是用生物体（一般特指人）本身的生物特征来区分生物体个体。

（3）指纹识别技术。指纹是指人的手指末端正面皮肤上凸凹不平产生的纹线。纹线有规律的排列形成不同的纹型。纹线的起点、终点、接合点和分叉点，称为指纹的细节特征点。由于指纹具有终身不变性、唯一性和方便性，几乎已经成为生物特征识别的代名词。指纹识别即指通过比较不同指纹的细节特征点来进行自动识别。由于每个人的指纹不同，即便是同一人的十指之间，其指纹也有明显区别，因此指纹可用于身份的自动识别。

二、条码技术

1. 条码的定义

条码（Bar Code）又称条形码，是由一组规则排列的条、空及其对应的字符组成的，用以表示一定信息的标识。

条码通常用来对物品进行标识，这个物品可以是用来进行交易的一个贸易项目（如一瓶啤酒、一箱可乐），也可以是一个物流单元（如一个托盘）。条码不仅可以用来标识物品，还可以用来标识资产、位置和服务关系等。

2. 条码的码制

条码码制是指条码符号的类型，各种条码符号都是由符合特定编码规则的条和空组合而成的，具有固定的编码容量和条码字符集。

3. 条码的符号结构

一个完整的一维条码符号是由两侧空白区、起始符、数据符、中间分隔符（主要用于 EAN 码）、校验符（可选）、终止符，以及供人识读字符组成的，如图 2-1 所示。条码信息靠条和空的不同宽度和位置组合来传递，信息量的大小是由条码的宽度和印刷的精度来决定的，条码越宽，包含的条和空越多，信息量越大；条码印刷的精度越高，单位长度内可以容纳的条和空越多，传递的信息量也就越大。

● 图 2-1　条码的符号结构

（1）条（Bar）：条码中反射率较低的部分，一般印刷的颜色较深。

（2）空（Space）：条码中反射率较高的部分，一般印刷的颜色较浅。

（3）空白区（Clear Area）：条码左右两端外侧与空的反射率相同的限定区域。

（4）起始符（Start Character）：条码符号的第一位字符，标志一个条码符号的开始，阅读器确认此次字符后开始处理扫描脉冲。

（5）终止符（Stop Character）：条码符号的最后一位字符，标识一个条码符号的结束，阅读器确认此字符后停止处理。

（6）中间分隔符（Central Seperating Character）：位于条码中间位置的若干条与空。

（7）条码数据符（Bar Code Data Charater）：表示特定信息的条码符号。位于起始符后面的字符，标志一个条码的值，其结构不同于起始符。

（8）校验符（Check Charater）：校验符代表一种算术运算的结果。阅读器在对条码进行解码时，对读入的各字符进行规定的运算，如运算结果与校验符相同，则判定此次阅读有效，否则不予读入。

（9）供人识读字符（Human Resdable Charater）：位于条码的下方，与相应的条码相对应的、用于供人识读的字符。

（10）模块（Module）：组成条和空的最基本单元，是条码识读设备可以识别的最小单元。

（11）连续型和离散型（Continuous and Discreter）：在某种条码符号中，如果相邻的两个字符之间存在间隔，则称之为离散型（或非连续型）条码；反之为连续型条码。

（12）符号密度（Symbol Density）：指在单位长度中所能表示的字符个数，一般用

CPI 表示，即每英寸内能表示的条码字符个数。条码密度越高，所需扫描设备分辨率越高。

（13）固定长度和可变长度（Fixed-length and Variable-length）：在某种条码符号中，所包含的字符个数是固定的，则称之为固定长度的条码；反之为可变长度的条码。

（14）双向可读条码（Two-way Readable Bar Code）：条码符号两端均可以作为扫描起点的条码。

（15）对比度（Polarizing Conversion System，PCS）：条码符号中条的反射率与空的反射率的比值。

4. 条码的特点

条码作为一种数据输入技术，相对于传统的键盘输入来说具有以下几个特点。

（1）输入速度快。条码输入的速度是键盘输入的 5~7 倍，并且能实现“即时数据输入”。

（2）采集信息量大。利用传统的一维条码一次可采集几十位字符的信息，二维条码更可以携带数千个字符的信息，并有一定的自动纠错能力。

（3）成本低。条码标签易于制作，对设备和材料没有特殊要求，识别设备操作简单，不需要特殊培训，且设备也相对便宜，能极大地降低应用成本。

（4）可靠性高。键盘输入数据误码率为三百分之一，利用光学字符识别技术误码率为万分之一，而采用条码技术误码率低于百万分之一。

（5）灵活实用。条码标识既可以作为一种识别手段单独使用，也可以和有关识别设备组成一个系统实现自动化识别，还可以和其他控制设备连接起来实现自动化管理。另外，在没有自动识读设备时，也可使用手工键盘输入的方式将条码数据输入信息系统中。

三、条码的编码方法

条码的编码方法是指通过设计条码中条与空的排列组合来表示不同的二进制数据。一般来说，条码的编码方法有两种：模块组合法和宽度调节法。

1. 模块组合法

模块组合法是指条码符号中，条与空是由标准宽度的模块组合而成的。一个标准模块的条表示二进制的“1”，而一个标准模块的空表示二进制的“0”。

商品条码采用模块组合法进行编码。商品条码模块的标准宽度是 0.33 mm，它的每一个字符由 2 个条和 2 个空构成，每一个条和空有 1~4 个标准宽度的模块组成，每一个条码字符的总模块数为 7。模块组合法条码字符的构成如图 2-2 所示。

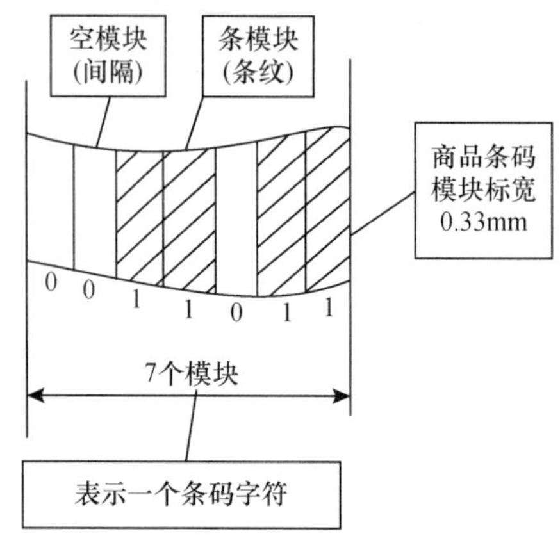

● 图 2-2 模块组合法条码字符的构成

2. 宽度调节法

宽度调节法是指条码中条与空的宽窄设置不同。窄单元表示二进制的“0”，宽单元表示二进制的“1”，宽单元通常是窄单元的 2~3 倍。Code 39 码、库德巴码和常用的 Code 25 码、交插二五码等都属于宽度调节型条码。

以 Code 25 码为例，简单介绍宽度调节法进行编码的方法。如图 2-3 所示，Code 25 码是一种只有条表示信息的非连续性条码。条码字符由规则排列的 5 个条构成，其中有 2 个宽单元、3 个窄单元，宽单元的宽度一般是窄单元的 3 倍。

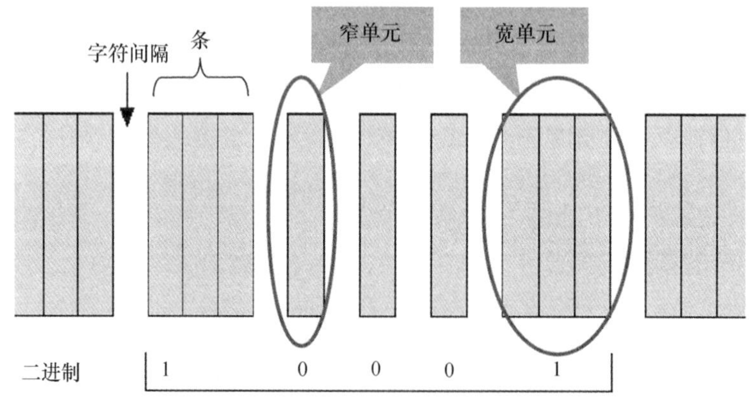

● 图 2-3 宽度调节法条码编码方法

四、条码的分类

条码有很多种分类方法，最常见的主要有 2 种分类方法，即按维数分类和按码制分类。

（一）按维数分类

按照维数的不同，条码可以分为一维条码和二维条码两种。

1. 一维条码

一维条码只在水平方向上表达信息，而在垂直方向上不表达任何信息。它具有一定的高度以便于阅读器扫描。一维条码按照应用范围可以分为商品条码和物流条码。

商品条码主要用于标记商品自动销售管理系统中的相关信息或表示商品分类编码。物流条码是用于标识物流领域中具体实物的一种特殊代码。它贯穿于整个物流过程，并通过相关数据的采集和反馈，提高整个物流系统的经济效益。商品条码与物流条码的区别见表 2-1。

表 2-1　商品条码与物流条码的区别

一维条码	应用对象	包装形式	应用领域
商品条码	向消费者销售的商品	单个商品包装	销售时点信息（POS）系统、订货、补货管理
物流条码	物流过程中的商品	集体包装	运输、仓储、分拣等

2. 二维条码

二维条码可以在水平和垂直两个维度上存储和表达信息。二维条码不但能在很小的面积内表达大量的信息，使条码脱离数据库成为独立的信息载体，而且能够表达汉字和存储图像，拓展了条码的应用领域。

（二）按码制分类

条码的码制是指条码符号的类型，每种类型的条码符号都是由符合特定编码规则的条和空组合而成的。常用一维条码的码制包括 EAN 码、UPC 码、交插二五条码、库德巴码等。常见二维条码的码制有 PDF417 条码、QR Code 条码、Code 49 条码、Code 16K 条码等。

知识链接

快递运单中的条码

每个快递企业的快递运单上都印刷有条码，一张一个条码，绝对不能重复。快递企业追踪快件的信息主要就是追踪每个条码单号，这样能保证快件信息的准确。

图 2-4 和图 2-5 所示运单上的条码都是 Code 128 码。

图 2-6 所示运单上的条码是 Code 39 码。

444501854422

标准快递

目的地

313

收件 河北省，张家口市，怀来县

电大（周末勿投）

保价声明价值： 保费： 包装费：

付款方式： 寄付月结 月结账号：

代收货款：

运费：

费用合计：

实际重量： 计费重量： 自寄（）

寄件 浙江省，杭州市，桐庐县

桐庐经济开发区 三达路88号

friso美素佳儿官方旗舰店

原寄地： 571

收件员

寄件日期

派件员

收方签署

日期： 月 日

SF EXPRESS 顺丰速运 95338 www.sf-express.com

444501854422

寄件 浙江省，杭州市，桐庐县

桐庐经济开发区 三达路88号

friso美素佳儿官方旗舰店

收件 河北省，张家口市，怀来县

电大（周末勿投）

寄件日期：

订单号： 16604055

备注

3/1

费用合计：

● 图 2-4 顺丰速运运单样例

YTO 圆通速递 EXPRESS

210091

021x

代收货款

金额（小写）：

￥2700.10元

1000 0190 4812 345678

寄件人：耐克旗舰店 湖北省黄冈市黄州区

12345678901

收件人：张三 12345678912

上海市 上海市 青浦区 华徐公路3029

弄28号

收件人/代收人： 签收时间：

年 月 日

签收联

YTO 圆通速递 EXPRESS 95554 www.yto.net.cn

1000 0190 4812 345678

寄件人：耐克旗舰店 湖北省黄冈市黄州区

12345678901

收件人：张三 12345678912

上海市 上海市 青浦区 华徐公路3029

弄28号

收件联

订单详情：

代收货款 金额（小写）：￥2700.10元

● 图 2-5 圆通速递运单样例

● 图 2-6　中国邮政运单样例

Code 128 码与 Code 39 码都是常用的条码类型，广泛运用在企业内部管理、生产流程、物流控制系统方面。Code 128 码比 Code 39 码能表现更多的字符，单位长度里的编码密度更高。当单位长度里不能容下 Code 39 编码或编码字符超出了 Code 39 码的限制时，就可选择 Code 128 码来编码。所以 Code 128 码比 Code 39 码更具灵活性。

Code 128 码支持数字、字母和符号，支持的字符比较灵活，在同样长度的条码中可容纳的字符长度较长（高密度），条码长度与字符串长度无明显的敏感性，所以 Code 128 码是企业内部管理系统最为广泛使用的条码码制。目前国家邮政局对快递业码制推荐采用 Code 128 码。

任务二　常用的一维条码

一、物流条码的基本概念

为了实现以最少的投入获得最大的经济效益，就要使物流过程快速、合理、消耗低，需要将物流、商流、信息流综合地考虑，发挥物流系统的功能效用。物流条码是物流过程中用以标识具体实物的一种特殊代码，它是由一组黑白相间的条、空组成的图形，利用识读设备可以实现自动识别、自动数据采集。在商品从生产厂家到运输、交换，整个物流过程中都可以通过物流条码来实现数据共享，使信息的传递更加方便、快

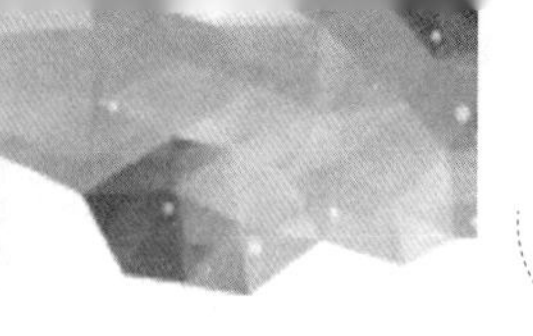

捷、准确，从而提高整个物流系统的经济效益。当今商品条码已经普及，商业管理实现了自动化，而物流条码却起步不久，与商品条码相比，物流条码有如下特点。

1. 储运包装商品的唯一标识

商品条码是最终消费品，通常是单个商品的唯一标识，用于零售业现代化的管理；物流条码是储运包装商品的唯一标识，通常标识多个或多种类商品的集合。储运包装商品是由一个或若干零售商品组成的用于订货、批发、配送及仓储等活动的各种包装的商品。储运包装商品一般是多个商品的集合，也可以是多种商品的集合，应用于现代化的物流管理中。

2. 服务于供应链全过程

商品条码服务于消费环节，商品一经出售到最终用户手里，商品条码就完成了其存在的价值，商品条码在零售业的 POS 系统中起到了单个商品的自动识别、自动寻址、自动结账等作用，是零售业现代化、信息化管理的基础；物流条码服务于供应链全过程，厂家生产出产品，经过包装、运输、仓储、分拣、配送直到零售商店，中间经过若干环节，物流条码是这些环节中的唯一标识，因此它涉及面更广，是多种行业共享的通用数据。

3. 信息多

通常，商品条码是一个无含义的 13 位数字条码；物流条码是一个可变的，可表示多种含义和信息的条码，是无含义的货运包装的唯一标识，可表示货物的体积、重量、生产日期批号等信息，是贸易伙伴根据在贸易过程中共同的需求，经过协商统一制定的。

4. 可变性

商品条码是一个国际化、通用化、标准化商品的唯一标识，是零售业的国际化语言；物流条码是随着国际贸易的不断发展，贸易伙伴对各种信息要求的不断增加应运而生的，其应用领域不断扩大，内容也在不断丰富。

5. 维护性

物流条码的相关标准是需要经常维护的标准。及时沟通用户需求，传达标准化机构有关条码应用的变更内容，是确保国际贸易中物流现代化、信息化管理的重要保障之一。

正是因为物流条码具有以上特点，才使其能够区别于通用商品条码，物流条码在物流领域的实施才具有可行性，通过对物流条码信息的收集、传递和反馈，从而提高整个物流系统的经济效益，这是研究物流条码的最终目的。

物流条码体系的涉及面广，相关标准很多，它的实施和标准化与物流系统的机械化、现代化、规范化和标准化有非常密切的关系。正因为物流条码体系的复杂性和广泛性，其建立与应用将是一个长期探索与实践的过程。物流条码的标准体系只是物流条码体系的一个组成部分，也是极其重要的一个组成部分。条码技术标准是对条码技术中重复性事物和概念作的统一规定。它以科学、技术和实践经验的综合成果为基础，经有关方面协商一致，由主管机构批准，以特定形式发布作为共同遵守的准则和依据。

在国际贸易中，物流条码标准体系已基本成熟，并随着世界经济的发展而日趋完善，我国也已经制定出了许多相关标准，可以据此建立物流条码标准体系，但还有待完善。

条码的码制是指条码符号的类型，每种类型的条码符号都是由符合特定编码规则的条和空组合而成的，都有固定的编码容量和条码字符集。虽然目前正在使用的条码码制有多种，但国际上公认的物流条码只有 3 种，即通用商品条码、储运包装商品条码（含交插二五条码）和商品条码 128 条码，这些条码码制基本上可以满足物流条码体系的应用要求。

二、商品条码

商品编码是指用一组阿拉伯数字标识商品的过程，这组数字称为代码。商品代码与商品条码是两个不同的概念。商品代码是代表商品的数字信息，而商品条码是表示这一信息的符号。在关于商品条码的工作中，要制作商品条码符号，首先必须给商品编一个数字代码。商品条码是由一组规则排列的条、空及其对应的代码组成的，是表示商品特定信息的标识。

商品条码的代码是按照国际物品编码协会统一规定的规则编制的，分为标准版商品条码和缩短版商品条码两种。标准版商品条码的代码由 13 位阿拉伯数字组成，简称 EAN-13 条码，是国际物品编码协会在全球推广应用的商品条码。它是一种定长、无含义的条码，没有自校验功能、使用的字符仅为 0~9 共 10 个字符。缩短版商品条码的代码由 8 位数字组成，简称 EAN-8 条码。

（一）商品条码编码原则

1. 唯一性

唯一性是指商品项目与其标识代码一一对应，即一个商品项目只有一个代码，一个代码只标识同一商品项目，商品项目代码一旦确定，永不改变，即使该商品停止生产、停止供应了，在一段时间内（有的国家规定为 3 年）也不得将该代码分配给其他商品项目。

2. 无含义

无含义是指代码数字本身及其位置不表示商品的任何特定信息。在 EAN 及 UPC 系统中，商品编码仅仅是一种识别商品的手段，而不是商品分类的手段。无含义使商品编码具有简单、灵活、可靠、充分利用代码容量、生命力强等优点，这种编码方法尤其适合于较大的商品系统。

3. 永久性

商品代码一经分配，就不再更改，并且是终生的。当此种商品不再生产时，其对应的商品代码只能搁置起来，不得再分配给其他的商品。

（二）商品条码的编码结构简介

1. 标准版商品条码（EAN-13 条码）的结构

EAN-13 条码的结构见表 2-2。

表 2-2　　EAN-13 条码的结构

结构种类	厂商识别代码	商品项目代码	校验码
结构一	$X_{13}X_{12}X_{11}X_{10}X_9X_8X_7$	$X_6X_5X_4X_3X_2$	X_1
结构二	$X_{13}X_{12}X_{11}X_{10}X_9X_8X_7X_6$	$X_5X_4X_3X_2$	X_1
结构三	$X_{13}X_{12}X_{11}X_{10}X_9X_8X_7X_6X_5$	$X_4X_3X_2$	X_1

注：表中 X_i（i=1~13）表示从右至左的第 i 位数字代码。

厂商识别代码由 7~9 位数字组成，是厂商的唯一标识，是 EAN 编码组织在 EAN 分配的前缀码 $X_{13}X_{12}X_{11}$ 基础上分配给厂商的代码。前缀码是用来标识各编码组织所在国家或地区的代码，由国际物品编码协会（GSI）统一分配，确保其在国际范围内的唯一性。GSI 已分配的前缀码见表 2-3。

表 2-3　　GSI 已分配的前缀码

前缀码	编码组织所在国家（地区）/应用领域	前缀码	编码组织所在国家（地区）/应用领域
000~019 030~039 060~139	美国	470	吉尔吉斯斯坦
		471	中国台湾
		474	爱沙尼亚
020~029 040~049 200~299	店内码	475	拉脱维亚
		476	阿塞拜疆
		477	立陶宛
050~059	优惠券	478	乌兹别克斯坦
300~379	法国	479	斯里兰卡
380	保加利亚	480	菲律宾
383	斯洛文尼亚	481	白俄罗斯
385	克罗地亚	482	乌克兰
387	波黑	484	摩尔多瓦
400~440	德国	485	亚美尼亚
450~459 490~499	日本	486	格鲁吉亚
		487	哈萨克斯坦
460~469	俄罗斯	489	中国香港特别行政区

续表

前缀码	编码组织所在国家（地区）/应用领域	前缀码	编码组织所在国家（地区）/应用领域
500~509	英国	700~709	挪威
520	希腊	729	以色列
528	黎巴嫩	730~739	瑞典
529	塞浦路斯	740	危地马拉
530	阿尔巴尼亚	741	萨尔瓦多
531	马其顿	742	洪都拉斯
535	马耳他	743	尼加拉瓜
539	爱尔兰	744	哥斯达黎加
540~549	比利时和卢森堡	745	巴拿马
560	葡萄牙	746	多米尼加
569	冰岛	750	墨西哥
570~579	丹麦	754~755	加拿大
590	波兰	759	委内瑞拉
594	罗马尼亚	760~769	瑞士
599	匈牙利	770	哥伦比亚
600、601	南非	773	乌拉圭
603	加纳	775	秘鲁
608	巴林	777	玻利维亚
609	毛里求斯	779	阿根廷
611	摩洛哥	780	智利
613	阿尔及利亚	784	巴拉圭
616	肯尼亚	786	厄瓜多尔
618	象牙海岸	789~790	巴西
619	突尼斯	800~839	意大利
621	叙利亚	840~849	西班牙
622	埃及	850	古巴
624	利比亚	858	斯洛伐克
625	约旦	859	捷克
626	伊朗	860	南斯拉夫
627	科威特	865	蒙古
628	沙特阿拉伯	867	朝鲜
629	阿拉伯联合酋长国	869	土耳其
640~649	芬兰	870~879	荷兰
690~695	中国	880	韩国

续表

前缀码	编码组织所在国家（地区）/应用领域	前缀码	编码组织所在国家（地区）/应用领域
884	柬埔寨	940~949	新西兰
885	泰国	955	马来西亚
888	新加坡	958	中国澳门特别行政区
890	印度	977	连续出版物
893	越南	978、979	图书
899	印度尼西亚	980	应收票据
900~919	奥地利	981、982	普通流通券
930~939	澳大利亚	990~999	优惠券

商品项目代码由 3~5 位数字组成，以标识商品的代码。商品项目代码由厂商自行编码。在编制商品项目代码时，厂商必须遵守商品编码的基本原则：对同一商品项目必须编制相同的商品项目代码，对不同的商品项目必须编制不同的商品项目代码。保证商品项目与其标识代码一一对应，即一个商品项目只有一个代码，一个代码只标识一个商品项目。

校验码用以校验条码代码的正误，是根据条码字符的数值按一定的数学算法计算得出。校验码由一位数字构成。

国际物品编码协会分配给中国物品编码中心使用的前缀码为 690、691、692、693、694、695。其中，以 690、691 为前缀码的 EAN-13 条码的代码结构为：$X_{13}\cdots X_7$表示厂商识别代码，$X_6\cdots X_2$表示商品项目代码，X_1表示校验码。以 692 为前缀码的 EAN-13 条码的代码结构为：$X_{13}\cdots X_6$表示厂商识别代码，$X_5\cdots X_2$表示商品项目代码，X_1表示校验码。厂商识别代码是 EAN 编码组织在 EAN 分配的前缀码的基础上分配给厂商的代码，商品项目代码由厂商自行编码，校验码是为了校验代码的正确性。例如，条码 6902083890414 和 6902083886455，其中 690 代表我国 EAN 组织，2083 代表杭州娃哈哈集团有限公司，89041 是 1. 15 L 装大瓶的营养快线商品代码，88645 是小瓶装 500 mL 的营养快线商品代码，这样的编码方式就保证了无论在何时何地，一个条码都唯一对应一种商品。以上就是遵循所谓“3451”编码原则，适用的是 690 与 691 为前缀码的条码，此外还有遵循“3541”编码原则的条码。

2. 缩短版商品条码

缩短版商品条码由 8 位数字组成，其结构为：$X_8X_7X_6X_5X_4X_3X_2X_1$。

其中，$X_8X_7X_6$含义同标准版商品条码的 $X_{13}X_{12}X_{11}$；$X_5X_4X_3X_2$表示商品项目代码，国外由 EAN 编码组织统一分配，国内由中国物品编码中心统一分配；X_1为校验码。计算时，需在缩短版商品条码代码前加 5 个“0”，然后按标准版商品条码校验的计算方法计算。

注意：当标准版商品条码所占面积超过商品包装面积或者占标签可印刷面积的 1/4 时，可使用缩短版商品条码。

3. 标准版商品条码的符号

如图 2-7 所示，EAN-13 条码由左侧空白区、起始符、左侧数据符、中间分隔符、右侧数据符、校验符、终止符、右侧空白区及供人识读字符构成。

● 图 2-7 EAN-13 条码符号结构

EAN-13 条码采用模块组配法。每个条码字符由 7 个模块组成，各区的宽度见表 2-4。

表 2-4　　EAN-13 条码符号宽度

左侧空白区	起始符	左侧数据符（共 6 位）	中间分隔符	右侧数据符（共 5 位）	校验符（1 位）	终止符	右侧空白区
11 个模块	3 个模块	42 个模块	5 个模块	35 个模块	7 个模块	3 个模块	7 个模块

注：在 EAN 条码中一个模块的宽度为 0. 33 mm。

从空白区开始共“95+18”个模块，每个模块长 0. 33 mm，条码符号总宽度为 37. 29 mm（113×0. 33mm）。条码宽度为 95 个模块 31. 35 mm。

众所周知，计算机是采用二进制方式来处理信息的，条码符号作为一种为计算机信息处理而提供光电扫描信息图形符号，它的自动识别同样满足计算机二进制的要求。表 2-4 中每一个模块对应一位二进制：一个模块宽的条（深色）表示“1”，一个模块宽的空（浅色）表示“0”；数据符中的每个字符用一个 7 位的二进制表示，共有两个条、两个空，每个条和空分别由 1～4 个同一宽度的模块组成。亦即在条码中，每个条的宽度只能是基本模块宽的 1 倍、2 倍、3 倍或 4 倍，每个空的宽度为基本模块宽的 1 倍、2 倍、3 倍或 4 倍。

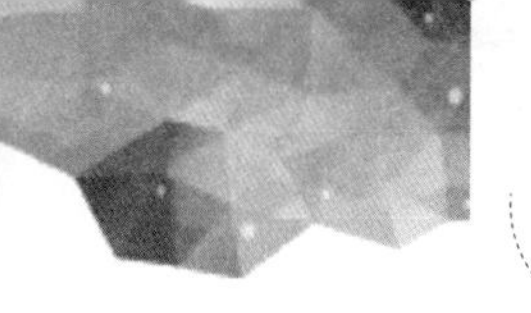

在 EAN-13 条码中，采用了 A、B、C 套不同的条、空组合对字符进行编码。其二进制表示见表 2-5。

表 2-5　　EAN-13 条码字符集的二进制数表示

数字符	左侧数据符		右侧数据符
	A	B	C
0	0001101	0100111	1110010
1	0011001	0110011	1100110
2	0010011	0011011	1101100
3	0111101	0100001	1000010
4	0100011	0011101	1011100
5	0110001	0111001	1001110
6	0101111	0000101	1010000
7	0111011	0010001	1000100
8	0110111	0001001	1001000
9	0001011	0010111	1110100

起始符与终止符相同，均为两个细条（101），中间分隔符为 01010。

从表 2-5 可以看到，A 子集中条码字符所包含的深色模块的个数为奇数，称为奇排列；B、C 字集中条码字符所包含的深色模块的个数为偶数，称为偶排列。

EAN-13 条码标识的 13 位数字代码中，最左侧的一位数字代码为前缀码。EAN-13 条码的前缀码不参与条码符号条空结构的构成，作用是确定条码符号中左侧数据符的编码规则。表 2-6 给出的就是前缀码与左侧数据符的对应编码规则。

表 2-6　　前缀码与左侧数据符的对应编码规则

前缀码	左侧数据符编码规则的选择					
0	A	A	A	A	A	A
1	A	A	B	A	B	B
2	A	A	B	B	A	B
3	A	A	B	B	B	A
4	A	B	A	A	B	B
5	A	B	B	A	A	B
6（中国）	A	B	B	B	A	A
7	A	B	A	B	A	B
8	A	B	A	B	B	A
9	A	B	B	A	B	A

例：确定 13 位数字代码 6901234567892 的左侧数据符的二进制表示。

第一步：根据前缀码为“6”，可从表 2-6 中查出左侧数据符的排列为 ABBBAA。

第二步：根据表 2-5 可得出左侧数据的二进制表示，见表 2-7。

表 2-7　　左侧数据符的二进制表示

左侧数据符	9	0	1	2
字符集	A	B	B	B
字符的二进制	0001011	0100111	0110011	0011011

当扫描仪对 EAN-13 条码进行扫描识读时，光束扫过的只有 X1～X12 和一些辅助字符（起始符、中间分隔符、终止符）组成的条码符号，经过译码器的译码识读，根据 EAN-13 码左侧数据符的编码规则可自动生成前缀码 X13，从而还原成 13 位数据代码。右侧数据符和校验码的排列规则不受前缀码的限制，全部采用 C 子集。

● 图 2-8　缩短版 EAN 条码

4. 缩短版 EAN 条码符号

表示 8 位数字的 EAN 条码称为缩短版 EAN 条码，其符号如图 2-8 所示。标签符号宽度见表 2-8。

表 2-8　　标签符号宽度表

左侧空白区	起始符	左侧数据符	中间分隔符	右侧数据符	校验符	终止符	右侧空白区
7 个模块	3 个模块	28 个模块	5 个模块	21 个模块	7 个模块	3 个模块	7 个模块

在标准版 EAN 条码中，前缀码不用条码符表示。在缩短版 EAN 条码中前缀码包括在左侧数据符中，用条码符表示。左侧数据符均用表 2-5 的 A 组编码规则，右侧数据符均用表 2-5 的 B 组编码规则。

5. EAN 条码校验位的计算方法

标准版和缩短版的校验码计算方法相同，步骤如下。

（1）从代码位置序号 2 开始，所有偶数位的数字代码求和为 a。

（2）将上步中的 a 乘以 3，替代 a。

（3）从代码位置序号 2 开始，所有奇数位的数字代码求和为 b。

（4）将 a 和 b 相加为 c。

（5）取 c 的个位数 d。

（6）用 10 减去 d 即为校验位数值。

例：234235554652 的校验码的计算见表 2-9。

表 2-9　　校验码的计算

	数据码												校验位
代码位置序号	13	12	11	10	9	8	7	6	5	4	3	2	1
数字码	2	3	4	2	3	5	5	5	4	6	5	2	?
偶数位		3		2		5		5		6		2	
奇数位	2		4		3		5		4		5		

步骤 1：$a=3+2+5+5+6+2=23$。

步骤 2：$a=23\times3=69$。

步骤 3：$b=2+4+3+5+4+5=23$。

步骤 4：$c=a+b=69+23=92$。

步骤 5：$d=2$。

步骤 6：校验码为 $10-d=8$。

另有一种更简便的计算方法，以 6902083886455 为例说明如下。

步骤 1：除了第 13 位校验码以外，所有奇数位相加，即 6+0+0+3+8+4=21，取个位数 1。

步骤 2：所有偶数位相加，即 9+2+8+8+6+5=38，取个位数乘以 3，再取个位数，即得 4。

步骤 3：用 10 减去以上两者之和，即 10-（1+4）=5，即为第 13 位检验码，检验码为 5。

三、储运包装商品条码

中国物品编码中心在遵守国际物品编码协会 EAN 规范总则第二部分《关于储运单元编码与标识的 EAN 规范》的前提下，结合我国的具体情况制定了 GB/T 16830—2008《商品条码　储运包装商品编码与条码表示》，此标准适用于商品储运包装商品的条码标识。

储运包装商品是由一个或若干个零售商品组成的用于订货、批发、配送及仓储等活动的各种包装的商品。储运包装商品分为定量储运包装商品和变量储运包装商品，因此储运包装商品条码也分为两种不同的情况。

（一）定量储运包装商品编码

定量储运包装商品是指内含预先确定的、规定数量商品的储运包装商品，按商品件数计价销售，如成箱的牙膏、瓶装酒、药品、服装、烟等。

单个大件商品的储运包装商品是零售商品时，其代码就是通用商品代码，如冰箱、彩电等大件消费单元需按 GB 12904—2008《商品条码　零售商品编码与条码表示》的编码方法赋予一个 13 位的代码。当定量储运包装商品内含有不同种类的定量零售商品时，给储运包装商品分配一个区别于零售商品的 13 位代码，编码方法见 GB 12904—2008。

当定量储运包装商品内含同一种类的定量零售商品时，定量储运包装商品可用 13 位或 14 位数字代码标识。

（二）变量储运包装商品编码

变量储运包装商品是指按基本计量单位计价的储运包装商品，以随机数量销售，如布匹、农产品、鲜肉类等。

变量储运包装商品采用 14 位的代码，采用 ITF-14 条码。

运输和仓储是物流过程的重要环节，GB/T 16830—2008《商品条码　储运包装商品编码与条码表示》起到了对货物储运过程中物流条码的规范作用。在实际应用中具有标识货运单元的功能，是物流条码标准体系中一个重要的应用标准。

四、物流商品条码（EAN-128 条码）

商品条码与储运条码都属于不携带信息的标识码。在物流配送过程中，如果需要将生产日期、有效期、运输包装序号、重量、体积、尺寸、送出地址、送达地址等重要信息条码化，以便扫描输入，这时就可以应用 EAN-128 条码。

EAN-128 条码可携带大量的信息，所以其使用领域非常广泛，包括制造业的生产流程控制、批发物流业或运输业的仓储管理、车辆调配、货物追踪、医院血液样本的管理、政府对管理药品的控制追踪等。应用 EAN-128 条码的主要优点如下：

- 自动输入信息，节省信息成本。
- 保证信息传输的正确性和及时性。
- 生产、配送、零售等各环节都能掌握商品动态。
- 降低配送过程造成的损耗。

EAN-128 条码是物流条码实施的关键，其样式如图 2-9 所示。

1. EAN-128 条码的结构

EAN-128 条码是一种可变长度的连续性条码，其各部分宽度见表 2-10。

● 图 2-9　EAN-128 条码表示的物流信息

表 2-10　　EAN-128 条码各部分宽度

左侧空白区	双字符起始符	数据符	校验符	终止符	右侧空白区
10 模块	22 模块	11N 模块	11 模块	13 模块	10 模块

注：N 为数据字符与辅助字符。

它是用一组平行的条、空及其相对应的字符表示，由起始符、数据符、校验符及左右侧空白区组成。每个条码字符由 3 个条、3 个空共 11 个模块组成。每个条、空由 1~4 个模块构成。起始符标识 EAN-128 条码符号的开始，由两个条码字符组成；校验符用以校验 EAN-128 条码的正误，条码结构同数据符，校验符的值是根据起始符及数据符的值，取模数 103 按一定的计算方法而得；终止符标识 EAN-128 条码的结束，由 13 个模块组成，其中有 4 个条、3 个空；左、右侧空白区则分别由 10 个模块组成。

EAN-128 条码有 A、B、C 三套字符集，其中 C 字符集能以双倍的密度表示全数字的数据。这三套字符集覆盖了 128 个 ASCII 码字符。

EAN-128 条码的模块宽度尺寸为 1.0 mm，条码总长度计算公式为：

$$W=（66+11N）\times 1.0$$

2. EAN-128 条码的编码标准

EAN-128 条码是根据 UCC/EAN-128 条码定义标准将数据转变成条码符号，为识别所携带信息的意义，用不同的应用识别码进行识别。编码时，应用识别码定义其后码的长度意义，而信息码则是固定或可变长度的数字，图 2-10 所示为 EAN-128 条码在物流中的应用实例。

● 图 2-10　EAN-128 条码在物流中的应用实例

五、交插二五条码

交插二五条码在仓储和物流管理中被广泛采用。1983 年前，交插二五条码完整的规范被编入有关物资储运的条码符号美国国家标准 ANSIMH10. 8 中。1997 年，我国制定 GB/T 16829—1997《交插二五条码》，并于 1998 年 3 月开始实施（现已废止，由修订后的 GB/T 16829—2003 代替）。交插二五条码的特点如下：

（1）交插二五条码是一种连续、非定长、具有自校验功能，且条、空都表示信息的双向条码。它由左侧空白区、起始符、数据符、终止符及右侧空白区构成。它的每一个条码数据符由 5 个单元组成，其中 2 个是宽单元（用二进制“1”表示），其余是窄单元（用二进制“0”表示）。组成条码符号的条码数据符个数为偶数。条的符号从左到右，表示奇数位字符的条码数据符由条组成，表示偶数位字符的条码数据符由空组成，如图 2-11 所示。

（2）条码数据符表示的字符个数为奇数时，应在字符串左端添加“0”，如图 2-12 所示。

（3）交插二五条码的条、空二进制代码的表示方法相同，宽单元为“1”，窄单元为“0”。

（4）交插二五条码的起始符为“0000”，终止符为“100”。

（5）交插二五条码的字符集包据字符 0-9。

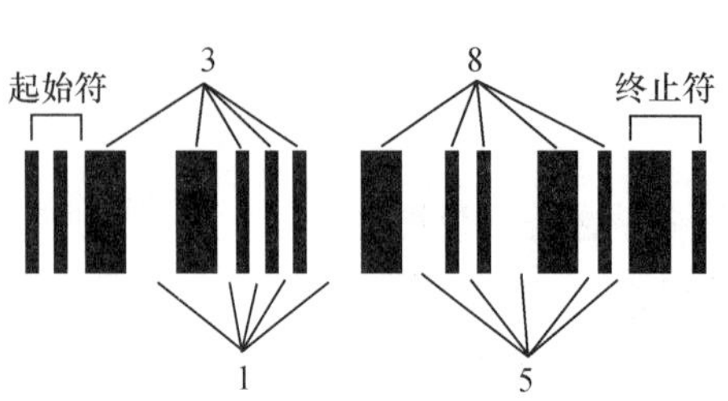

● 图 2-11　表示“3185”的条码

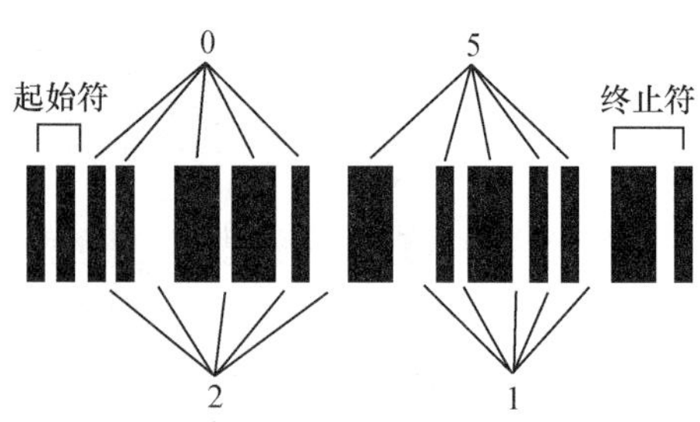

● 图 2-12　表示“251”的条码

交插二五条码的二进制表示见表 2-11。

表 2-11　　交插二五条码的二进制表示

字符	二进制表示	字符	二进制表示
0	00110	5	10100
1	10001	6	01100
2	01001	7	00011
3	11000	8	10010
4	00101	9	01010

（6）为了防止扫描产生的误差，交插二五条码的符号经常采用托架条，即在符号数据条的顶部和底部各加了一个横条，其宽度和宽条相一致。图 2-13 所示为带有托架条的交插二五条码。

● 图 2-13　带有托架条的交插二五条码

为了提高交插二五条码的识读可靠性，在需要时可在数据字符后面加一个校验符，校验符的计算方法如下：从第一位开始对每一个数据字符自左到右赋以权系数 3、1、3、1、3…

将相应的数据字符与权系数相乘，然后将所得积相加，所得和与 10 的模进行运算，结果就是校验符的值。

例如：某交插二五条码的数据字符为 21237，其相应的权系数为 31313，求和的运算为：2×3+1×1+2×3+3×1+7×3＝37，所得和的个位数就是校验符的值。

ITF 条码是在交插二五条码的基础上扩展形成的一种应用于储运包装箱上的固定长度的条码。ITF 条码的符号表示和交插二五条码相同。为适应特定的印刷条件多数情况下都在条码符号周围加上保护框（见图 2-14），并设有印刷适应性实验的“H”符号。

在物流系统中，常用 ITF-14 条码和 ITF-6 条码来标识商品装卸、仓储、运输等储

13221912005141

● 图 2-14 ITF-14 条码表示的定量储运包装商品条码符号

运包装商品，通常印在包装外箱上，用来识别商品种类与数量，也可用于仓储批发业销售现场的扫描结账。若有以重量计算的商品，还可追加 6 位加长码。

储运条码的基本结构为原印条码，当同一商品的包装数量不同或同一包装中有不同商品组合时，就必须加上储运标识码以示识别。

六、UPC 条码

通用商品条码（Universal Product Code）通常简称 UPC 条码，是美国统一编码协会（UCC）制定的一种商品条码，主要在美国及加拿大使用。在其基础上发展起来的 EAN 条码则已发展成为适用范围最广的通用条码。

UPC 条码是在 IBM 公司工程师乔·伍德兰德的环形码基础上诞生的。1966 年，美国国家食物连锁协会（National Association of Food Chains，NAFC）要求研制一种加快货物验收速度的设备，国家收款机（National Cash Register，NCR，IBM 公司的前身）在 1967 年开发出用来替代乔·伍德兰德的“公牛眼”代码的新式同心圆环码。1970 年夏，应 NAFC 要求，Logicon 公司开发出了食品工业统码（Universal Groceryproducts Identification Code，UG-PIC）。很快，美国超市 Ad Hoc 组织在 Logicon 公司建议下制造了 UPC 条码。美国统一编码协会在 1973 年建立了 UPC 条码系统，并且实现了该码制标准化。UPC 条码首先在杂货零售业中试用。1974 年 6 月 25 日，俄亥俄州的 Marsh 超级市场安装了由 NCR 制造的第 台 UPC 扫描器。在适用 UPC 条码的 27 种商品中，第一个被收银员沙龙·布坎南（Sharon Buchanan）扫描的是标价 69 美分的 10 片装箭牌口香糖。

1. 编码规则

UPC 条码只能用来表示 0~9 的数字。7 个模组表达一个字符，每个模组有空（白色）与条（黑色）两种状态。UPC 条码分为 UPC-A、UPC-B、UPC-C、UPC-D、UPC-E 5 种版本。

2. UPC-A 条码

UPC-A 条码用于通用商品，是适用范围最广的一种 UPC 条码。一共有 113 个模组，

每个模组长 0.33 mm。左右两个各由 9 个模组组成的空白。UPC-A 条码是定长码，只能表示 12 位数字，从左至右依次是 3 个模组（101）的起始码、1 位系统码、5 位的左侧数据码、5 个模组（01010）的中间码、5 位的右侧数据码、检查码、3 个模组（101）的终止码。其中起始码、中间码、终止码的模组长度都要长于数据码，如图 2-15 所示。

● 图 2-15　UPC-A 条码

3. 对应法则

左侧数据码与右侧数据码的数值对应规则并不相同，左侧数据码含有奇数个模组，右侧数据码含有偶数个模组。黑色模组对应逻辑值为 1，白色则为 0。可以看出，左侧数据码是右侧数据码的反码。首先确定它是右侧数据码，然后读取出它的逻辑值：1011100。转换成条与空则是：细黑（1）、细白（0）、粗黑（111）、粗白（00）。

4. 校验码

校验码为全部 12 位数据码的最后一位。如果从左至石依次将数据码前 11 位命名为 $N_1 \sim N_{11}$，校验码命名为 C，则校验码 C 的计算方式如下：

$CC=(N_1+N_3+N_5+N_7+N_9+N_{11})\times 3+(N_2+N_4+N_6+N_8+N_{10})$ 然后取个位。

C=10-CC（若 C 值为 10，则取 0）。以图 2-15 中条码为例，CC=（0+9+0+1+4+6）×3+（8+6+0+2+5）=81，取个位为 1，C=10-1=9。

UPC-B/C/D 条码与 UPC-A 条码基本相同。其中，UPC-B 条码主要用于医药卫生；UPC-C 条码用于产业部门，第二位为系统码，倒数第二位为校验码；UPC-D 条码用于仓库批发，倒数第三位为校验码。

UPC-E 条码为短码，总长度为 8 个字码。UPC-A 条码与 UPC-E 条码之间数字的对应规则与最后一位校验码有关。

任务三　二维条码基本知识

二维条码技术是在一维条码无法满足实际应用需求的前提下产生的。一维条码受信息容量的限制，通常是对物品的标识，而不是对物品的描述。所谓对物品的标识，就是给某物品分配一个代码，代码以条码的形式标记在物品上，用来标识该物品以便自动扫描设备识读，代码或一维条码本身不表示该产品的描述性信息。

在通用商品条码的应用系统中，对商品信息，如生产日期、价格等的描述必须依赖数据库的支持。在没有预先建立商品数据库或不便联网的地方，一维条码表示汉字和图像的信息几乎是不可能的，即使可以表示，也十分有限。

20 世纪 80 年代末期，出现了具有大容量信息的条码——二维条码，从简单地由一维条码堆积而成的二维条码到矩形的二维条码，信息容量从原来的几十字节到接近 2 000 字节，通过压缩技术能将凡是可以数字化的信息，包括汉字、图像、指纹、签名、声音等进行编码，在远离数据库和不便联网的地方实现信息的携带、传递和防伪。

知识链接

火车票上的二维条码

1977 年，全国铁路系统开始实行计算机联网售票，启用第二代火车票。第二代火车票使用一维条码，由于其容量较小，所以只能起到标识作用，而不具备防伪功能。

为了有力打击假票泛滥的现象，铁道部决定于 2009 年 12 月 10 日在全国范围内对火车票进行升级改版，启用第三代火车票。此次升级最大的变化就是将车票下方的一维条码变成了二维防伪图案。该二维防伪图案呈正方形，黑白相间，形似以前的“三维立体画”。

第三代火车票采用的是 QR Code 条码，呈正方形，只有黑白两色，在三个角上引用较小的“回”字形的正方形图案，它是帮助解码软件定位的图案。

近年来，二维条码成为国际上流行的携带和传递数据的高科技手段，具有存储量大、保密性高、追踪性强、抗毁性强等特点。采用二维条码防伪车票系统后，售票人员可以根据乘客的购票类型，将相应信息（如车次、价格、售出的时间等）利用软件加密后生成二维条码，将其打印在车票的票面上。

乘客在进站口检票时，检票人员通过二维条码识别设备对车票上的条码进行识别，系统自动辨别车票真伪，并将信息存入系统中。此外，检票人员还可以利用掌上二维条码识别设备在车上检票，掌上二维条码识别设备自动将读到的信息与自有数据库中的数据进行对比，辨别车票的真伪。利用二维条码识别设备检票，提高了效率，也避免了人为的错误。

一、二维条码概述

（一）二维条码的概念

二维条码（Dimensional Bar Code）简称二维码，是用按一定规律在水平和垂直方向的二维空间上分布的黑白相间的图形来存储信息的条码。二维条码使用若干个与二进制相对应的几何形体来表示文字数值信息，并通过光电扫描设备和图像输入设备自动识读以实现信息的自动化处理。

二维条码具有条码技术的一些共性，如每个字符占有一定的宽度，每种码制有特定的字符集，并具有一定的校验功能等。相比一维条码，二维条码还具有信息容量大、安全性高、读取率高、纠错能力强等特征。此外，二维条码在印制时比一维条码更加灵活，可以进行彩色印刷，印刷机器和印刷对象都不受限制，在传真和影印后依然可以使用，而一维条码经过传真和影印后机器就无法识读。一维条码和二维条码的区别见表 2-12。

表 2-12　一维条码和二维条码的区别

条码类型	一维条码	二维条码
信息储存方向	只在水平方向表达信息	水平与垂直方向均携带信息
错误侦测及自我纠正能力	可以检查后进行错误侦测，但没有错误纠正能力	有错误检验及错误纠正能力，并可根据实际应用设置不同的安全等级
资料密度与容量	密度低，容量小	密度高，容量大
主要用途	主要对物品进行简单的标识	可对物品进行多方面性能的描述
资料库与网络依赖性	多数场合须依赖资料库及通信网络的存在	可不依赖资料库及通信网络的存在而单独应用
识别设备	可用线扫描器识读，如光笔、线性电荷耦合元件（CCD）、镭射枪	堆叠式可用型线扫描器多次扫描，或可用图像扫描仪识读；矩阵式则仅能用图像扫描仪识读

（二）二维条码的分类

1. 根据编码原理和结构形状的差异分类

根据编码原理和结构形状的差异，二维条码可以分为行排式二维条码和矩阵式二维条码。

（1）行排式二维条码。行排式二维条码又称堆叠式二维条码，其编码原理是建立在一维条码基础之上，按需要堆积成两行或多行。它在编码设计、校验原理、识读方式等方面继承了一维条码的一些特点，识读设备、条码印刷与一维条码技术兼容。但由于行数的增加，需要对行进行判定，其译码算法与软件也不完全同于一维条码。有代表性的行排式二维条码有 Code 16K 条码、Code 49 条码、PDF417 条码、MicroPDF417 条码等。

（2）矩阵式二维条码。矩阵式二维条码又称棋盘式二维条码，它是在一个矩形空间通过黑、白像素在矩阵中的不同分布进行编码。在矩阵相应元素位置上，用点（方点、圆点或其他形状）的出现表示二进制“1”，点的不出现表示二进制“0”，点的排列组合确定了矩阵式二维条码所代表的意义。矩阵式二维条码是建立在计算机图像处理技术、组合编码原理等基础上的一种新型图形符号自动识读处理码制。具有代表性的矩阵式二维条码有 Code One 条码、Maxi Code 条码、QR Code 条码、Data Matrix 条码、Han Xin Code 条码、Grid Matrix 条码等。

2. 根据业务形态不同分类

根据业务形态不同，二维条码可分为被读类业务和主读类业务。

（1）被读类业务。平台将二维条码通过彩信发到用户手机上，用户持手机到现场，通过二维条码机具扫描手机进行内容识别。应用方将业务信息加密、编制成二维条码图像后，通过短信或彩信的方式将二维条码发送至用户的移动终端上，用户使用时通过设在服务网点的专用识读设备对移动终端上的二维条码图像进行识读认证，作为交易或身份识别的凭证来支撑各种应用。

（2）主读类业务。用户在手机上安装二维条码客户端，使用手机拍摄并识别媒体、报纸等上面印刷的二维条码图片，获取二维条码所存储内容并触发相关应用。用户利用手机拍摄包含特定信息的二维条码图像，通过手机客户端软件进行解码后触发手机上网、名片识读、拨打电话等多种关联操作，以此为用户提供各类信息服务。

（三）二维条码的功能

（1）信息获取（名片、地图、WIFI 密码、资料）。

（2）网站跳转（跳转到微博、手机网站、网站）。

（3）广告推送（用户扫码直接浏览商家推送的视频、音频广告）。

（4）手机电商（用户扫码、手机直接购物下单）。

（5）防伪溯源（用户扫码即可查看生产地，同时后台可以获取最终消费地）。

（6）优惠促销（用户扫码下载电子优惠券，抽奖）。

（7）会员管理（用户手机上获取电子会员信息、VIP 服务）。

（8）手机支付（扫描商品二维条码，通过银行或第三方支付提供的手机端通道完成支付）。

二、常用的二维条码

1. PDF417 条码

PDF417 条码（见图 2-16）是由美国 SYMBOL 公司发明的一种多层、非定长具有高容量和纠错能力的行排式二维条码。PDF 为 Portable Data File 的缩写，意为便携数据文件。由于组成条码的每个符号的字符均由 4 个条和 4 个空共 17 个模块组成，故称之为

● 图 2-16　PDF417 条码

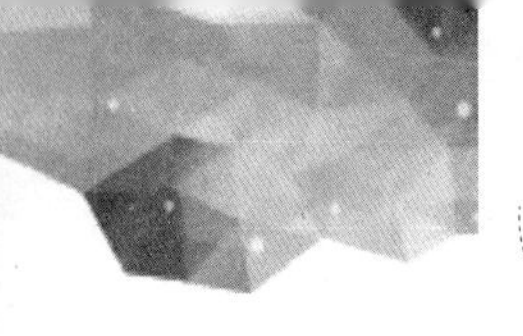

PDF417 条码。

PDF417 条码可以表示字母、数字、二进制数据，也可以表示汉字。PDF417 条码在编码时有三种格式：扩展的字母数字压缩格式，可容纳 1 850 个字符；二进制/ASCII 格式，可容纳 1 108 字节；数字压缩格式，可容纳 2 710 个数字。

二维条码的纠错功能是通过将部分信息重复表示（冗余）来实现的。在 PDF417 条码中，某一行除了包含本行的信息外，还有一些反映其他位置上的字符（错误纠正码）的信息。这样，即使条码的某部分遭到损坏也可以通过存在于其他位置的错误纠正码将其信息还原出来。PDF417 条码的纠错能力根据错误纠正码字数的不同，分为 0~8 共 9 级。级别越高，纠正码字数越多，纠正能力越强，条码也越大。当纠正等级为 8 时，即使条码污损 50%也能被正确读出。

此外，PDF417 条码对印制要求不高，传真件也能阅读，可用多种阅读设备阅读。我国依据公开的国际标准已经制定了 PDF417 条码的标准，PDF417 条码是目前应用最为广泛的二维条码之一。

2. QR Code 条码

QR Code 条码是由日本 Denso-Wave 公司于 1994 年研制出的一种二维条码，如图 2-17 所示，QR 是 Quick Response 的缩写，意为快速反应，源自发明者希望QR Code 条码可让其内容快速被解码。

QR Code 条码除了可以用来表示数字、字母、8 字节数据外，还能够有效地表示中国汉字和日本汉字。由于条码采用特定的数据压缩模式，仅用 13 位即可表示 1 个汉字，而其他二维条码没有特定的汉字表示模式，仅用字节表示模式，需要用 16 位表示 1 个汉字，因此 QR Code 条码比其他二维条码表示汉字的效率提高了 20%。

● 图 2-17　QR Code 条码

QR Code 条码最常见于日本、中国，是目前亚洲最流行的二维条码。除了具备其他二维条码所具备的优点外，还能进行超高速和全方位的识读，识读效率大大提高，所以能够广泛应用在工业自动化生产线管理等领域。近年来随着智能手机的普及，手机扫描二维条码越来越普遍，在电子票务、移动营销、电子优惠券等方面 QR Code 条码得到了更广泛的应用。

知识链接

顺丰微信自助服务

“顺丰速运”微信公众号是顺丰速运在微信平台上开通的自助服务，客户可以随时随地快速下单，轻松便捷地追踪快件状态、在线订单管理等服务，其主要功能如下。

1. 我要寄件

（1）进入寄件页面（见图 2-18），即可进行快速下单。

（2）非服务时间还可预约下单。

（3）使用在线下单，无须手写运单，在线填写寄件人和收件人信息，收派员上门可直接打印运单。

● 图 2-18 寄件页面

2. 查件及快件信息推送

（1）支持三种查件方式：数字输入“运单号”、语音输入“运单号”、照片格式输入“运单条形码”。

（2）查件推送：通过顺丰微信查件，快件状态发生变化时，信息主动推送。

（3）注册绑定顺丰会员后，当有人寄件时，快件信息主动推送。

3. 订单管理

（1）管理在线订单，可获取订单最新信息。

（2）可取消订单、删除订单、运费支付。

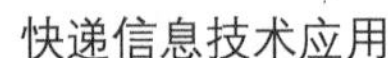

(3) 下单成功后可自动保存收寄地址、常用地址，免除重复填写。

4. 收派员信息推送

微信下单收件、派件前，收派员信息提前看，安全无忧。

5. 收派员评价

寄件、收件成功后，可对收派员的服务进行评价，也能看到收派员的好评度。

6. 会员服务

顺丰微信注册绑定顺丰会员账号，享受会员服务，随时查看积分、优惠券。

7. 在线支付

在线激活、绑定、充值顺丰卡，方便用户线上支付运费。

8. 其他服务

运费查询、产品时效、附近网点、通关服务、宝贝保、顺丰卡、投诉建议等服务功能。

3. Code 16K 条码

Code 16K 条码是一种多层、可变长度的连续型条码符号，属于行排式二维条码，如图 2-19 所示。它可以表示全 ASCII 字符集的 128 个字符以及扩展 ASCII 字符。一个 16 层的 Code 16K 条码符号，可以表示 77 个 ASCII 字符或 154 个数字字符。每个符号字符单元总数为 6，即每个字符由 3 个条和 3 个空组成，符号高度为 2~16 行（层），每层具有自校验功能。通过唯一的起始符和终止符标识层号，通过字符自校验及两个模数的校验符进行错误校验。Code 16K 条码的其他特性包括工业特定标志、区域分隔符字符、信息追加、序列符号连接和扩展数量长度选择等。

图 2-19　Code 16K 条码

4. Code 49 条码

Code 49 条码是一种多层、可变长度的连续型条码符号，属于行排式二维条码，如图 2-20 所示。它可以表示全部的 128 个 ASCII 字符，每个 Code 49 条码符号由 2~8 层组成，每层有一个起始符和一个终止符，每层具有自动检验功能。最后一层包含表示符号层数的信息。

5. Code One 条码

Code One 条码是一种用成像设备识别的矩阵式二维条码，如图 2-21 所示。Code One 条码符号中包含可由快速线性探测器识别的图案。Code One 符号共有 10 种版本以及 14 种尺寸，最大的符号（即版本 B）可以表示 2 218 个数字字母型字符或者 3 550 个数字，以及 560 个纠错字符。Code One 条码可以表示全部 256 个 ASCII 字符，另加 4 个功能字符，以及 1 个填充字符。

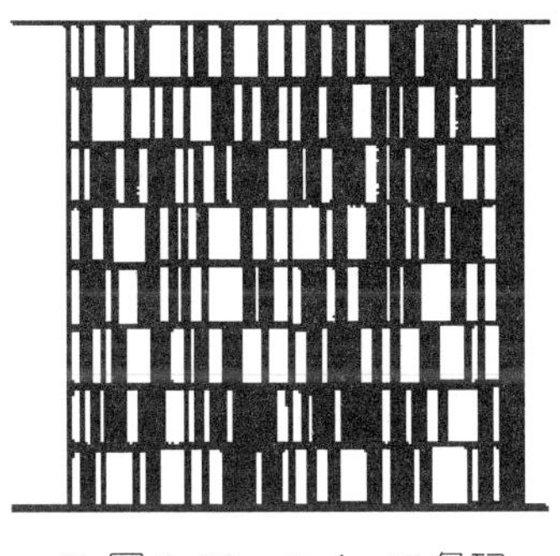

● 图 2-20　Code 49 条码

● 图 2-21　Code One 条码

6. Maxi Code 条码

Maxi Code 条码是一种中等容量、尺寸固定的矩阵式二维条码，它由紧密相连的六边形模块和位于符号中央位置的定位图形组成，如图 2-22 所示。Maxi Code 条码每个符号由 884 个六边形模块组成，分为 33 层环绕着中央图形，每层最多包含 30 个模块。Maxi Code 条码具有 1 个大小固定且唯一的中央定位图形，为 3 个黑色的同心圆（或称公牛眼），用于扫描定位。此定位图形在数据模组所围成的虚拟六边形的正中央，在此虚拟六边形的 6 个顶点上各有 3 个黑白色不同组合式所构成的模组，称为“方位丛”(Oricntation Cluster)，它提供扫描器重要的方位信息。Maxi Code 条码特别为高速扫描而设计，主要应用于包裹搜寻和追踪方面。

7. Data Matrix 条码

Data Matrix 条码原名 Data Code，由美国国际资料公司（International Data Matrix，ID Matrix）在 1989 年发明出来。Data Matrix 条码是一种矩阵式二维条码，其设计的构想是在较小的条码标签上存入更多的资料。

如图 2-23 所示，每个 Data Matrix 条码符号由规则排列的方形模块构成的数据区组成，数据区的四周由定位图形所包围，定位图形的四周则由空白区包围，数据区再以排位图形加以分隔。定位图形是数据区域的一个周界，为一个模块宽度。其中两条邻边为

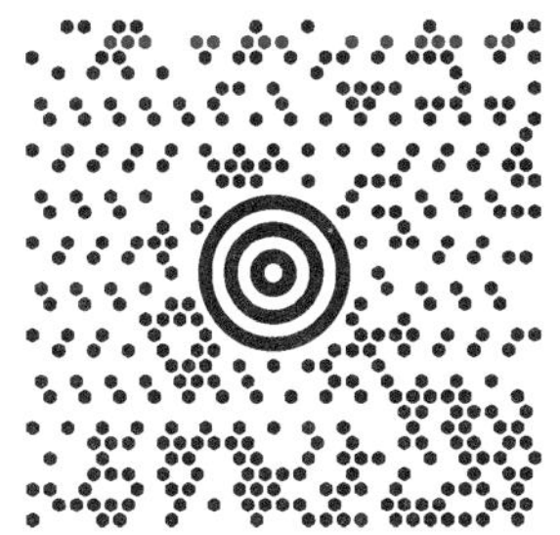

● 图 2-22　Maxi Code 条码

● 图 2-23　Data Matrix 条码

暗实线，主要用于限定物理尺寸、定位和符号失真。另外两条邻边由交替的深色和浅色模块组成，主要用于限定符号的单元结构。

Data Matrix 条码的尺寸可任意调整，最大可到 9 032 mm，最小尺寸是目前一维条码与二维条码中最小的。因此，特别适合印在实体上。另外，大多数条码的大小与编入的消息量有绝对的关系。但是，Data Matrix 条码的尺寸与其编入的信息量却是相互独立的。因此，Data Matrix 条码的尺寸比较有弹性。此外，Data Matrix 条码最大存储量为 2 000 字节，自动纠正错误的能力较低，只能用特别的扫描器来识读。

三、二维条码的应用

二维条码具有存储量大、保密性高、追踪性高、抗损性强、备援性大、成本便宜等特性，这些特性适用于表单、安全保密、追踪、证照、存货盘点、资料备份等方面。

1. 产品追踪

二维条码可应用于公文自动追踪、生产线零件自动追踪、客户服务自动追踪、快件寄递自动追踪（见图 2-24）、维修记录自动追踪、危险物品自动追踪、后勤补给自动追踪、医疗体检自动追踪、生态研究自动追踪等。

快递查 9:21
历史查询
中通 680135031596
2011-09-06 21:32:00 快件到达 上海航空部，正在分拣中，上一站是 青浦
韵达 1600081660538
2011-09-05 13:58:54 湖北荆州公司:派送，由 杨锦 签收 已签收
中通 368915413149
2011-09-02 14:48:04 已签收，@kiees.cn 签收人是 草签 已签收
EMS EK104540746CS
顺丰 200745539399
2011-07-17 17:03:24 派件已签收 已签收

● 图 2-24　快件寄递自动追踪

2. 电子凭证签到

电子凭证签到是利用手机二维条码进行签到验证的。会务系统企业用户只需向系统添加参会人员基本信息，然后由平台管理员将二维条码发送到参会人员手机中，参会人员即可使用手机中的二维条码进行签到。电子凭证签到的方式不但方便快捷，而且安全可靠，有助于参会人员的数据管理。

3. 证照应用

二维条码可应用在护照、身份证、挂号证、驾照、会员证、识别证、连锁店会员证等证照的资料登记及自动输入上，发挥“随到随读、立即取用”的资讯管理效果。

4. 盘点应用

二维条码可应用在物流中心、仓储中心、联勤中心货品及固定资产的自动盘点上，发挥“立即盘点、立即决策”的效果。

5. 车辆管理应用

行驶证、驾驶证、车辆的年审文件、车辆违章处罚单等印制有二维条码，将有关车辆上的基本信息，包括车驾号、发动机号、车型、颜色等车辆的基本信息转化保存在二维条码中，其信息的隐含性起到防伪的作用，信息的数字化便于与管理部门的管理网络

实施实时监控。

任务四　条码的识读技术

一、条码的识读原理

（一）条码的光学特征

条码是由宽窄不同、反射率不同的条和空按照一定的编码规则组合起来的一种信息符号。常见的条码是黑条与白空（也叫白条）印制而成的。黑条对光的反射率最低，而白空对光的反射率最高，当光照射到条码上时，黑条与白空产生较强的对比度。条码扫描器是利用黑条和白空对光的反射率不同来读取条码数据的。条码不一定印制成黑色和白色，也可以印制成其他颜色，但两种颜色对光必须有不同的反射率，保证有足够的对比度。

（二）条码识读装置的组成

条码是图形化的编码符号，对条码的识读要借助一定的专用设备，将条码中含有的编码信息转换成计算机可识别的数字信息。条码识读装置是条码识别系统的组成部分。它由扫描、信号整形、译码三部分组成，如图 2-25 所示。

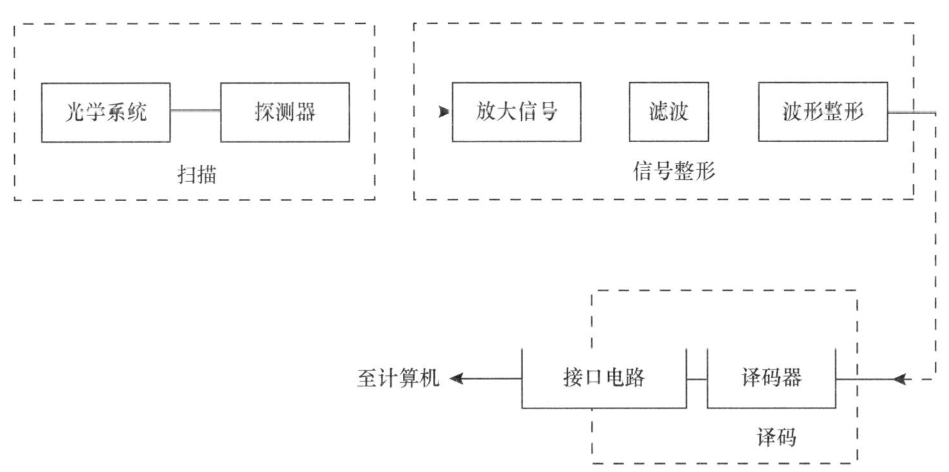

● 图 2-25　条码识读装置的组成

扫描部分由光学系统和探测器（即光电转换器）组成，它完成对符号的光学扫描，并通过光电探测器，将条码条、空图形的光信号转换成为信号。信号整形部分由信号放大、滤波和波形整形组成，它的功能是将条码的光电扫描信号处理成为标准电位的矩形波信号，其高低电平的宽度和条码符号的条、空尺寸相对应。译码部分一般由嵌入式微处理器组成，它的功能是对条码的矩形波信号进行译码，其结果通过接口电路输出到条码识别系统中的数据终端。

（三）条码识读工作原理

为了阅读出条码所代表的信息，需要一套条码识别系统，它由条码扫描器、放大整形电路、译码接口电路和计算机系统等部分组成，如图 2-26 所示。

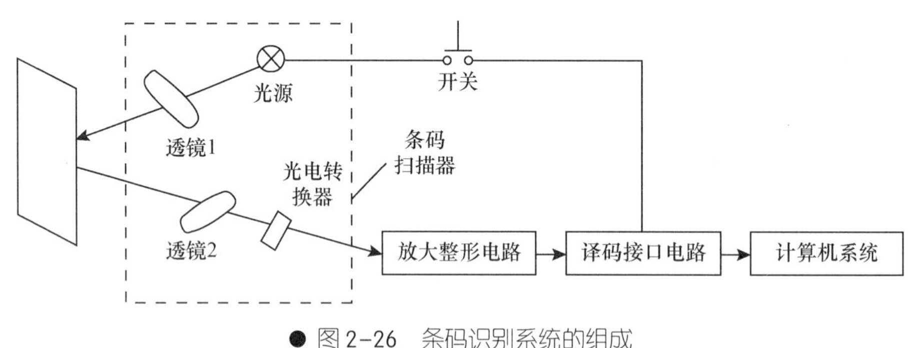

● 图 2-26　条码识别系统的组成

各部分的工作原理如下。

1. 条码扫描器

因为不同颜色的物体反射的可见光的波长不同，白色物体能反射各种波长的可见光，黑色物体则吸收各种波长的可见光，所以当条码扫描器光源发出的光经光阑及凸透镜 1 后，照射到黑白相间的条形码上时，反射光经凸透镜 2 聚焦后，照射到光电转换器上，于是光电转换器接收到与白条和黑条相应的强弱不同的反射光信号，并转换成相应的电信号输出到放大整形电路。

2. 放大整形电路

由光电转换器输出的与条形码的条和空相应的电信号一般仅为 10 mV 左右，不能直接使用，因而先要将光电转换器输出的电信号送放大器放大。放大后的电信号仍然是一个模拟电信号，为了避免由条码中的疵点和污点导致错误信号，在放大电路后需加上整形电路，把模拟信号转换成数字电信号，以便计算机系统能准确判读。

3. 译码接口电路

整形电路的脉冲数字信号经译码器译成数字、字符信息。它通过识别起始符、终止符来判别条码符号的码制及扫描方向，通过测量脉冲数字电信号 0、1 的数目来判别条和空的数目，通过测量 0、1 信号持续的时间来判别条和空的宽度。这样便得到了被辨读条码符号的条和空的数目及相应的宽度和所用码制，根据码制所对应的编码规则，便可将条形符号转换成相应的数字、字符信息，通过接口电路送给计算机系统进行数据处理与管理，这便完成了辨读条形码的全过程。

二、常用的一维条码识读设备

常用的一维条码识读设备包括激光枪、CCD 扫描器、光笔和卡槽式扫描器以及全向扫描平台。

（一）激光枪

激光枪属于手持式自动扫描的激光扫描器。

激光扫描器是一种远距离条码阅读设备，其性能优越，因而被广泛应用。激光扫描器的扫描方式由单线扫描、光缆式扫描和全角度扫描 3 种方式。手持式激光扫描器属单线扫描，其景深较大，扫描首读率和精度较高，扫描宽度不受设备开口宽度限制。卧式激光扫描器为全角度扫描器，其操作方便，操作者可双手操作，只要条码符号面向扫描器，不管其方向如何，均能实现自动扫描。

激光扫描技术的基本原理是：先由机具产生一束激光，再由转镜将固定方向的激光束形成激光扫描线，激光扫描线扫描到条码上再反射回机具，由机具内部的光敏器件转换成电信号。

利用激光扫描技术的优点是识读距离适应能力强，且具有穿透保护膜识读的能力，识读的精度和速度比较高。缺点是对识读的角度要求比较严格，而且只能识读堆叠式二维条码和一维条码。

激光枪的扫描动作通过转动或振动多边形棱镜等光装置实现。这种扫描器的外形结构类似于手枪。手持式激光扫描器的外形如图 2-27 所示，具有方便灵活、不受场地限制的特点，适用于扫描体积较小、首读率不是很高的物品。除此之外，它还具有接口灵活、应用广泛的特点，是新一代的商用激光条码扫描器，扫描线清晰可见，扫描速度快，一般扫描频率大约在 40 次/s。

激光枪的主要特点是识读距离长，通常扫描距离能在 1 ft（1 ft≈30.5 cm）以外。有些超长距离的扫描器，其扫描距离甚至可以达到 10 ft。激光枪的不足之处是条码符号的长度受光学系统的限制，并与扫描器到条码符号的距离有关。

（二）CCD 扫描器

CCD 扫描器采用了电荷耦合装置（Charge Couple Device，CCD）。CCD 元件是一种电子自动扫描的光点转换器，也称 CCD 图像感应器。CCD 扫描器可分为手持式和固定式两种，均属于非接触式，只是形状和操作方式不同，其扫描机理和主要元件完全相同。CCD 扫描器如图 2-28 所示。扫描景深和操作距离取决于照射光源的强度和成像镜头的焦距。

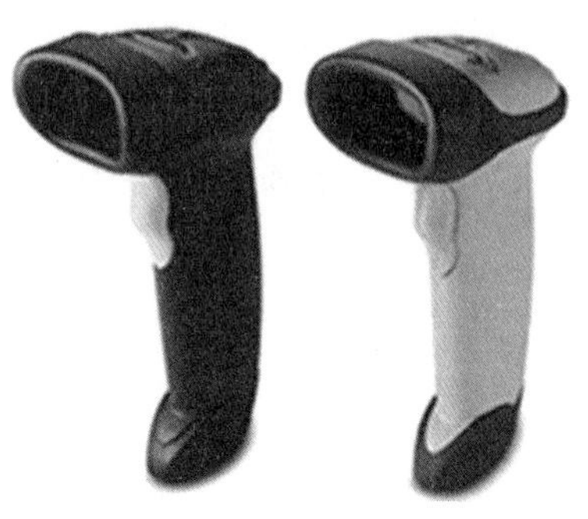
● 图 2-27　手持式激光扫描器

● 图 2-28　CCD 扫描器

CCD 元件是一种用半导体器件技术制造的元件，通常选用具有电荷耦合性能的光电二极管和 CMOS 电容制成。可将光电二极管排列成一维的线阵和二维的面阵。用于扫描条码符号的 CCD 扫描器通常选用一维的线阵，而用于平面图像的扫描通常选用二维的面阵。条码符号将光路成像在 CCD 感光器件阵列上，由于条和空的反光强度不同，在感光器件上产生的电信号强度也不同，通过扫描电路，把相应的电信号经过放大、整形输出，最后形成与条码符号信息对应的电信号。为了保证一定的分辨率，光电原件的排列密度要保证条码符号中最窄的元素至少应被 2~3 个光电元件所覆盖，而排列长度应能覆盖整个条码符号的成像。

CCD 扫描器是利用光电耦合原理，对条码印刷图案进行成像，然后再译码。它的特点是无任何机械运动部件，性能可靠，寿命长；按元件排列的节距和总长计算，可以进行测长；价格比激光枪便宜。不过，CCD 扫描器可测条码的长度受限制，景深小。目前新型的 CCD 扫描器也可以达到一般的激光扫描器所能够达到的识读距离。

CCD 扫描器包括景深和分辨率两个参数。

（1）景深参数。由于 CCD 扫描器的成像原理类似于照相机，如果要加大景深，则相应地要加大透镜，而这样又会使 CCD 扫描器体积过大，不便操作。优秀的 CCD 扫描器无须紧贴条码即可识读，且体积适中、操作舒适。

（2）分辨率参数。如果要提高 CCD 扫描器分辨率，必须增加成像处理光敏元件的单位元素。CCD 扫描器一般是 512 像素，识读 EAN、UPC 等商品条码已经足够，但识读别的码制会困难一些。中等 CCD 扫描器以 1 024 像素居多，有些甚至达到 2 048 像素，能分辨最窄单位元素为 0.1 mm 的条码。

（三）光笔和卡槽式扫描器

光笔和大多数卡槽式扫描器都采用手动扫描的方式。手动扫描比较简单，扫描器内部不带有扫描装置，照明光束的位置相对于扫描器固定，完成扫描过程需要手持扫描笔划过条码符号。这种扫描器属于固定光速扫描器。

光笔扫描器属于接触式、固定光速扫描器，如图 2-29 所示。在其笔尖附近含有发光二极管 LED 作为照明光源，并含有光电探测器。在选择光笔扫描器时，要根据应用中的条码符号正确选择光笔的孔径，分辨率高的光笔的光电尺寸能达到 0.1 mm，一般光笔扫描器的光电尺寸在 0.2 mm 左右。光笔扫描器的耗电量非常低，这一点使得它比较适用于和电池驱动的手持数据采集终端相连。光笔扫描器的光源有红光和红外光两种，红外光笔擅长于识读被油污弄脏的条码符号。光笔扫描器的笔尖容易磨损，一般用蓝宝石笔头，光笔扫描器的笔头可以更换。

卡槽式扫描器属于固定光束扫描器，其内部的结构和光笔扫描器类似。它上面有一个槽，手持带有条码符号的卡从槽中滑过实现扫描。这种扫描器被广泛应用于时间管理、考勤系统，它经常和带有液晶显示器及数字键盘的终端集成为一体。

（四）全向扫描平台

全向扫描平台属于全向激光扫描器，如图 2-30 所示。全向扫描指的是标准尺寸的商品条码以任何方向通过扫描器的区域都会被扫描器的某个或某两个扫描线扫过整个条码符号。一般全向扫描器的扫描线方向为 3~5 个，每个方向上的扫描线为 4 个左右，具体指标取决于扫描器的具体设计。这种扫描器一般用于商业超市的收款台，有的安装在柜台下面，有的安装在柜台侧面。

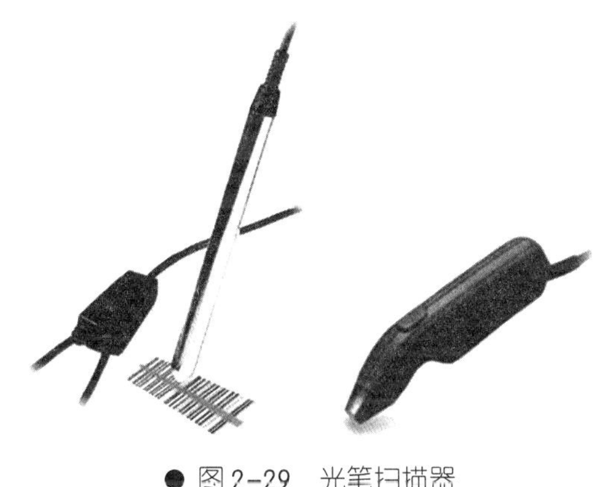

● 图 2-29　光笔扫描器

● 图 2-30　全向扫描平台

这类扫描器的高端产品为全息式激光扫描器，它用高速旋转的全息盘代替了棱镜状多边转镜扫描。有的扫描线能达到 100 条，扫描的对焦面达到 5 个，每个对焦面含有 20 条扫描线，扫描速度可以高达 8 000 线/秒，特别适用于传送带上识读不同距离、不同方向的条码符号。这种类型的扫描器对传送带的最大速度要求低的有 0.5 m/s，高的有 4 m/s。

三、条码数据采集器

（一）概述

把条码识读器和具有数据存储、处理、通信传输功能的手持数据终端设备结合在一

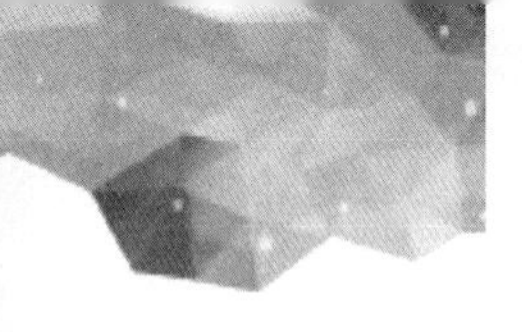

起，就成为条码数据采集器，简称数据采集器。当人们强调数据处理功能时，往往简称为数据终端。

数据采集器是一种条码识读设备，它是手持式扫描器与掌上电脑的功能组合为一体的设备单元，如图 2-31 所示。也就是说它比条码扫描器多了自动处理、自动传输的功能。普通的扫描设备扫描条码后，经过接口电路直接将数据传送到 PC 机；数据采集器扫描条码后，先将数据存储在采集器的内存里面，根据需要再经过接口电路批处理数据，也可以通过无线局域网或通用分组无线服务技术（GPRS）等方式，实时传送和处理数据。

● 图 2-31　数据采集器

数据采集器是具有现场实时数据采集、处理功能的自动化设备，可随机提供可视化编程环境。条码数据采集器具备实时采集、自动存储、即时显示、即时反馈、自动处理、自动传输功能，为现场数据的真实性、有效性、实时性、可用性提供了保证。

由于数据采集器大都在室外使用，周围的湿度、温度等环境因素对手持终端的操作影响比较大。尤其是液晶屏幕、随机存取存储器（RAM）芯片等关键部位，低温、高温环境其特性都受限制。因此，用户要根据自身的使用环境情况选择手持终端产品。同时，因为作业环境比较恶劣，手持终端产品要经过严格的防水测试，国际上有 IP 标准进行认证。此外，抗震、抗摔性能也是手持终端产品另一项操作性能指标，目前大多数产品能够满足 1 m 以上的跌落高度。

（二）便携式数据采集器

便携式数据采集器（Portable Data Terminal，PDT）是为适应一些现场数据采集和扫描笨重物体的条码符号而设计的，适合于脱机使用的场合。它是集激光扫描、汉字显示、数据采集、数据处理、数据通信等功能于一体的高科技产品，相当于一台小型计算机，简单地说，它兼具了掌上电脑、条码扫描器的功能。硬件上具有计算机设备的基本配置是：CPU、内存、供电电池、各种外设接口。软件上具有计算机运行的基本要求是：操作系统、可以编程的开发平台、独立的应用程序。它可以将计算机网络的部分程序和数据下载至手持终端，并可以脱离计算机网络系统独立进行某项工作。其基本原理是：按照用户的要求，将应用程序在计算机上编制后下载到便携式数据采集器中。便携式数据采集器中的基本数据信息必须通过计算机的数据库获得，而存储的操作结果也必须及时地导入到计算机中。手持终端作为计算机网络系统的功能延伸，满足了日常工作中人们各种信息移动采集、处理的任务要求。

从完成的工作内容上看，便携式数据采集器又分为数据采集型、数据管理型两种。数据采集型设备主要应用于供应链管理的各个环节，快速采集物流的条码数据，在采集器上做简单的数据存储、计算等处理，然后将数据传输给计算机系统。数据采集型设备操作简单、容易维护、坚固耐用。为达到上述功能，此类设备基本采用 DOS 操作系统，如日本 CASIO-DT900/DT300/DT810 型数据采集器。数据管理型设备主要用于数据采集量相对较小、数据处理要求较高（通常情况下包含数据库的各种功能）的情况。此类设备主要考虑采集条码数据后能够全面地分析数据，并得出各种分析、统计的结果。为实现上述功能。通常采用 WinCE/Palm 环境的操作系统，里面可以内置小型数据库，如日本 CASIO-IT70/DTX10 等设备。但是，此类设备由于操作系统比较复杂，对操作员的基本素质要求较高。

（三）无线数据采集器

无线数据采集器（见图 2-32）将普通便携式数据采集器的性能做了进一步扩展，除了具有普通便携式数据采集器的优点外，还可以通过无线电波，把现场采集到的数据实时传输给计算机。相比普通便携式数据采集器，无线数据采集器更进一步地提高了识别的工作效率，使数据从原来的本机校验、保存转化为远程控制、实时传输。

图 2-32　无线数据采集器

无线数据采集器之所以称为无线，就是因为它不需要像普通便携式数据采集器那样依靠通信接口和计算机进行数据交换，而可以直接用无线网络和计算机、服务器进行实时数据通信。要使用无线手持终端就必须先建立无线网络。无线网络设备——登录点（Assess Point，AP）相当于一个连接有线局域网和无线网的网桥，它通过双绞线或同轴电缆接入有线网络，无线手持终端则与 AP 的无线通信和局域网的服务器进行数据交换。

无线数据采集器通信数据实时性强、效率高，直接和服务器进行数据交换，数据都是以实时方式传输。数据从无线数据采集器发出，通过无线网络到达当前无线手持终端所在频道的 AP，AP 通过连接的双绞线或同轴电缆将数据传入有线局域网，数据最后到达服务器的网卡端口后进入服务器，然后服务器将返回的数据通过原路径返回无线手持终端。所有数据都以 TCP/IP 通信协议传输。可以看出操作员在无线数据采集器上所有操作后的数据都在第一时间进入后台数据库，也就是说无线数据采集器将数据库信息系统延伸到了每一个操作员的手中。

项目小结

本项目主要介绍了条码识别技术的相关内容，主要包括条码技术的定义、编码方法及分类；通用商品条码、储运包装商品条码、物流商品条码（EAN-128 条码）等常用一维条码；二维条码的概念、分类及功能，目前常用的二维条码及其应用；条码的识读

原理及常用的条码识读设备等知识。

知识巩固

（1）常用自动识别技术包括哪些？

（2）简述条码的定义、分类及编码技术。

（3）商品条码编码原则是什么？

（4）计算商品条码 690123456789 的校验位。

（5）定量储运包装商品编码与变量储运包装商品编码的区别是什么？

（6）EAN-128 条码的优点有哪些？

（7）简述二维条码的概念、分类及功能。

（8）条码的识读原理是什么？

实训任务一　条码的收集

实训目的

（1）通过实训进一步理解条码有关的理论知识。

（2）加深对条码结构和应用情况的直观认识。

（3）培养协作与交流的意识，培养表达与沟通的能力。

实训参考

超市、快递企业等场所都广泛应用了条码技术，通过现场调查收集，结合本书和网络了解条码技术起源、发展及种类，各种条码的结构特点、组成以及应用领域，了解二维条码的产生发展、二维条码的种类、二维条码的特点、二维条码的应用领域。

实训要求

实训以小组为单位，每组 5～6 人。选择一家超市、快递企业营业网点或分拣中心作为实训基地。

（1）收集在实训基地各个作业环节看到的条码。

（2）记录收集到的条码的应用情况，填写条码应用一览表。

（3）分析收集到的条码类型、结构和特点。

（4）使用实训基地系统平台，生成并打印条码标签。

（5）将打印好的标签按要求贴在相应的物品上。

（6）完成并提交小组实训报告，报告内容包括实训的过程、遇到的问题和解决办法、活动收获和总结。

（7）将实训报告制作成 PPT 文档，按小组进行课堂分享。

实训考核

实训考核表

考核要素	评价标准	分值	分值比例			
			自评（10%）	小组（10%）	教师（80%）	小计
收集条码的种类	能够全面收集各种条码，没有重复	40				
条码的打印和粘贴	能够使用条码生成模块，正确打印并粘贴	20				
实训报告	全面记录收集条码的步骤、类型和应用	20				
PPT 汇报	汇报内容丰富、具体	20				
合计		100				
评语（主要是建议）						

实训任务二　BarTender 条码打印软件的使用

实训目的

（1）掌握条码打印软件的使用方法。

（2）加深对常用一维条码和二维条码的认识。

（3）加深对条码技术应用重要性的认识。

实训参考

BarTender 是打印行业中非常知名的条码打印软件，也是一款非常优秀的条码标签设计软件，可进行标签设计和条码设计，它甚至支持 RFID 标签设计，支持导入图形图像并能生成多种复杂的序列号。

实训要求

（1）设计 EAN-13、EAN-8 条码标签，注意校验码的生成。

（2）设计 ITF-14 和交插二五条码，比较两者异同之处。

（3）设计 QR Code 和 PDF417 条码，比较两者的结构差异，并以 QR Code 条码设计个人的二维码名片，要求包含个人学号、姓名拼音、电子邮箱，纠错等级为 M（恢复 15%），完成后可以用手机扫码软件测试。

（4）撰写实训报告，要求说明实训步骤和结果，反馈对条码技术的理解，设计的条码符号要求导出图像，并粘贴到 Word 文档中。

（5）提交报告文档到教学文件系统，命名方式为“学号-姓名 . doc”。

实训考核

实训考核表

考核要素	评价标准	分值	分值比例			
			自评（10%）	小组（10%）	教师（80%）	小计
一维条码设计	条码符号设计规范	20				
二维条码设计	规范、正确	20				
软件应用能力	具有条码软件应用能力	20				
实训报告	报告内容完整、规范	40				
合计		100				
评语（主要是建议）						

• 项目二 射频识别技术 •

知识目标

◇ 了解射频（RF）、射频识别（RFID）的基本概念。
◇ 掌握 RFID 技术的工作原理及系统构成。
◇ 掌握 RFID 技术的相关标准。
◇ 了解 RFID 技术在快递中的应用。

技能目标

◇ 能利用 RFID 技术采集信息。
◇ 能运用 RFID 专业知识解决快递流程。

导入案例

麦德龙使用 RFID 供应链方案

世界 500 强企业之一的麦德龙股份公司，是德国最大、欧洲第二、世界第三大零售批发超市集团，旗下拥有多家现购自运商场，已在 30 多个国家和地区开立百货商店、超级大卖场，在全世界都有很大的影响力。

2002 年，麦德龙公布了“未来商店”计划，宣布在其整个供应链采用 RFID 技术。该计划吸引了 50 多家合作公司共同携手开发并测试物联网 RFID 技术的应用程序，范围涉及库存、运输、物流、仓储等零售供应链的各个环节，甚至包含了零售店面内顾客的购买体验。麦德龙首席执行官穆勒表示：“使用 RFID 供应链方案后取得的日常工作改进成果可谓立竿见影，仓库及商店的货品交收程序大幅提速，过往浪费于送货的时间明显减少。RFID 还协助我们找出货品处理流程中薄弱的环节，货品在仓库上架的工序也大大改善，总体来讲，员工们的工作效率提升了，而店面脱货的情况则变少了。”

在业务量最大的乌纳配送中心，麦德龙建立了 RFID 货盘的全面跟踪系统，部署了多项 RFID 应用。货盘跟踪是配送中心 RFID 系统的基础，100 多家麦德龙供应商仓储、物流、配送的货箱、货盘中使用了 RFID 标签。仓库的仓门上安装了固定式的智能数据采集设备，当货盘经过仓门时，货箱标签上的数据可被自动识别、采集，并通过自动整理传递到企业系统内；系统将此信息与发货通知的电子数据相核对，符合系统订单的货

盘将被麦德龙批准接收，供应链的库存系统也会在商品入库时及时更新。这个过程不需要人工操作参与，极大减少了劳动力成本。

在反方向的工作流程中，RFID 技术保证了仓库能够准确、迅速地把商品交送至零售商店：叉车工作人员通过指令接收订单，读取 RFID 地点标签来确认货物提取的地点、种类、时间、数量等信息，将被提取的货物送至包装区域，再被装上货盘传送到指定店面。

RFID 系统还极大地改善了货物交验程序。伯克利大学针对麦德龙的调查数据显示，使用 RFID 系统识别货盘、发货确认和入库处理后，每辆货车的检查及卸载任务时间平均节约 15~20 min；同时供应链中不到位的发货能及时被发现，改善了库存准确度，将缺货情况降低 12%左右。

大批量采购能加强总部对采购的控制、降低进货成本、增加议价的能力，带来的好处不言而喻，因此被众多国际零售商采用。而与其他行业相比，零售业对信息化、自动化的依赖度更大，稍有规模的零售企业都必须考虑到高效供应链系统的支撑。

从这个角度来讲，RFID 技术无疑为零售企业的供应链管理提供了更便捷的方式和更高效的选择：基于物联网技术的供应链系统掌握商品进销存的全部资料，从商品的订货、出厂日期、保存时间、运输、收货、仓储、销售、结算到再订货，不仅保障配送的准确率、降低人工成本，还能根据信息系统的历史记录自动预计销售量、拟订采购计划、下发订单，把存货量控制在合理的范围之内；RFID 阅读器的准确率高，能够精确、快速地扫描货箱、货品；RFID 电子标签中的信息含量大，并且具有很强的抗干扰性，能够反复使用的同时还具有较高的安全保密性，可以重复使用，在节约成本的同时更加环保；RFID 技术可以实现货品流通各个环节的实时监控，最初的设计、原材料的采购、半成品的生产、成品存储、运输、物流、零售甚至是退换货处理和售后服务等信息都能进行追踪。

任务一　射频识别技术认知

一、射频识别的概念和特点

（一）射频技术

射频（Radio Frequency，RF）技术也称无线射频或无线电射频技术，是一种无线通信技术，其基本原理是电磁理论，利用无线电波对记录媒体进行读/写。

RF 技术以无线信道作为传输媒体，建网迅速，通信灵活，可以为用户提供快捷、方便、实时的网络连接，也是实现移动通信的关键技术之一。RF 技术的应用已经渗透到商业、工业、运输业、物流管理、医疗保险、金融和数学等众多领域。

（二）射频识别技术

射频识别（RFID）技术是20世纪90年代开始兴起的一种自动识别技术，即利用射频信号通过空间耦合（交变磁场或电磁场）实现无接触信息传递，并通过所传递的信息达到识别目的的技术。或简单地说，RFID技术是利用无线电波进行数据信息读/写的一种自动识别技术。

RFID技术起源于英国，应用于第二次世界大战中辨别敌我飞机身份，20世纪60年代开始商用。RFID技术是一种自动识别技术，美国国防部规定2005年1月1日以后，所有军需物资都要使用RFID标签；美国食品与药品管理局（FDA）建议制药商从2006年起利用RFID技术跟踪经常造假的药品。Walmart、Metro零售业应用RFID技术等一系列行动更是推动了RFID技术在全世界的应用热潮。目前，RFID技术已经被广泛应用于各个领域，从门禁管制、牲畜管理到物流管理，都可以见到其踪迹。

RFID技术的发展历程见表2-13。

表2-13　RFID技术的发展历程

时间	RFID技术发展
1941—1950年	雷达的改进和应用催生了RFID技术，1948年奠定了RFID技术的理论基础
1951—1960年	早期RFID技术的探索阶段，主要处于实验室实验研究
1961—1970年	RFID技术的理论得到了发展，开始了一些应用尝试
1971—1980年	RFID技术与产品研发处于一个大发展时期，各种RFID技术测试得到加速发展。出现了一些最早的RFID应用
1981—1990年	RFID技术及产品进入商业应用阶段，各种规模应用开始出现
1991—2000年	RFID技术标准化问题日趋得到重视，RFID产品得到广泛采用，RFID产品逐渐成为人们生活中的一部分
2001年至今	RFID产品种类更加丰富，有源电子标签、无源电子标签及半无源电子标签均得到发展，电子标签成本不断降低，规模应用行业扩大

与其他自动识别系统一样，RFID系统也是由信息载体和信息获取装置组成的。其中装载识别信息的载体是RFID标签（也称作应答器、电子标签等），获取信息的装置称为RFID阅读器（也称RFID读写器等）。电子标签与RFID阅读器之间利用感应、无线电波或微波能量进行非接触双向通信，实现数据交换，从而达到识别的目的。

如图2-33所示，最常见的RFID系统的工作原理是这样的：RFID阅读器通过天线，在一个区域发射能量形成电磁场，电子标签经过这个区域时检测到RFID阅读器的信号后发送储存的数据，RFID阅读器接收电子标签发送的信号，解码并校验数据的准确性，从而达到识别的目的。

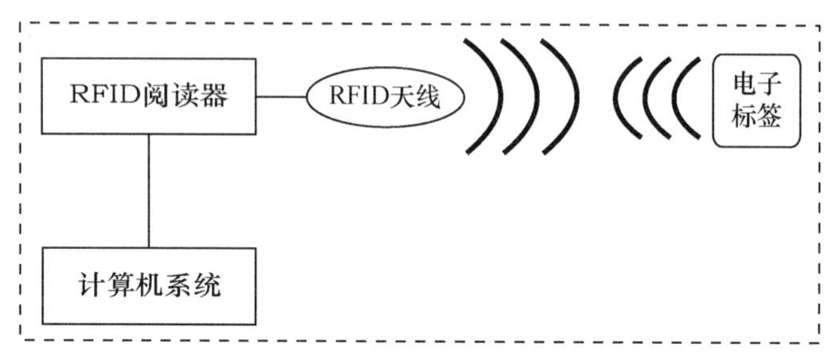

● 图2-33　RFID系统工作原理

RFID技术是以无线通信技术和存储器技术为核心，伴随着半导体大规模集成电路技术的发展而逐步形成的。其应用过程涉及无线通信协议、发射功率、占用频率等多方面因素。目前尚未形成在开放系统中应用的统一标准，因此RFID技术主要应用在一些闭环应用系统中。

（三）RFID技术的特点

RFID技术凭借其自动数据采集、高度的数据集成、支持可读/写工作模式等优势，已成为新一代的自动识别技术。RFID技术具有如下特点。

1. 快速扫描

RFID阅读器可同时辨识读取数个RFID标签。

2. 体积小型化、形状多样化

RFID在读取上并不受尺寸大小与形状限制，不需要为了读取精确度而配合纸张的固定尺寸和印刷品质。此外，RFID标签更可往小型化与多样形态发展，以应用于不同产品。

3. 抗污染能力和耐久性

传统条形码的载体是纸张，因此容易受到污染，但RFID对水、油和化学药品等物质具有很强抵抗性。此外，由于条形码是附于塑料袋或外包装纸箱上，所以特别容易受到折损；RFID标签是将数据存储在芯片中，因此可以免受污损。

4. 可重复使用

现今的条码印刷上去之后就无法更改，RFID标签则可以重复地新增、修改、删除RFID卷标内储存的数据，方便信息的更新。

5. 穿透性和无屏障阅读

在被覆盖的情况下，RFID能够穿透纸张、木材和塑料等非金属或非透明的材质，并能够进行穿透性通信。而条码扫描机必须在近距离且没有物体阻挡的情况下，才可以辨读条码。

6. 数据的记忆容量大

一维条码的容量是 50B，二维条码可储存 2~3 000B，RFID 标签最大的容量则有数兆。随着记忆载体的发展，数据容量也有不断扩大的趋势。未来物品所需携带的资料量会越来越大，对 RFID 标签所能扩充容量的需求也相应增加。

7. 安全性

由于 RFID 标签承载的是电子式信息，其数据内容可经由密码保护，使其内容不易被伪造及变造。

RFID 技术因其所具备的远距离读取、高储存量等特性而备受瞩目。它不仅可以帮助一个企业大幅提高货物、信息管理的效率，还可以让销售企业和制造企业互联，从而更加准确地接收反馈信息，控制需求信息，优化整个供应链。

二、RFID 标准

（一）RFID 标准体系结构

RFID 标准体系的基本结构主要包括 RFID 技术标准、RFID 数据内容标准、RFID 性能标准和 RFID 应用标准。其中，RFID 技术标准中的通信协议和 RFID 数据内容标准中的编码规则是争论比较激烈的部分，也正是这两者构成了 RFID 标准的核心。

1. RFID 技术标准

RFID 技术标准主要定义了不同频率的空中接口及相关参数，如基本术语、物理参数、通信协议和相关设备等。

2. RFID 数据内容标准

RFID 数据内容标准主要涉及数据协议、数据编码规则及语法等，包括编码格式、语法标准、数据符号、数据对象、数据结构和数据安全等。RFID 数据内容标准能够支持多种编码格式，如支持电子产品码（EPC）和美国国防部（DOD）等规定的编码格式等。

3. RFID 性能标准

RFID 性能标准主要涉及设备性能及一致性测试方法，尤其是数据结构和数据内容（即数据编码格式及其内存分配）。它主要包括设计工艺、测试规范和试验流程等。

4. RFID 应用标准

RFID 应用标准主要涉及特定应用领域或特定环境中 RFID 的构建规则，其中包括 RFID 在物流配送、仓储管理、交通运输、信息管理、动物识别、矿井安全、工业制造和休闲娱乐等领域的应用标准与规范。

由于 Wi-Fi、WiMAX、蓝牙、ZigBee、专用短程通信（Dedicated Shortrange Communication，DSRC）协议及其他短程无线通信协议正在用于 RFID 系统或融入 RFID 设备中，因此，RFID 标准所包含的范围也在不断扩大，与此相应的实际应用也变得更为复杂。

（二）常用的 RFID 标准

1. RFID 技术标准

ISO 18000 定义了 RFID 阅读器与 RFID 标签在不同频率上的空中接口，其中 ISO 18000-1 为空中接口一般参数，ISO 18000-2、ISO 18000-3、ISO 18000-4、ISO 18000-5、ISO 18000-6、ISO 18000-7 分别对应频率低于 135 kHz、13.56 MHz、2.45 GHz、5.8 GHz、860~960 MHz 和 433.92 MHz。

ISO 10536：密耦合非接触集成电路卡。

ISO 15693：疏耦合非接触集成电路卡。

ISO 14443：近耦合非接触集成电路卡。

2. RFID 数据内容标准

ISO 15424：数据载波和特征标志符。

ISO 15418：EAN/UCC 应用标志符及柔性电路数据标志符和保护。

ISO 15434：高容量 ADC 媒体传输语法。

ISO 15459：物品管理的唯一标志符。

ISO 15961：数据协议的应用接口。

ISO 15962：数据编码规则和逻辑存储功能。

ISO 15963：电子标签的唯一标志。

3. RFID 性能标准

ISO 18046：RFID 设备性能测试方法。

ISO 18047：RFID 设备一致性测试方法。

ISO 10373：IC 卡的测试方法。

4. RFID 应用标准

ISO 10374：货运集装箱标准（自动识别）。

ISO 18185：货运集装箱的电子封条的射频通信协议。

ISO 11784：动物的无线射频识别编码结构。

ISO 11785：动物的无线射频识别技术准则。

（三）RFID 标准化组织

许多国际的、地区的、国家的组织及一些产业协会都在开发 RFID 标准。目前影响全球 RFID 标准的五大标准化组织如下。

（1）EPCglobal。EPCglobal 是当今世界最大的 RFID 标准组织，是由 GS1 和 GS1US 两大标准化组织联合成立的，而 GS1 和 GS1US 的前身分别是 EAN 和 UCC。EPCglobal 全球核心成员包括沃尔玛、麦德龙、思科等世界五百强企业。

（2）AIMglobal 组织，即全球自动识别组织，在全球有 13 个国家与地区性的分支，且目前其全球会员数已快速累积至 1000 多个，该组织是全球产品编码组织，每年向全球包括中国企业收取条码使用费。

（3）ISO（国际标准化组织）。

（4）UID（日本泛在技术核心组织）。

（5）IP-X。IP-X 主要在南非、南美地区和澳大利亚、瑞士等国家推行，为中性主权国的第三世界标准组织。

地区性的组织有欧洲标准化委员会（Comité Européen de Normalisation，CEN）。国家标准化机构有美国国家标准化组织（American National Standards Institute，ANSI）、英国标准化组织（British Standards Institution，BSI）、加拿大标准化协会（Standards Council of Canada，SCC）、法国工业标准化协会（Association Francaise de Normalisation，AFNOR）和德国标准化学会（Deutsches Institut für Normung，DIN）。产业联盟有汽车工业行动组（Automotive Industry Action Group，AIAG）等。这些机构均在制定与 RFID 相关的区域、国家或产业联盟标准，并希望通过不同的渠道提升为国际标准。

三、RFID 相关术语

（1）微波：波长为 1 mm~1 m 或频率在 300 MHz~300 GHz 的电磁波。

（2）射频：一般指微波。

（3）电子标签：以电子数据形式存储标志物体代码的标签，也称射频卡。

（4）被动式电子标签：内部无电源、靠接收微波能量工作的电子标签。

（5）主动式电子标签：靠内部电池供电工作的电子标签。

（6）微波天线：用于发射和接受微波信号。

（7）阅读器：用于读取电子标签内的电子数据。

（8）编程器：用于将电子数据写入电子标签或查阅电子标签内存储的数据。

（9）波束范围：指天线发射微波的照射功率范围。

（10）标签容量：电子标签编程时所能写入的字节数或逻辑位数。

任务二　射频识别系统的组成和工作原理

一、射频识别系统的基本组成

典型的 RFID 系统主要由电子标签（Tag）、RFID 阅读器（Reader）、RFID 中间件和 RFID 应用系统软件四部分组成。一般把 RFID 中间件和应用系统软件统称为 RFID 应用系统。

（一）电子标签

电子标签也称为智能标签，是指由 IC 芯片和无线通信天线组成的超微型的小标签，其内置的射频天线用于和 RFID 阅读器进行通信，电子标签是 RFID 系统真正的数据载体。电子标签一般是带有天线、存储器与控制系统的集成电路，根据其应用场合的不同表现为不同的应用形态，如图 2-34 所示。电子标签有许多不同的分类。

● 图 2-34　电子标签

1. 主动式标签、被动式标签和半主动式标签

主动式标签内含有电源，用自身的射频能量主动发射数据给阅读器，其工作可靠性高，信号传送距离远。主动式标签还可通过设计电池的不同寿命对标签的使用时间或使用次数进行限制。主动式标签用在需要限制数据传输量或者使用数据有限制的地方，如一年内，标签只允许读/写有限次。主动式标签的缺点是标签的使用寿命受到限制，而且随着标签内电池电力的消耗，数据传输的距离会越来越小，因而影响系统的正常工作。

被动式标签的通信需要从 RFID 阅读器发射的电磁波中获得能量。被动式标签既有不含电源的标签，也有含电源的标签。含有电源的标签，电源只为芯片运行提供能量，这种标签称为半主动式标签。被动式标签具有永久的使用期，常用在标签信息需要每天读/写或频繁读/写多次的地方，而且被动式标签支持长时间的数据传输和永久性的数据存储。被动式标签的缺点主要是数据传输的距离要比主动式标签短。因为被动式标签依靠外部的电磁感应供电，故它的电能比较弱，数据传输的距离和信号强度就受到限制，需要敏感性比较高的 RFID 阅读器才能可靠识别。

2. 只读型标签和读/写型标签

这是根据电子标签的读/写方式来划分的。在识别过程中，内容只能读出、不可写入的标签是只读型标签。只读型标签根据所具有的存储器的不同，又可以分为以下三种。

（1）只读标签。只读标签的内容在标签出场时已被写入，识别时只可读出，不可再改写，其存储器一般由 ROM（Read-only Memory）组成。

（2）一次性编程只读标签。标签的内容只可在应用前一次性编程写入，识别过程中标签内容不可改写，其存储器一般由 PROM（Programmable Read-only Memory）、PAL（Programmable Array Logic）组成。

（3）可重复编程只读标签。它的标签内容经擦除后可重新编程写入，识别过程中标签内容不能改写，其存储器一般是由 EPROM（Erasable Programmable Read-only Memory）或 GAL（Generic Array Logic）组成。

读/写型标签既可以被 RFID 阅读器读出，又可由 RFID 阅读器写入，其具有读写型存储器，如 RAM（Random Access Memory）或 EEPROM（Electrically Erasable Programmable Read-only Memory），也可以同时具有读/写型存储器和只读型存储器。读/写型标签应用过程中数据可以双向传输。

3. 无源标签和有源标签

电子标签中不含有电池的标签称为无源标签。无源标签工作时一般距 RFID 阅读器的天线比较近，其使用寿命长。标签中含有电池的标签称为有源标签。有源标签距 RFID 阅读器的天线较无源标签要远，但需定期更换电池。

4. 标志标签与便携式数据文件

标志标签中存储的只是标志号码，用于对特定的标志项目，如人、物、地点等进行标示，而关于被标示项目的特定的信息，只能在与实物相连接的数据库中进行查找。

便携式数据文件是指标签中存储的数据非常大，足可以看作是一个数据文件。这种标签一般都是用户可编程的。这种标签中除了存储标志外，还存储有大量的被标示项目其他的相关信息，如包装说明、工艺过程说明等。在实际应用中，关于被标示项目的所有信息都是存储在标签中的，读标签就可以得到关于被标示项目的所有信息，而不用再连接数据库进行信息读取。

（二）RFID 阅读器

RFID 阅读器如图 2-35 所示，它在 RFID 系统中扮演着重要的角色。RFID 阅读器主要负责与电子标签双向通信，同时接受来自主机系统的控制指令。RFID 阅读器的频率决定了 RFID 系统工作的频段，其功率决定了射频识别的有效距离。RFID 阅读器根据使用的结构和技术不同，可以是只读或读/写装置，它是 RFID 系统信息控制和处理中心。RFID 阅读器一般由射频模块、读/写模块和天线组成。RFID 阅读器还能提供相当复杂的信号状态控制、奇偶错误校验与更正功能等。

RFID 阅读器必须通过天线才能发射能量，形成电磁场，并通过电磁场对电子标签进行识别。因此可以说，天线所形成的电磁场范围就是 RFID 系统的可读区域。任意一

个 RFID 系统至少应包含一根天线（不管是内置还是外置）以发射和接收射频信号。有些 RFID 系统是由一根天线同时完成发射和接收的，有些 RFID 系统则由一根天线来完成发射而由另一根天线来承担接收，所采用天线的形式及数量应视具体应用而定。

在电感耦合型 RFID 系统中，RFID 阅读器天线用于产生磁通量，而磁通量用于向电子标签提供能量，并在 RFID 阅读器和电子标签之间传输信息。

RFID 阅读器的频率范围不同，天线的类型也不同。一般来说，电感耦合型 RFID 系统一般使用线圈天线，而电磁反向散射耦合型 RFID 系统采用平板天线。RFID 阅读器的频率范围不同，可以使用不同的方法将天线线圈连接到 RFID 阅读器发送器的输出端。可以通过功率匹配将天线线圈直接连接到功率输出级，或者通过同轴电缆送到天线线圈，前者适用于低频阅读器，而后者则适用于高频及部分低频阅读器。

在目前的超高频与微波系统中，广泛使用的是平面型天线，它包括全向平板天线、水平平板天线、垂直平板天线等。图 2-36 所示为不同的 RFID 阅读器天线。

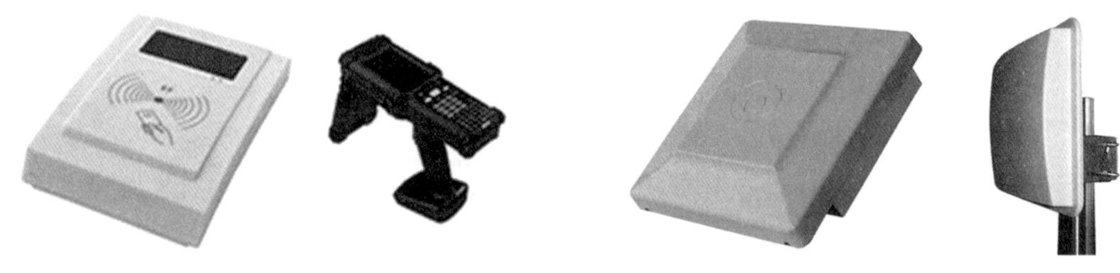

● 图 2-35　RFID 阅读器

● 图 2-36　RFID 阅读器天线

（三）RFID 中间件

RFID 中间件扮演着电子标签与应用程序之间的中介角色，应用程序端使用中间件提供的一组通用应用程序接口（API）能连接到 RFID 阅读器，读取电子标签数据。这样，即使存储电子标签信息的数据库软件或后端应用程序增加或改由其他软件取代，或者 RFID 阅读器种类增加等情况发生时，应用端不需修改也能处理，解决了多对多连接维护的复杂性问题。RFID 中间件的功能主要包括 RFID 阅读器协调控制、数据过滤与处理、数据路由与集成和进程管理。

（四）RFID 应用系统软件

RFID 应用系统软件是针对不同行业的特定需求开发的应用软件。它可以有效地控制 RFID 阅读器对电子标签信息进行读/写，并且对收集到的目标信息进行集中的统计与处理。RFID 应用系统软件可以集成到现有的电子商务和电子政务平台中，与企业资源计划（ERP）、客户关系管理（CRM）及供应链管理（SCM）等系统结合能够提高各行业的生产效率。

二、RFID 系统的基本工作原理

RFID 系统的基本工作原理是：由 RFID 阅读器通过发射天线发送特定频率的射频信号，当电子标签进入有效工作区域时产生感应，从而被激活，使得电子标签将自身编码信息通过内置射频天线发送出去；RFID 阅读器的接收天线接收到从标签发送过来的调制信号，经过天线调节器传送到 RFID 阅读器信号处理模块，经解调和解码后将有效信息送至后台主机系统进行相关处理；主机系统根据逻辑运算识别该标签的身份，针对不同的设定做出相应的处理和控制，最终发出指令信号控制 RFID 阅读器完成不同的读/写操作。

从电子标签到 RFID 阅读器之间的通信及能量感应方式来看，系统一般可以分成两类，即电感耦合型系统和电磁反向散射耦合型系统。电感耦合通过空间高频交变磁场实现耦合，依据的是电磁感应定律；电磁反向散射耦合即雷达原理模型，发射出去的电磁波碰到目标后发射，同时携带回目标信息，依据的是电磁波的空间传播规律。

电感耦合方式一般适合于中、低频工作的近距离射频识别系统，典型的工作频率有 125 kHz、225 kHz 和 13. 56 MHz。电感耦合型 RFID 系统作用距离一般小于 1 m，典型的作用距离为 10~20 cm。电磁反向散射耦合方式一般适用于高频、微波工作的远距离 RFID 系统，典型的工作频率有 433 MHz、915 MHz、2. 45 GHz 和 5. 8 GHz，识别作用距离大于 1 m，其典型的作用距离为 4~6 m。

电感耦合型 RFID 系统与电磁反向散射耦合型 RFID 系统如图 2-37 所示。

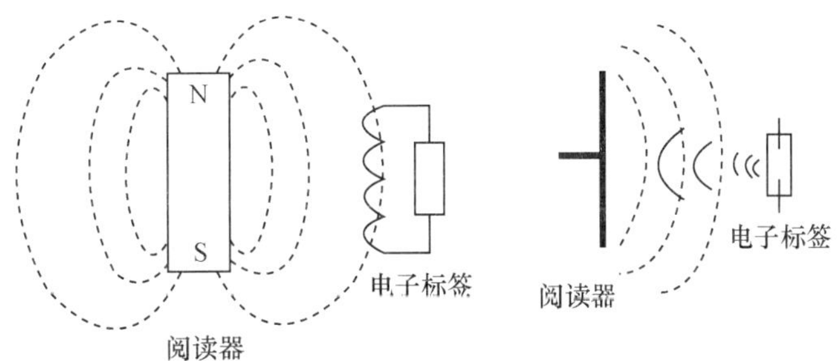

● 图 2-37 电感耦合型 RFID 系统和电磁反向散射耦合型 RFID 系统

三、RFID 工作频率及应用范围

工作频率是 RFID 技术中的一个关键问题。工作频率既要适应各种不同应用需求，还需要考虑各国对无线电频段使用和发射功率的规定。当前 RFID 工作频率跨越多个频段，不同频段具有各自优缺点，它不仅决定着 RFID 系统的工作原理、识别距离，还决定着电子标签及 RFID 阅读器实现的难易程度和设备成本。此外，无线电发射功率的差

别影响 RFID 阅读器作用距离。

从应用概念来说，电子标签的工作频率也就是射频识别系统的工作频率，直接决定系统应用各方面的特性。在 RFID 系统中，系统工作就像收听调频广播一样，电子标签和阅读器也要调制到相同的频率才能工作。工作在不同频段或频点上的电子标签具有不同的特点，对物料的穿透能力也相应地有所不同。射频识别应用占据的频段或频点在国际上有公认的划分，即位于 ISM 频段。典型的工作频率有 125 kHz、133 kHz、13.56 MHz、27.12 MHz、433 MHz、902~928 MHz、2.45 GHz、5.8 GHz 等。

（一）低频电子标签

低频电子标签简称为低频标签，其工作频率范围为 30~300 kHz，典型工作频率有 125 kHz 和 133 kHz。低频标签一般为无源标签，其工作能量通过电感耦合方式从 RFID 阅读器耦合线圈的辐射近场中获得。低频标签与 RFID 阅读器之间传送数据时，低频标签需要位于 RFID 阅读器天线辐射的近场区内，低频标签的阅读距离一般情况下小于 1 m。

低频标签的典型应用有动物识别、容器识别、工具识别、电子闭锁防盗（带有内置应答器的汽车钥匙）等。

低频标签的主要优点是：标签芯片一般采用普通的 CMOS 工艺，具有省电、廉价的特点；工作频率不受无线电频率管制约束，射频可以穿透水、有机组织、木材等；非常适合近距离、低速度、数据量要求较少的识别应用。

低频标签的主要缺点是：标签存储数据量较少；只适合低速、近距离识别应用；与高频标签相比，标签天线匝数更多，成本更高一些。

（二）中高频电子标签

中高频电子标签的工作频率一般为 3~30 MHz，典型工作频率为 13.56 MHz。该频段的电子标签，一方面，因其工作原理与低频标签完全相同，即采用电感耦合方式工作，所以宜将其归为低频标签类中；另一方面，根据无线电频率的一般划分，其工作频段又称为高频，所以也常将其称为高频标签。

高频标签一般采用无源方式，其工作能量同低频标签一样，也是通过标签与 RFID 阅读器电感（磁）耦合方式从 RFID 阅读器耦合线圈的辐射近场中获得。进行数据交换时，标签必须位于 RFID 阅读器天线辐射的近场区内。高频标签的阅读距离一般情况下也小于 1 m。

高频标签由于可方便地制作成卡状，广泛应用于电子车票、电子身份证、电子闭锁防盗（电子遥控门锁控制器）、小区物业管理、大厦门禁系统等。

（三）超高频电子标签

超高频电子标签的工作频段处于超高频（UHF）或微波频段，因此，超高频电子标签也可称为微波电子标签，其典型工作频率有 433.92 MHz、862（902）~928 MHz、2.45 GHz、5.8 GHz。

微波电子标签可分为有源标签与无源标签两类。工作时，微波电子标签位于 RFID 阅读器天线辐射场内，微波电子标签与 RFID 阅读器之间的耦合方式为电磁耦合方式。RFID 阅读器天线辐射场为无源标签提供射频能量，将有源标签唤醒。相应的射频识别系统阅读距离一般大于 1 m，典型情况为 4~7 m，最大可达 10 m 以上。RFID 阅读器天线一般为定向天线，只有在 RFID 阅读器天线定向波束范围内的电子标签才可被读/写。

由于阅读距离的增加，应用中有可能在阅读区域中同时出现多个电子标签的情况，从而提出了多标签同时读/写的需求。目前，先进的 RFID 系统均将多标签识别作为系统的一个重要特征。超高频电子标签主要用于铁路车辆自动识别、集装箱识别，还可用于公路车辆识别与自动收费系统中。

以目前的技术水平来说，无源微波电子标签比较成功的产品相对集中在 902~928 MHz 工作频段上。2.45 GHz 和 5.8 GHz 射频识别系统多以半无源微波电子标签产品面世。半无源微波电子标签一般采用纽扣电池供电，具有较远的阅读距离。

微波电子标签的数据存储容量一般限定在 2 KB 以内，再大的存储容量似乎没有太大的意义，从技术及应用的角度来说，微波电子标签并不适合作为大量数据的载体，其主要功能在于标示物品并完成无接触的识别过程。典型的数据容量指标有1 KB、128 B、64 B 等，由 AutoID Center 制定的产品电子代码 EPC 的容量为 90 B。微波电子标签的典型应用包括移动车辆识别、电子闭锁防盗（电子遥控门锁控制器）、医疗科研等行业。

不同频率的标签有不同的特点。例如，低频标签比超高频电子标签便宜，节省能量，穿透金属物体能力强，工作频率不受无线电频率管制约束，最适合用于含水成分较高的物体，如水果等。超高频电子标签作用范围广，传送数据速度快，但是比较耗能，穿透力较弱，作业区域不能有太多干扰，适用于监测港口、仓储等物流领域的物品。高频标签属中短距离识别，读/写速度也居中，产品价格也相对较低，一般应用在电子票证一卡通上。

目前，不同的国家对于相同波段，使用的频率也不尽相同。欧洲使用的超高频是 868 MHz，美国则是 915 MHz，日本目前不允许将超高频用到 RFID 中。

目前在实际应用中，比较常用的是 13.56 MHz、860~960 MHz、2.45 GHz 等频段。近距离 RFID 系统主要使用 125 kHz、13.56 MHz 等 LF 和 HF 频段，技术最为成熟；远距离 RFID 系统主要使用 433 MHz、860~960 MHz 等 UHF 频段，以及 2.45 GHz、5.8 GHz 等微波频段，目前还多在测试当中，没有大规模应用。

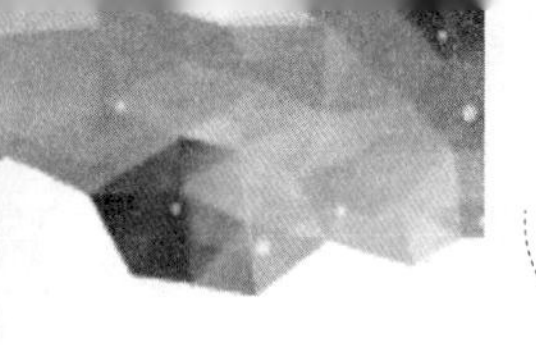

我国在 LF 和 HF 频段 RFID 标签芯片设计方面的技术比较成熟，HF 频段方面的设计技术接近国际先进水平，已经自主开发出符合 ISO 14443TypeA、TypeB 和 ISO 15693 标准的 RFID 标签芯片，并成功地应用于公交一卡通和第二代身份证等项目中。

任务三　射频识别技术的应用

一、RFID 技术在快递中的应用

目前，RFID 技术在快递中的应用主要涉及如下几个方面。

（1）在快递集散配送中心，对大批量的包裹及快件，通过 RFID 技术，利用 RFID 中的相关快递信息，实现快件的自动、高速分拣。

（2）在快件运输的过程中，通过附着在快件上的 RFID 电子标签，运用 GPS 技术，实现对快件的实时跟踪，使发件人和收件人能够通过互联网对快件的位置进行查询，获得更好的服务体验。

（3）对快递企业的可重复利用的资产如车辆、托盘等进行管理，利用 RFID 可读、可写的特性，将资产相关信息记入 RFID 电子标签，再配合相关系统，实现对资产的精益管理。

二、集装箱识别

集装箱在运输过程中的跟踪和监控一直是一个很难解决的问题。每年因集装箱的误送、丢失或损坏而引起的损失是十分惊人的。目前各大海运公司已开始使用类似 RFID 技术来识别和跟踪自己的集装箱的路线和所装的货物情况，它们通过卫星不但能实时地监控所有在海上运输中的货物，而且可以控制集装箱在岸上的整个流通过程。

将记录有集装箱位置、物品类别、数量等数据的电子标签安装在集装箱上，借助射频识别技术就可以确定集装箱在货场内的确切位置，在移动时可以将更新的数据写入射频卡（电子标签）。系统还可以识别未被允许的集装箱移动，有利于管理和安全。

三、商业供应链管理

提到 RFID 技术在商业供应链上的应用就不得不提到全世界最大的零售商沃尔玛。沃尔玛公司曾经要求它的前 100 家大的供应商必须在 2005 年前为 RFID 技术的应用做好准备，并表示今后将不再从那些未使用 RFID 技术的供应商处采购商品，这对整个产业的震动和促进是极大的。沃尔玛认为通过采用 RFID 技术，有助于解决零售业两个最大的难题——商品脱销和损耗（因盗窃和供应链被搅乱而损失的产品）。

其实，在这方面开展应用的并不仅是沃尔玛，美国的吉列公司和德国的麦德龙集团等许多大集团已经开展了 RFID 技术的应用试验。吉列公司已经采购了 500 万个电子标签准备用在它们容易被盗的剃须刀片上。而麦德龙集团也在 IBM 的帮助下建立了一个名为“未来超市”的实验商店，以帮助它提高零售中的供应链效率，同时改善消费者的购物体验。所不同的是，麦德龙目前使用的是 13.56 MHz 的电子标签，而沃尔玛和吉列采用的则是 UHF 频段的电子标签。

可以预见，RFID 技术在商业供应链上的应用将是其所有应用领域中最广泛和深入的，同时也是技术难度最大、最难实现的。因为要在所有的商品上都贴上一个电子标签，这不但对电子标签的成本要求很高，而且也需要复杂的后台数据管理的软件和流程。

四、快件自动分拣系统

当快件在中转站或到达目的地时，往往需要进行费时费力且容易出错的识别和分拣工作。射频识别技术已经被成功应用到快件的自动分拣系统中，它具有非接触、非视线数据传输的特点，所以包裹传送中可以不考虑包裹的方向性问题。把 RFID 技术应用到物流（包括邮包分拣）的自动分拣系统中，可以充分发挥它远距离识别、多标签同时处理的特点，大大地提高物品分拣能力、处理速度以及准确性，降低由于误送或丢失而引起的巨额损失。当多个目标同时进入识别区域时，可以同时识别，从而大大提高了快件分拣能力和处理速度。在进行重要物资或危险品跟踪，或者在许多快件中查找某件特定快件时，应用 RFID 技术也可以大大提高工作的效率。

五、仓储管理

将 RFID 系统用于智能仓库货物管理，有效地解决了仓库里与货物流动有关的信息管理。它不但增加了一天内处理货物的件数，还能监看这些货物的一切信息。RFID 电子标签贴在每件货物上，RFID 阅读器和 RFID 天线安装在装载货物的叉车通过的仓库大门边上，每个货物都贴有条码，所有条码信息都被存储在仓库的中心计算机中。货物的有关信息都能在计算机中查到。当货物被装走运往别地时，由另一 RFID 阅读器识别并告知计算中心它被放在哪个拖车上。这样管理中心可以实时地了解已经生产和发送了多少产品，并可自动识别货物，确定货物的位置。

六、电子物品监视

电子物品监视（Electronic Article Surveillance，EAS）系统的作用是防止商品被盗。EAS 系统的基本配置是 RFID，内存容量仅为 1 位，即开或关。它是基于从 1930 年就已

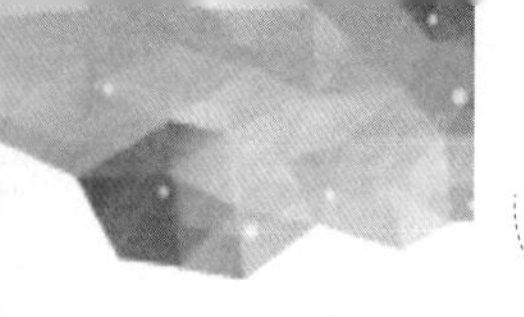

知道的磁性物质的特性，有 4 种主要技术：微波、磁场、声磁、射频。EAS 系统包括贴在物体上的射频卡和商店出口处的扫描器，射频卡在安装时被激活，它在激活状态时接近扫描器将会被探测到，这样就会报警。购买货物之后，销售人员用专用工具拆除射频卡，或者可以用磁场来使射频卡失效或破坏射频卡本身的电特性。

知识链接

申通全面使用带 RFID 芯片的快递包装袋

自 2017 年 1 月起，申通快递苏浙沪皖各网点及转运中心互流件全面使用环保袋建包。这款新型环保袋（见图 2-38）具有低排放、无污染、可循环、耐磨损、成本低等各种优点。

据申通官方介绍，这款新型环保袋自 2016 年就已经开始在部分地区试用，在半年的试用期内不断改进，最终才开始大面积推广。新型环保袋使用费用均由系统直接计算，网点公司可以根据系统查询，并进行对账。

相比于一次性编织袋（见图 2-39），新型环保袋具有以下优点。

● 图 2-38　新型环保袋

● 图 2-39　一次性编织袋

新型环保袋布料为涤纶材质，抗皱性和保形性好，中转过程中破损率极低；袋体防水性能好，可以在多雨季节保护快件不被浸湿。

新型环保袋采用拉链式封包，并定制一次性封签上锁，封包方便，不需要采购封包机和安排封包员；可循环使用，节约 40% 左右成本。

新型环保袋内置的 RFID 芯片拥有定位追踪功能，能够准确定位袋子最终所在位置。同时可以绑定大条码，识别目的地，达到自动分拣的效果。配备 RFID 巴枪可实现实时扫描，在线查询包号、始发网点、目的地等。

项目小结

本项目主要介绍了 RFID 技术的相关内容，主要包括 RFID 的概念和特点、标准体系结构，RFID 系统的基本组成、工作原理以及目前 RFID 技术的应用。

知识巩固

（1）RFID 的概念和特点是什么？

（2）RFID 系统的基本组成包括哪些？

（3）RFID 的工作原理是什么？

实训任务一　RFID 电子标签的收集与识别

实训目的

（1）通过实训进一步理解 RFID 有关的理论知识。

（2）加深对 RFID 电子标签种类的直观认识。

（3）总结并归纳各种 RFID 电子标签的特性。

（4）培养协作与交流的意识，培养表达与沟通的能力。

（5）进一步掌握 RFID 的原理，为应用 RFID 奠定基础。

实训参考

随着物联网的快速发展，国内外 RFID 产品越来越丰富，各种相关产品的供应商都可以在网络上查到详细信息。RFID 产业链上主要包括了芯片厂商（如德州仪器、日立、日本电气、飞利浦、英特尔等）、RFID 电子标签厂商（如外星人、斑马等）、软件解决方案厂商（如微软、甲骨文、惠普等）。

实训要求

实训以小组为单位，每组 5~6 人。

（1）通过网络查找 RFID 各种电子标签的型号规格。

（2）归纳各种类型电子标签的特性。

（3）总结各种型号电子标签的应用场合。

（4）完成并提交小组实训报告，报告内容包括实训的过程、遇到的问题和解决办法、活动收获和总结。

（5）实训报告需要填写记录表，见表 2-14。

表 2-14　　RFID 电子标签主要频率及工作特征性记录表

频率	电子标签型号	工作频率	读取距离	其他工作特征	应用场合
低频					
高频					
超高频					
微波					

注：“其他工作特征”包括数据传输速度、适应温度、内存容量、读写次数、使用寿命、尺寸及封装方式等参数。

实训任务二　设计一个 RFID 系统

实训目的

（1）了解 RFID 系统的设计方法。

（2）掌握 RFID 阅读器和电子标签的选型原则和应用范围。

（3）掌握几种常用的 RFID 阅读器和电子标签的特性。

（4）培养协作与交流的意识，培养表达与沟通的能力。

（5）初步掌握 RFID 系统设计方法，为应用 RFID 技术奠定基础。

实训参考

RFID 系统设计应该以用户需求为导向，根据具体用户需求来考虑硬件和软件的解决方案，并权衡方案中的优劣点。应该重点考虑电子标签如何封装使用，以及所应用的场合。

实训要求

实训以小组为单位，每组 5~6 人。

（1）了解 RFID 阅读器的简单使用方法。

（2）掌握几种常见的 RFID 阅读器的识读特性和应用范围。

（3）初步掌握射频识别系统的设计方法。

（4）以快递企业的作业需求进行设计。

（5）每个小组将 RFID 系统设计方案制作成 PPT 文档，课堂分组展示与交流。

实训考核

实训考核表

考核要素	评价标准	分值	分值比例			
			自评（10%）	小组（10%）	教师（80%）	小计
RFID 电子标签的收集与识别报告	查阅资料并归纳总结	30				
RFID 阅读器和电子标签的选型	能掌握 RFID 阅读器和电子标签的选型原则	20				
系统方案设计	能结合实际应用场合	30				
PPT 汇报	PPT 汇报设计过程	20				
合计		100				
评语（主要是建议）						

• 项目三　自动定位跟踪技术 •

知识目标

◇ 掌握全球定位系统（GPS）的基本特点和功能。

◇ 理解 GPS 的工作原理。

◇ 掌握网络 GPS 的概念、组成结构、工作流程。

◇ 掌握北斗卫星导航系统的特点和功能。

◇ 掌握北斗卫星导航系统的组成和工作原理。

◇ 掌握地理信息系统（GIS）的基本概念、特点和功能。

◇ 掌握 GIS 的组成结构和工作原理。

◇ 理解 GPS、北斗卫星导航系统和 GIS 在快递企业中的地位和作用。

技能目标

◇ 能应用北斗卫星导航系统解决快递企业实际问题。

◇ 能利用 GPS、北斗卫星导航系统和 GIS 等技术提升快递企业服务价值。

导入案例

GPS 和 GIS 的综合应用

自从 1994 年 GPS 正式投入使用后，全球的 GPS 应用开始进入高潮。GPS 是一种全球性、全天候、连续的卫星无线电导航系统，可提供实时的三维坐标、三维速度和高精度的时间信息。因具有定位精度高、速度快、范围广等优点，其应用几乎遍及国民经济各个领域，如军事测绘、精密测量、地理科学研究、精细农业、导航定位与交通管理。现今 GPS 在电力、通信、市政等领域中的应用也受到了人们的广泛重视。

由于 GPS 提供的是经纬度格式的大地坐标，导航需要平面坐标及其在地图上的相对位置，这样以数字地图、GIS 和 GPS 为基础的计算机智能导航系统便应运而生。智能导航系统是指安装在各种载体（如车辆、飞机、舰船）上，以计算机信息为基础，能自动接收和处理 GPS 信息，并显示载体在电子地图上的精确位置的技术系统。车载 GPS 导航系统和移动目标定位系统是智能导航系统的具体应用。

任务一 全球定位系统技术

一、认识全球定位系统

（一）GPS 的特点

GPS 问世后，迅速在导航、定位领域得到广泛应用，是继计算机革命之后的又一场革命。GPS 测定三维坐标的方法将测量定位技术扩展到海洋和外层空间，从定点扩展到区域，从静态扩展到动态，其定位精度也在不断提高，从而大大拓宽了应用范围，在地球物理学、气象、海洋、交通等领域获得了广泛应用。与其他定位系统相比，GPS 具有一些明显的特点和优势。

1. 定位精度高

利用 GPS 定位时，在 1 s 内可以取得几次位置数据，这种近乎实时的导航能力对于高动态用户具有很大的意义，同时能为用户提供连续的三维位置、三维速度和精确的时间信息。目前利用粗测距码（C/A 码）的实时定位精度可达 20~50 m，速度精度为 0.1 m/s，利用特殊处理可达 0.005 m/s，相对定位精度可达毫米级。

2. 定位时间短

随着 GPS 系统的不断完善，软件的不断更新，目前 20 km 以内相对静态定位仅需 15~20 min；快速静态相对定位测量中，当每个流动站与基准站相距在 15 km 以内时，流动站观测时只需 1~2 min，然后可随时定位，每站观测只需几秒。

3. 操作简便

随着 GPS 接收机的不断改进，GPS 测量的自动化程度越来越高，有的已趋于“傻瓜化”。在观测中测量员只需安置仪器，连接电缆线，量取天线高度，监视仪器的工作状态，而其他观测工作，如卫星的捕获、跟踪观测和记录等均由仪器自动完成。结束测量时，仅需关闭电源，收好接收机，便完成了野外数据采集任务。

如果在一个测站上需作长时间的连续观测，还可以通过数据通信方式，将所采集的数据传送到数据处理中心，实现全自动化的数据采集与处理。另外，接收机体积也越来越小，相应的重量也越来越轻，极大地减轻了测量工作者的劳动强度。

4. 测站间无须通视

GPS 测量只要求测站上空开阔，不要求测站之间互相通视，因而不再需要建造站标。这一优点既可大大减少测量工作的经费和时间（一般建造站标费用占总经费的 30%~50%），也使选点工作变得非常灵活，还省去了经典大地网中的传算点、过渡点的测量工作。

5. 全天候作业

GPS 卫星的数目较多，且分布均匀，保证了地球上任何地方、任何时间至少可以同时观测到 4 颗 GPS 卫星，确保实现全球全天候连续的导航定位服务，除打雷、闪电不宜观测外，基本不受阴天、黑夜、起雾、刮风、下雨、下雪等的影响。

6. 功能多、应用广

随着人们对 GPS 认识的加深，GPS 不仅在测量、导航、测速、测时等方面得到广泛的应用，而且应用领域还将不断扩大，如汽车自定位、跟踪调度、陆地救援、内河及远洋船队最佳航程和安全航线的实时调度等。

（二）GPS 的功能

1. 导航（电子地图功能）

三维导航是 GPS 最正统、最基本的功能，飞机、船舶、地面车辆以及步行都可以利用导航接收器进行导航，使用者只要输入起点和终点，便可得到两地之间的最佳路径。

（1）车辆导航。有专门提供 GPS 定位服务的公司，通过通信为装有 GPS 接收终端的车辆进行导航服务。车载导航器可以收集到各种路况信息，从而可以选择最佳路线快速行驶。

（2）车船的管理、跟踪和调度。GPS 通过地面计算机终端，实时显示出车船的实际位置。监控中心的智能化调度管理软件可以根据工作需要和车船的当前位置来分配任务调度管理，实现工作派遣和车辆调度最佳化。

2. 语言数字通信

GPS 将语言和数字通信合二为一。使用车载 GPS 对讲设备的语言功能，可以与驾驶员进行通话；使用本系统安装在移动设备的汉字液晶显示器，可以进行汉字消息收发对话。

3. 反劫防盗

GPS 可以对移动车辆进行全方位、不间断、高精度、实时动态监控，利用无线通信设备将目标的位置和其他信息传至主控中心，并在电子地图上显示车辆的当前位置和运行轨迹，从而随时掌握车辆的行踪，为管理提供决策支持。在遇到抢劫、被盗等紧急情况时，GPS 可以向主控中心发送报警信息，及时得到附近安全部门的支持。即便 GPS 报警开关被劫匪发现并遭到破坏，系统也能自动发出报警信号，监控中心便能立即启动实现自动跟踪系统。此外，GPS 还可以与公安机关、急救中心等进行网络连接。

4. 数据存储及分析

GPS 能为客户提供数据库，用户能够在电子地图上根据需要进行查询。同时，企业可以在监控中心设立服务器，利用监测控制台对区域内任意目标的运行状况、在途信息、运行信息、位置信息等进行记录，以备日后查询和分析。车辆信息将以数字形式在监控中心的电子地图上显示。

5. 货物配送路线规划

(1) 人工线路规划设计。利用GPS，驾驶员根据自己的目的地设计起点、终点和途经点等，自动建立线路库。在线路规划完毕后，显示器能够在电子地图上显示设计线路，同时显示运行路径和方向。

(2) 自动线路规划设计。利用GPS，驾驶员确定起点和终点，由计算机软件按要求自动设计最佳行驶路线。

二、GPS 的组成

全球定位系统由空间部分（由 24 颗 GPS 卫星组成）、地面控制部分（地面监控系统）、用户设备部分（GPS 信号接收机）三大部分组成，如图 2-40 所示。

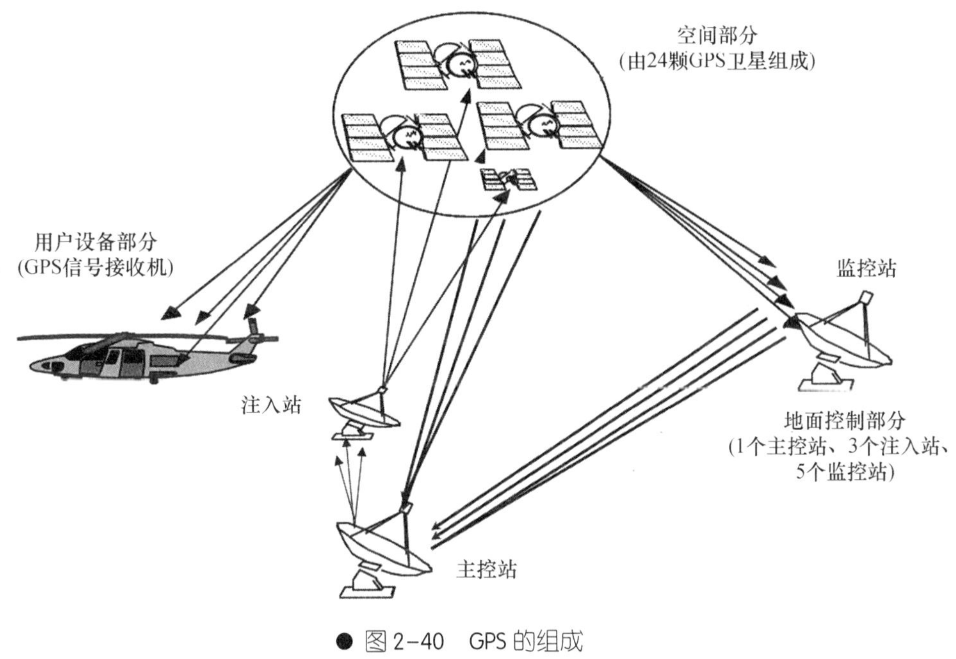

● 图 2-40　GPS 的组成

（一）空间部分

GPS 的空间部分是由 21 颗工作卫星和 3 颗在轨备用卫星组成，记做“21+3”GPS 卫星星座，如图 2-41 所示。它位于距离地表 20 000 km 的上空，均匀分布在 6 个轨道面上（每个轨道面 4 颗），轨道倾角为 55°，轨道平面间距 60°，每个轨道平面内各颗卫星之间的升交角距相差 90°。卫星的分布使得在全球任何地方、任何时间都可观测到 4 颗以上的卫星，并能保持良好定位解算精度的几何图像，这就提供了在时间上连续的全球导航能力。

在全球定位系统中，GPS 卫星的作用可概括如下。

（1）用 L 波段的两个无线载波（波长为 19 cm 和 24 cm）向广大用户连续不断地发送导航定位信号。每个载波用导航信息 D（t）和伪随机码（PRN）测距信号进行双向调制，从而形成导航电文。由导航电文可以了解该卫星当前的位置和卫星的工作情况。

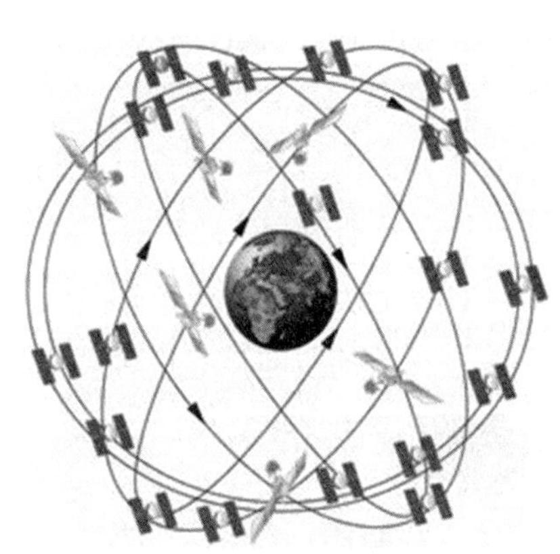
● 图 2-41　GPS 卫星星座示意图

（2）在卫星飞越地面注入站上空时，接收地面注入站用 S 波段（10cm 波段）发送到卫星的导航电文和其他有关信息，并通过 GPS 信号实时地发送给广大用户。

（3）接收地面主控站通过注入站发送到卫星的调度命令，适时地改正运行偏差或启用备用时钟等。

（二）地面控制部分

地面控制部分是由美国国防部控制的，主要工作是追踪及预测 GPS 卫星、控制 GPS 卫星状态及轨道偏差、维护整套 GPS 卫星工作正常。GPS 工作卫星的地面监控系统由 3 部分组成，包括 1 个主控站（Master Control Station）、3 个注入站（Ground Antenna）和 5 个监控站（Monitor Station）。

地面监控系统主要用于追踪卫星轨道，根据接收的导航信息计算相对距离、校正数据等，并将这些资料传回主控站，以便分析。GPS 地面监控系统原理图如图 2-42 所示。

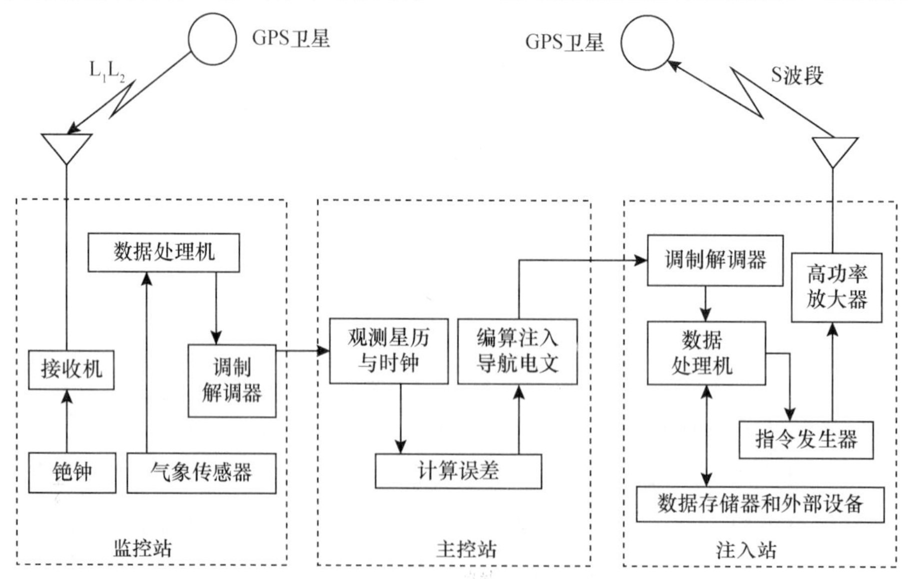

● 图 2-42　GPS 地面监控系统原理图

（三）用户设备部分

用户设备部分指的是 GPS 信号接收机，如图 2-43 所示，其基本结构是天线单元和接收单元两部分。天线单元的主要作用是，当 GPS 卫星从地平线上升起时，能捕获、跟踪卫星，接收放大 GPS 信号；接收单元的主要作用是记录 GPS 信号并对信号进行解调和滤波处理，还原出 GPS 卫星发送的导航电文，求解信号的传播时间和载波相位差，实时地获得导航定位数据或采用侧后处理的方式，获得定位、测速、定时等数据。微处理器是 GPS 信号接收机的核心，承担整个系统的管理、控制和实时数据处理。视屏监控器是 GPS 信号接收机与操作人员进行人机交流的部件。

● 图 2-43　GPS 信号接收机

GPS 信号接收机的任务是能够捕获到按一定卫星截止角所选择的待测卫星，并跟踪这些卫星的运行。当 GPS 信号接收机捕获到跟踪的卫星信号后，即可测量出接收天线至卫星的伪距离和距离的变化率，解调出卫星轨道参数等数据。根据这些数据，GPS 信号接收机中的微处理计算机就可按照定位解算方法进行定位计算，计算出用户所在地理位置的经纬度、高度、速度、时间等信息。

三、GPS 的工作原理

GPS 的基本原理是测量出已知位置的卫星到 GPS 信号接收机之间的距离，然后通过综合多颗卫星的数据，计算出 GPS 信号接收机的具体位置。卫星的位置可以根据星载时钟所记录的时间在卫星星历中查出，而用户到卫星的距离则通过记录卫星信号传播到用户所经历的时间，再将其乘以光速得到（由于大气层电离层的干扰，这一距离并不是用户与卫星之间的真实距离，而是伪距离）。

当 GPS 卫星正常工作时，会不断地用由二进制码元组成的伪随机码（简称伪码）发射导航电文。导航电文包括卫星星历、工作状况、时钟改正、电离层时延修正、大气折射修正等信息。当用户接收到导航电文时，通过提取卫星时间并将其与自己的时钟作对比便可得知卫星与用户的距离，再利用导航电文中的卫星星历数据即可推算出卫星发射电文时所处位置，这样用户在 WGS84（World Geodetic System 1984，是为全球定位系统使用而建立的坐标系统）中的位置和速度等信息便可通过计算得到。

四、网络 GPS

（一）网络 GPS 的概念

网络 GPS 是把因特网技术与 GPS 技术相结合，将 GPS 定位信息通过互联网传递，在用户界面上显示 GPS 动态跟踪信息，以实现实时监控、动态调度功能的一种应用方式。网络 GPS 示意图如图 2-44 所示。

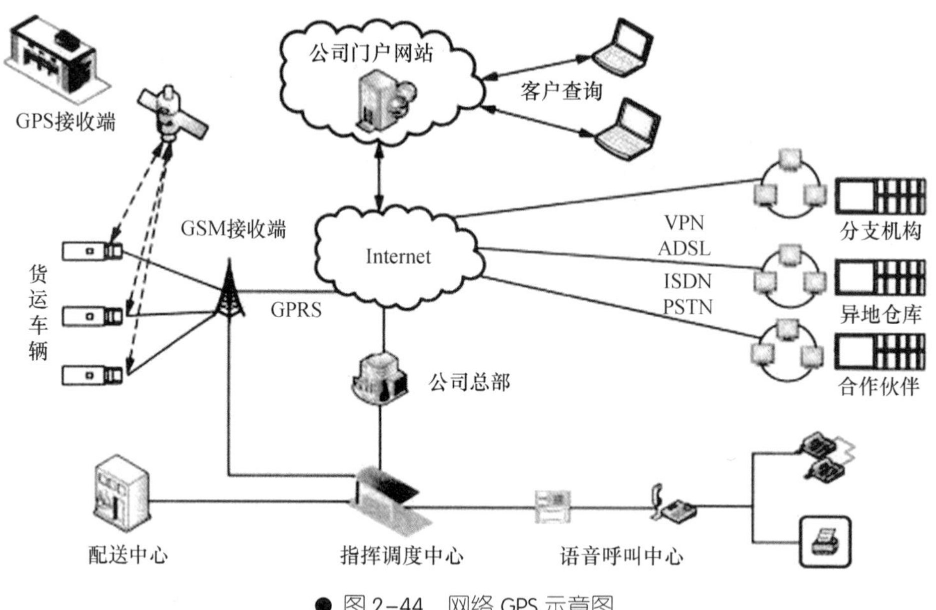

● 图 2-44　网络 GPS 示意图

网络 GPS 综合了 Internet 和 GPS 的优势与特色，取长补短，解决了原来使用 GPS 所无法克服的障碍。首先，它可降低投资费用。公司建立监控中心不仅要配置硬件设备，还要安装各种管理软件，网络 GPS 免除了公司设置监控中心的费用。其次，网络 GPS 一方面利用互联网实现无地域限制的跟踪信息显示，另一方面又可通过设置不同权限做到信息的保密。

网络 GPS 的特点如下。

（1）功能多、精度高、覆盖面广。在全球任何位置均可进行车辆的位置监控工作，充分保障网络 GPS 所有用户的要求都能够得到满足。

（2）定位速度快。通过使用网络 GPS，运输类企业能够在业务运作上提高反应速度，降低车辆空驶率，降低运作成本，充分满足客户需要。

（3）融合了全球移动通信系统（Global System for Mobile Communications，GSM）的优点。信息传输采用 GSM 公用数字移动通信网，具有保密性高、系统容量大、抗干扰能力强、漫游性能好、移动业务数据可靠等优点。

（4）开放性好。构筑在互联网这一最大的网络公共平台上，具有开放度高、资源共享程度高等优点。

（二）网络 GPS 的组成

网络 GPS 主要由网上服务平台、用户端设备和车载终端设备 3 部分组成，如图 2-45 所示。

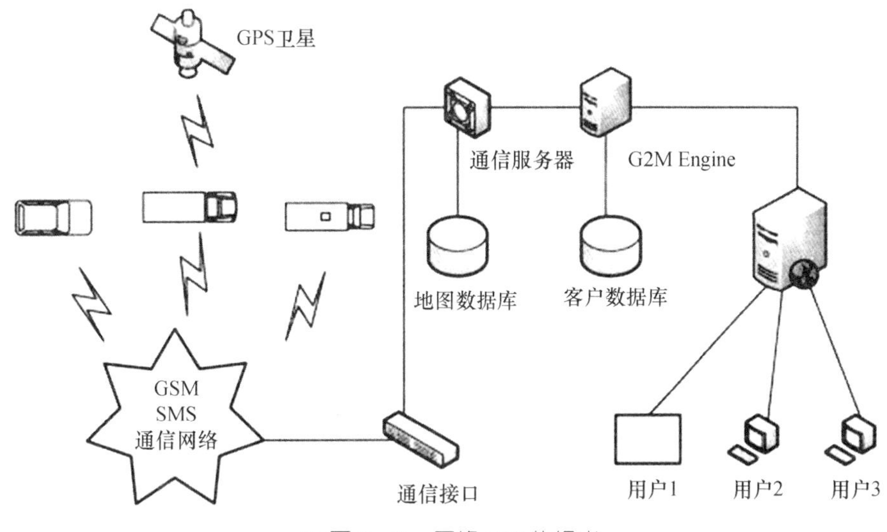

● 图 2-45　网络 GPS 的组成

（1）网上服务平台。网上服务平台由提供定位服务的运营商负责运营管理。

（2）用户端设备。用户只需具备一台可以与互联网连接的普通计算机。当接收服务时，用户通过普通互联网浏览器使用授权的用户名和密码就可进入服务系统用户界面，从而可以对所希望监控的移动体编组监控和调度。

（3）车载终端设备。车载终端设备主要由 GPS 定位信号接收模块及全球空间数据基础设施协会（Global Spatial Data Infrastructure Association，GSDI）通信模块（或其他通信模块）组成，用来实现监控中心对移动体的跟踪定位与通信。

（三）网络 GPS 的工作流程

车载单元即 GPS 接收机在接收到 GPS 卫星定位数据后，自动计算出自身所处的地理位置坐标；由 GPS 传输设备将计算出的位置坐标数据连同传感器信息传给车载控制单元，由车载控制单元处理后，经 GSM 通信机发送到 GSM 公用数字移动通信网；短信息服务中心通过与 MIS 连接的 DDN 专线将数据传送到信息系统监控平台上；中心处理设备将收到的坐标数据及其他数据还原后，与 GIS 的电子地图相匹配，并在电子地图上直观地显示车辆实时坐标的准确位置。网络 GPS 的工作流程如图 2-46 所示。

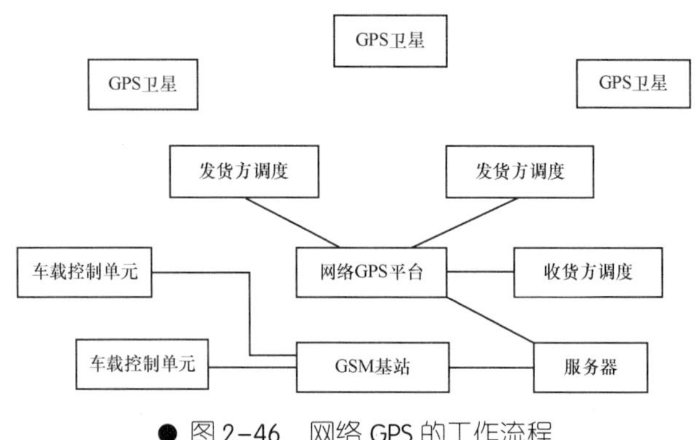

● 图2-46　网络GPS的工作流程

各网络GPS用户可通过自己的权限上网，进行自有车辆信息的收发、查询等工作，在电子地图上清楚直观地掌握车辆的动态信息（如位置、状态、行驶速度等），同时还可以在车辆遇险或出现意外事故时进行紧急救援。建立一个社会化的网络——GPS监控中心，是网络GPS技术得以实现的核心，也是网络GPS技术区别于一般GPS的根本所在。目前国内GPS的应用是以车载应用为主，一般以“前端设备—监控中心”的形式出现。

任务二　北斗卫星导航系统

一、认识北斗卫星导航系统

1. 北斗卫星导航系统简介

北斗卫星导航系统（BeiDou Navigation Satellite System，BDS）是我国自行研制的全球卫星导航系统，其具有定位、通信功能，是继美国全球定位系统（GPS）、俄罗斯格洛纳斯卫星导航系统（GLONASS）之后第三个成熟的卫星导航系统。

2. 北斗卫星导航系统的特点

（1）同时具备定位与通信双重功能，无须其他通信系统支持，而GPS、GLONASS只具有定位功能。

（2）覆盖范围较大，没有通信盲区。

（3）特别适合集团用户大范围监控与管理，但同时容纳的用户数量有限。

（4）独特的中心节点式定位处理和指挥型用户机设计，它不仅能使用户知道自己所处的位置，还可以告诉别人自己的位置，特别适用于需要导航与移动数据通信场所，如交通运输、调度指挥、搜索营救、地理信息实时查询等。

（5）自主系统，高强度加密设计，安全、可靠、稳定，适合关键部门应用。

（6）接收终端不需铺设地面基站，用户终端相对便宜。

（7）主控站位置容易暴露、受攻击和被干扰。

3. 北斗卫星导航系统的功能

（1）快速定位。北斗卫星导航系统可为服务区域内用户提供全天候、高精度、快速实时定位服务（可在 1 s 之内完成）。水平定位精度为 100 m（1 σ），设立标校站之后为 20 m（类似差分状态）；工作频率为 2 491.75 MHz；系统容纳的最大用户数为 540 000 户/小时。

（2）简短通信。北斗卫星导航系统用户终端具有双向数字报文通信能力，注册用户利用连续传送方式可以传送多达 120 个汉字的信息。

（3）精密授时。北斗卫星导航系统具有单向和双向两种授时功能。根据不同精度要求，利用授时终端，完成与北斗卫星导航系统之间的时间和频率同步，提供 100 ns（单向授时）和 20 ns（双向授时）的时间同步精度。

二、北斗卫星导航系统组成

北斗卫星导航系统由空间段、地面段和用户段三部分组成，如图 2-47 所示。

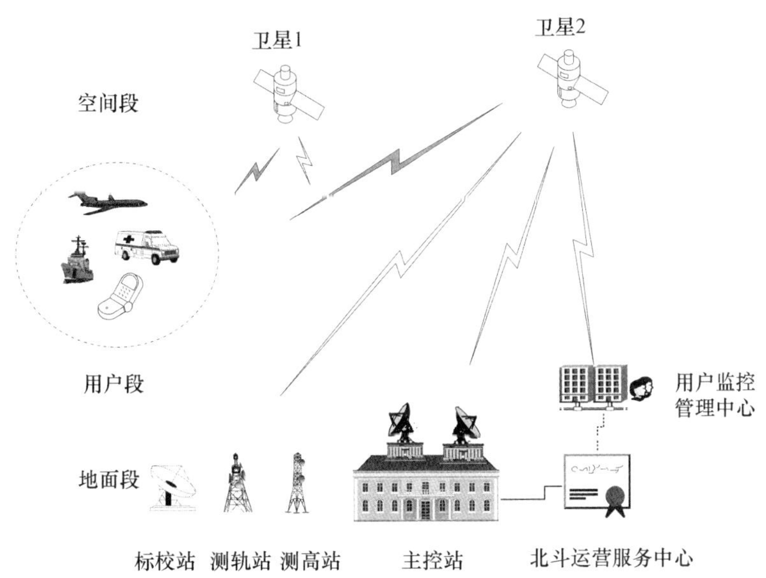

● 图 2-47 北斗卫星导航系统的组成

1. 空间段

第二代北斗卫星导航系统空间段由 35 颗卫星组成，包括 5 颗静止轨道卫星、27 颗中地球轨道卫星、3 颗倾斜同步轨道卫星。5 颗静止轨道卫星定点位置为东经 58.75°、80°、110.5°、140°、160°，中地球轨道卫星运行在 3 个轨道面上，轨道面之间相隔

120°均匀分布。2016 年北斗卫星导航系统具备了覆盖亚太地区的定位、导航和授时以及短报文通信服务能力；2017 年第三代北斗卫星已发射。2020 年将建成覆盖全球的北斗卫星导航系统。

2. 地面段

北斗卫星导航系统地面段由主控站、测轨站、测高站和标校站等组成，是导航系统的控制、计算、处理和管理中心。测轨站、测高站、标校站均为无人值守的自动数据测量与收集中心，在主控站的监测与控制下工作。

（1）主控站。主控站除监控整个系统工作外，还负责用户的注册和运营、监控卫星工作、实现与卫星之间的通信、监控地面上其他子系统的工作、对北斗接收机发送的业务请求进行应答处理以及将处理结果通过卫星发送给接收机。与其他卫星导航系统采用被动定位不同的是，北斗接收机的定位解算过程由主控站执行：主控站利用电波在主控站、卫星、用户间往返的传播时间以及气压高度数据、误差校正数据和卫星星历数据，结合存储在主控站的系统覆盖区数字高程地图对用户进行定位。

（2）测轨站。在卫星导航定位中，卫星在轨位置对于定位解算至关重要，卫星轨道坐标的测量误差将直接引起定位误差。为精确解算接收机的坐标，在北斗卫星导航系统中建立了多个坐标已知的测轨站，各测轨站将卫星轨道的测量结果发送至主控站，主控站根据收到的观测信息精确计算卫星在轨位置。

（3）测高站。在北斗卫星导航系统覆盖区内设立了若干测高站，用气压高度计测量测高站所在地区的海拔高度，通常一个测高站测得的数据粗略地代表了其周围 100～200 km 地区的海拔高度。海拔高度和该地区大地水准面高度之和就是该地区实际地形离基准椭球面的高度，测高站将测量结果发送给主控站，以便主控站解算接收机坐标时调用。

（4）标校站。由于信号传播、接收机高程等信息受各种误差影响较大，为提高定位精度，在系统覆盖区域内设立了若干坐标已知的标校站，实施差分测量。接收机距离标校站越近、覆盖区域中标校站数量越多，则定位误差越小。

3. 用户段

用户段即用户的终端，既可以是专用于北斗卫星导航系统的信号接收机，也可以是同时兼容其他卫星导航系统的接收机，接收机需要捕获并跟踪卫星的信号，根据数据按一定的方式进行定位计算，最终得到用户的经纬度、高度、速度、时间等信息，同时具备定位、通信和授时功能。

北斗卫星导航系统运营服务商和系统集成商根据用户的需求为用户构建适合的应用系统并配置北斗用户机，北斗运营服务中心将授权用户一个与手持机号码类似的 ID 识别号，用户按照 ID 号注册登记后，北斗运营服务中心为用户开通服务，用户机正式投入使用。根据北斗用户机的应用环境和功能不同，可分为以下 5 种类型。

（1）普通型。该型用户机只能进行定位和点对点的通信，适合于一般车辆、船舶及便携用户的定位导航应用，可接收和发送定位及通信信息，与主控站及其他用户终端双向通信。

（2）通信型。适合于野外作业、水文测报、环境监测等各类数据采集和数据传输用户，可接收和发送短报文信息，与主控站和其他用户终端进行双向或单向通信。

（3）授时型。适合于授时、校时、时间同步等用户，可提供数十纳秒级的时间同步精度。

（4）指挥型。指挥型用户机供拥有一定用户数量的上级集团管理部门使用，除具有普通型用户机所有功能外，还能够播发通信信息和接收主控站发给所属用户的定位通信信息。指挥型用户机适合于指挥中心指挥调度、监控管理等应用，具有鉴别、指挥下属其他北斗用户机的功能，同时还可与下属北斗用户机及中心站进行通信，接收下属用户的报文，并向下属用户发播指令。

（5）多模型。此种用户机既能接收北斗卫星定位和通信信息，又可利用 GPS 系统或 GPS 增强系统进行导航定位，适合于对位置信息要求比较高的用户。

三、北斗卫星导航系统工作原理

（一）通信原理

在北斗卫星导航系统中，接收机与接收机之间、接收机与主控站之间均可实现双向通信。每个接收机采用不同的加密码，所有的通信内容和指令均通过主控站进行转发。主控站可以和系统中任何接收机利用时分多址方式进行通信，即主控站分不同时段向不同接收机发送信号，实现和不同接收机的通信。每次通信可传送 210 个字节，即 105 个汉字。

当接收机需要和主控站通信时，通信内容存储在询问信号和回答信号的信息段中，由主控站对通信内容解调，获得原始信息，经卷积编码、扩频和调制后发送至卫星，并由卫星向接收用户转发。如果系统中某一用户接收机收到主控站发来的第 I 帧信号，该接收机以此时刻为基准，延迟预定时间 T_0 并截取一段足够长的信号，以避免丢失数据造成无法解调。在对接收信号的询问信号段的信息进行解扩、解调和解码后，即可得到主控站的通信内容。信号接收完成后可向卫星发射应答信号，实现接收机对主控站的回复。

在上述通信过程中，主控站利用接收机的身份标识号（ID）识别不同的用户。当 i 接收机需要与 j 接收机通信时，将 j 接收机的 ID 和通信内容置入其应答信号的通信信息段中，通过卫星转发给主控站，主控站将 i 接收机要发送的通信内容转存在询问信号

中，j 接收机接收到卫星转发的询问信号后，识别自己的地址码并获得 i 接收机发送的通信内容和 i 接收机的 ID，如果 j 接收机需要对 i 接收机进行回复，重复上述过程即可。

（二）授时原理

授时是指接收机通过接收卫星发送的时间信号获得本地时间与北斗标准时间的钟差，然后调整接收机本地时间与北斗标准时间同步的过程。在北斗卫星导航系统中，接收机根据卫星发射的信号核准自身时钟，可以得到很高的时钟精度。北斗可为用户提供两种授时方式：单向授时和双向授时。

1. 单向授时

接收机从卫星发送的信号中提取出时间信息，由接收机自主计算出钟差并修正本地时间，使本地时间和北斗标准时间同步，这种授时即为单向授时，精度优于 30 ns。

卫星广播信息中的第一帧数据发送标准北斗天、时、分时间信号，时间修正数据和卫星坐标信息，这些信息通过一种特殊的方式调制在广播信号中，每一帧信号的时间基准与原子钟产生的时标用同一频率原子钟来实现。接收机获得上述数据后，接收机解调出各种时间码，然后测出本地时钟和主控站时钟的钟差，调整本地时钟使之与主控站时钟一致，实现单向授时。

2. 双向授时

接收机只接收信号，不进行时间解算，所有信息处理都在主控站进行，接收机只需把接收的时标信号通过卫星回复给主控站，这种方式称为双向授时，精度优于 10 ns。如主控站在时刻 T_0 发送时标信号 S_{T_0}，该时标信号到达卫星后，由卫星向接收机转发，接收机对接收的信号进行简单处理，再经过卫星将信号回复给主控站，也就是说，表示时间 T_0 的时标信号 S_{T_0}经过一定的时延，最终在 T_1 时刻回到了主控站。主控站将接收时标信号的时间与发射时间相减，得到信号的双向传播时延 T_1-T_0，进而可以得到单向传播时延。主控站将单向传播时延发送给接收机，接收机根据接收到的时标信号及单向传播时延计算出本地时间与主控站时间的差值修正本地时间，使之与主控站的时间同步，实现双向授时。

（三）定位原理

北斗卫星导航系统采用主动定位方式。导航定位的基本原理为空间球面交会测量原理，如图 2-48 所示，地面用户终端向地面控制中心发出定位请求（入站），地面控制中心通过两颗卫星向用户广播询问信号，根据用户响应信号，测量并计算出用户到两颗卫星的距离；然后根据地面控制中心存储的数字高程地图或用户请求中所带的高程信息，算出用户到地心的距离；再由这三个距离、地面站的已知地心坐标和用户目标处在北半球的事实，解算出用户的三维位置。地面控制中心再将定位结果经卫星广播（出站）给用户终端接收，完成快速实时定位。

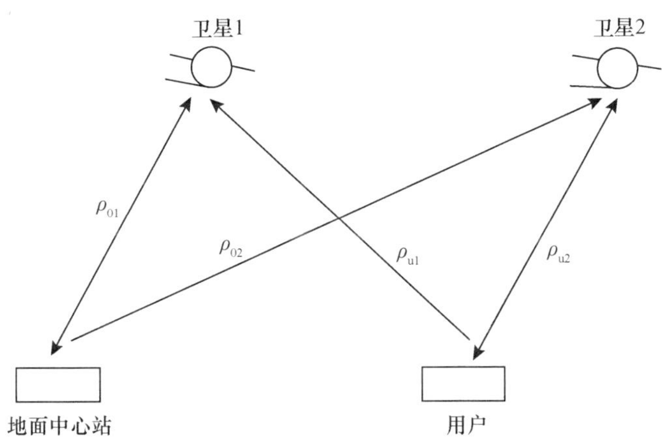

● 图 2-48 北斗卫星导航定位原理

任务三 地理信息系统技术

一、认识地理信息系统（GIS）

（一）地理信息系统的概念

地理信息是指与空间地理分布有关的信息，是对地球表面位置相关的地理现象和过程的客观表示。地理信息属于空间信息，除了具有信息的一般特性外，还具有地域性、多维结构和动态变化等特点。

地理数据是用来描述地球表面所有要素或物质（地球实体）的数量、质量、分布特征、联系和规律等信息的数字、文字、图像、图形和声音等符号的总称。一种完整的地理数据通常包括3类数据：空间数据、属性数据和时间数据。空间数据主要表明地理事物和地理现象，通常采用地理坐标进行标识，具有定位的性质；属性数据用来描述地表事物和现象的特征，常用自然现象、物体的质量和特征的数据来描述，具有定性或定量的性质；时间数据用来反映要素的时态特征，主要应用于环境模拟分析。

地理信息系统（GIS）是以地理数据库为基础，在计算机的硬、软件系统支持下，对整个或部分地球表层（包括大气层）空间中的有关地理分布数据进行采集、储存、管理、运算、分析、显示和描述，并采用地理模型分析方法，实时提供多种空间和动态的地理数据，为地理研究和地理决策服务而建立起来的计算机技术系统。GIS是一门综合性的技术，涉及地理学、测绘学、计算机科学与技术、环境科学、城市科学、管理科学等诸多学科。其概念和基础来自地理学和测绘学，其技术支撑是计算机技术。

GIS 按研究的范围不同可分为全球性的、区域性的和局部性的；按研究内容的不同可分为综合性的、专题性的；按内容、功能和作用不同可分为工具型的、应用型的。

（二）GIS 的特点

GIS 与一般的管理信息系统相比，具有以下特点。

1. 数据的空间定位特征

GIS 具有对空间数据管理、操纵和表示的能力。地理数据的三要素中，空间位置特征是地理数据有别于其他数据的本质特征。一般信息系统仅包括属性和时间特征，而只有空间位置特征是地理数据所特有的，没有位置的数据不能称为地理数据。

2. 空间关系处理的复杂性

地理信息的属性数据或属性信息是除空间位置及关系外的所有描述地理对象或人文属性的定性或定量的数据信息，这相当于一般信息系统所处理的数据和信息。由此可看出，地理信息系统除要完成一般信息系统的工作外，还要处理与之对应的空间位置和空间关系，以及与属性数据的一一对应处理。图形操作本身就是一个比较复杂的问题，而且在处理空间问题的同时还要处理属性数据，因此，GIS 空间数据处理的复杂性比一般信息系统要高得多。

GIS 空间关系处理的复杂性另一技术难点是数据的管理。一般事务性数据都是定长数据，而空间数据是不定长的，例如一个多边形，少则几个顶点，多则成百上千个顶点，而且新的空间数据及其关系在空间分析过程中能不断地产生。存储和管理这些空间数据是 GIS 数据库设计必须面对的问题，其复杂性也是一般信息系统所不具备的。

3. 海量数据管理能力

地理信息系统海量数据特征来自两个方面：一是地理数据，地理数据是地理信息系统的管理对象，其本身就是海量数据；二是空间分析，GIS 在执行空间分析的过程中，不断地产生新的空间数据，这些数据也具备海量特征。地理信息系统的海量数据，带来的是系统运转、数据组织、网络传输等一系列的技术难题，这也是地理信息系统比其他信息系统复杂的又一个因素。

（三）GIS 的功能

GIS 的基本功能是将表格类数据（来自数据库、电子表格或直接在程序中输入）转换为地理图形显示出来，然后对显示的结果进行浏览、操作和分析。其显示范围可以从洲际地图到非常详细的街区地图，显示对象包括人口、销售情况、运输路线及其他内容。

1. 数据采集与编辑

GIS 的核心是一个地理数据库，为此必须将地面上实体图形数据和描述它的属性数据输入到数据库中。为了消除数据采集的错误，输入的数据要求有统一的地理基础，并要求对输入的图形及文本数据进行编辑和修改。具体来说包括以下几项内容：人机对话窗口，文件管理数据获取，图形显示，参数控制，符号设计，建立拓扑关系，属性数据输入与编辑，地图修饰，图形几何要素计算统计，查询，图形接边处理及属性数据采集、编辑、分析等功能。

2. 数据存储与管理

地理对象通过数据采集与编辑后，形成庞大的地理数据集，对此需要利用数据库管理系统来进行管理。GIS 一般都装配有地理数据库，其功效类似对图书馆的图书进行编目、分类存放，以便于管理人员或读者快速查找所需的图书。

3. 空间查询与空间分析

空间查询是 GIS 及许多其他自动化地理数据处理系统应具备的最基本的分析功能，既有属性查询功能，也有图形查询功能，还可以实现图形与属性之间的交叉查询功能。

空间分析是 GIS 的关键功能，也是 GIS 与其他计算机系统的根本区别。空间分析是在 GIS 的支持下，对空间数据的一系列运算与查询分析和解决现实世界中与空间相关的问题，是 GIS 应用深入的重要指标。一般情况下，GIS 空间分析包括三个不同层次：空间检索、空间拓扑叠加分析、模型分析。

空间查询与空间分析使地图图形信息以及各种专业信息的利用深度和广度大大增强，用户可以从中获取很多派生信息和新知识，可用来完成经济建设、环境和资源调查中的综合评价、规划、决策、预测等，如比例尺和投影的数字变换、数据处理和分析，地理或空间模型的建立等任务。

4. 可视化表达与输出

GIS 通过对跨地域的资源数据进行处理、分析，揭示其中隐含的模式，发现其内在的规律和发展趋势，而这些在统计资料和图表里并不是很直观地表示出来的。GIS 把空间和信息结合起来，实现了数据的可视化。GIS 把数据显示集成在三维动画、图像或多媒体形式中输出，使用户能在短时间内对资源数据有一个直观、全面的了解。

5. 制图功能

通过图形、表格和统计图表显示空间数据及分析结果是 GIS 最常用的功能。作为可视化工具，不论是强调空间数据的位置还是分布模式乃至分析结果的表达，图形是传递空间数据信息最有效的工具。GIS 立足于计算机制图，因而 GIS 的一个主要功能就是计算机地图制图。

6. 辅助决策功能

GIS 技术已经被用于辅助完成一些任务，如为计划调查提供信息，为解决领土争端提供信息服务，以最小化视觉干扰为原则设置路标等。地理数据都可以用地图的形式简

洁而清晰地显示出来，或出现在相关报告中，使决策者快速获得分析数据，高效地评估并做出决策。

二、GIS 的组成

完整的 GIS 主要由 4 个部分构成：计算机硬件系统，计算机软件系统，地理数据（空间数据）及系统开发、管理操作人员。计算机硬件系统和软件系统是 GIS 的核心，地理数据（空间数据）反映了 GIS 的地理内容，而系统开发、管理操作人员则决定系统的工作方式和信息的表现方式。GIS 的组成如图 2-49 所示。

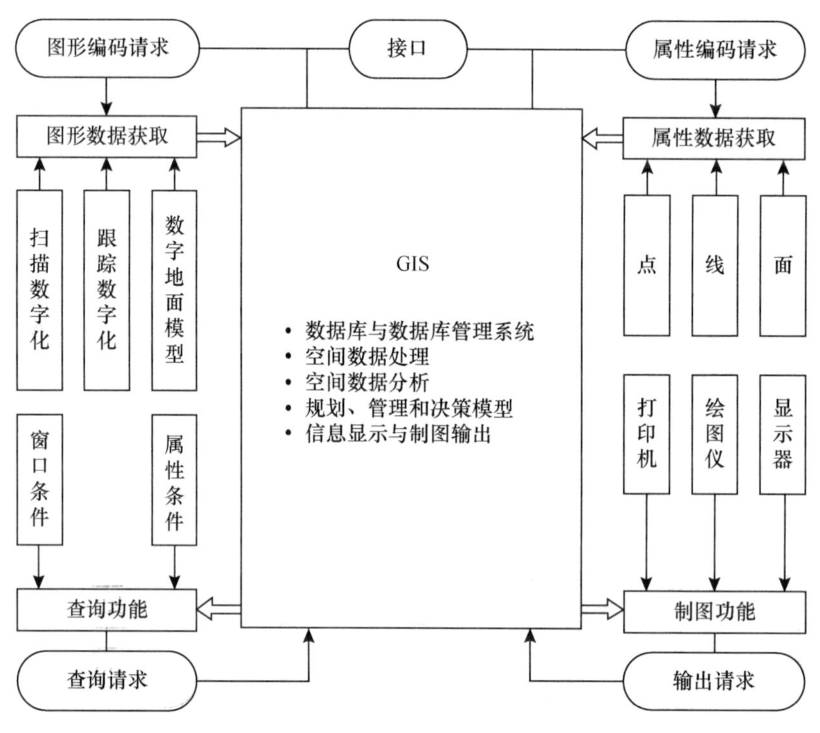

● 图 2-49　GIS 的组成

1. 计算机硬件系统

计算机硬件是计算机系统中的实际物理装置的总称，可以是电子的、电磁的、机械的、光的元件或装置，是 GIS 的物理外壳。GIS 的规模、精度、速度、功能、形式、使用方法甚至软件都与硬件有极大的关系，受硬件指标的支持或制约。GIS 由于其任务的复杂性和特殊性，必须由计算机设备支持。GIS 硬件配置一般包括 4 个部分。

（1）计算机主机。

（2）数据输入设备：数字化仪、图像扫描仪、手写笔、光笔、键盘、通信端口等。

（3）数据存储设备：光盘刻录机、磁带机、光盘塔、活动硬盘、磁盘阵列等。

（4）数据输出设备：笔式绘图仪、喷墨绘图仪（打印机）、激光打印机等。

2. 计算机软件系统

计算机软件系统是GIS运行所必需的各种程序的集合，主要包括计算机系统软件和地理信息系统软件等部分，如图2-50所示。地理信息系统软件主要提供存储、分析和显示地理信息的功能和工具。地理信息系统软件的选型关系到整个系统的功能强弱，影响系统解决方案，也影响着系统建设周期和效益。

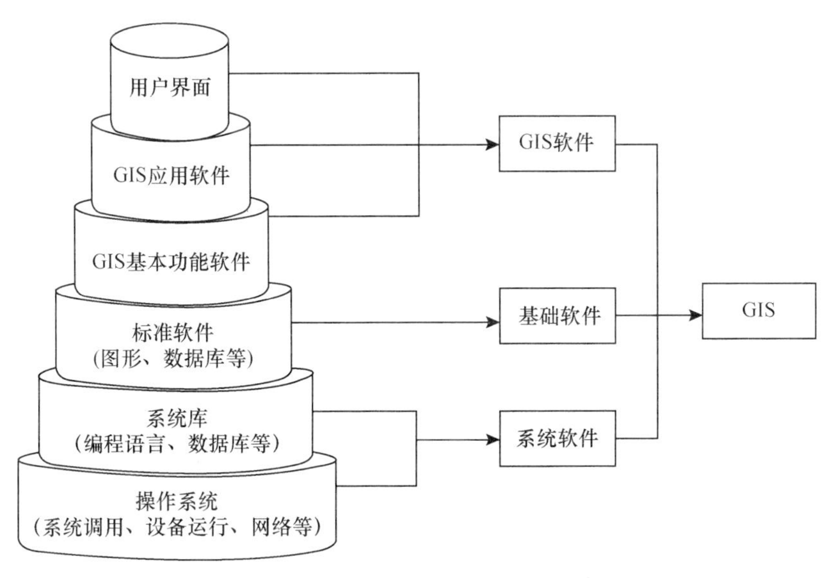

● 图2-50 计算机软件系统

3. 地理空间数据

地理空间数据是指以地球表面空间位置为参照的自然、社会和人文景观数据，可以是图形、图像、文字、表格和数字等，由系统的建立者通过数字化仪、扫描仪、键盘、磁带机或其他通信系统输入GIS，是系统程序作用的对象，是GIS所表达的现实世界经过模型抽象的实质性内容。不同用途的GIS其地理空间数据的种类、精度是不同的，但基本上都包括3种互相联系的数据类型。

（1）某个已知坐标系中的位置。即几何坐标，标识地理实体在某个已知坐标系（如大地坐标系、直角坐标系、极坐标系、自定义坐标系）中的空间位置，可以是经纬度、平面直角坐标、极坐标，也可以是矩阵的行、列数等。

（2）实体间的空间相关性。即拓扑关系，表示点、线、面实体之间的空间联系，如网络节点与网络线之间的枢纽关系，边界线与面实体间的构成关系，面实体与外或内部点的包含关系等。空间拓扑关系对于地理空间数据的编码、录入、格式转换、存储管理、查询检索和模型分析都有重要意义，是地理信息系统的特色之一。

（3）与几何位置无关的属性。即常说的属性或非几何属性，是与地理实体相联系

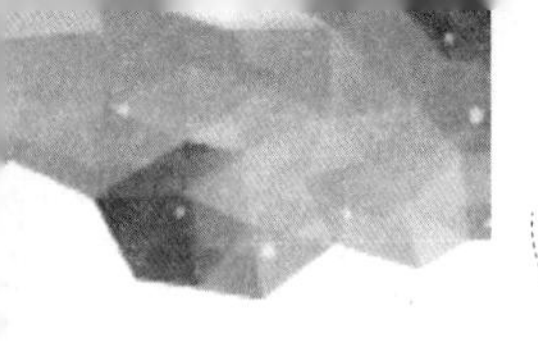

的地理变量或地理意义。属性分为定性和定量两种，前者包括名称、类型、特性等，后者包括数量和等级。定性的属性如岩石类型、土壤种类、土地利用类型、行政区划等，定量的属性如面积、长度、土地等级、人口数量、降雨量、河流长度、水土流失量等。非几何属性一般是经过抽象的概念，通过分类、命名、量算、统计得到。任何地理实体至少有一个属性，而地理信息系统的分析、检索和表示主要是通过属性的操作运算实现的。因此，属性的分类、量算指标对系统的功能有较大的影响。

GIS 特殊的空间数据模型决定了 GIS 特殊的空间数据结构和特殊的数据编码，也决定了 GIS 具有特色的空间数据管理方法和系统空间数据分析功能，成为地理学研究和资源管理的重要工具。

4. 系统开发、管理操作人员

人员是 GIS 中的重要构成因素，GIS 不同于一幅地图，它是一个动态的地理模型，仅有系统软硬件和数据还不能构成完整的 GIS，需要人工进行系统组织、管理、维护和数据更新、系统扩充完善以及应用程序开发，并灵活采用空间分析模型提取多种信息，为研究和决策服务。因此，GIS 应用的关键是具有掌握实施 GIS 来解决现实问题的人员。这些人员既包括从事设计、开发和维护 GIS 的技术专家，也包括那些使用该系统并解决专业领域任务的专业技术人员。一个完整的 GIS 运行团队应由项目负责人、信息技术专家、应用专业领域技术专家、若干程序员和 GIS 操作员组成。

三、GIS 的工作原理

GIS 的工作原理是把地理事物的空间数据和属性数据以数字的方式存储在计算机中，再利用计算机图形技术、数据库技术及各种数学方法来管理、查询、分析和应用，输出各种地图和地理数据。

GIS 将现实世界从自然环境转移到计算机环境，其作用不仅仅是真实环境的再现，更主要的是 GIS 能为各种分析提供决策支持。也就是说，GIS 实现了对空间数据的采集、编辑、存储、管理、分析和表达等加工处理，其目的是从中获得更加有用的空间信息和知识。这里“有用的空间信息和知识”可归纳为位置、条件、趋势、模式和模拟 5 个基本问题，GIS 的价值和作用就是通过地理对象的重建，利用空间分析工具，实现对这 5 个基本问题的求解。

第一，位置。位置即解决“某个地方有什么”的问题，一般通过空间对象的位置（坐标、街道编码等）进行定位，然后利用查询获取其性质，如地名、邮政编码或地理坐标等。位置问题是地学领域最基本的问题，反映在 GIS 中，则是空间查询技术。

第二，条件。条件即解决“符合某些条件的地理对象在哪里”的问题，它通过地理对象的属性信息列出条件表达式，进而查找满足该条件的地理对象的空间分布位置。

在 GIS 中，条件问题虽也是查询的一种，但却是较为复杂的查询问题。例如，在某地区寻找面积不小于 200 m^2、未被植被覆盖（无林地）、距离公路 100 m 以内、地质条件适合建大型建筑物的区域。

第三，趋势。趋势即解决“某个地方发生的某个事件及其随时间的变化过程”的问题。它要求 GIS 能根据已有的数据（现状数据、历史数据等），对现象的变化过程做出分析判断，并能对未来做出预测和对过去做出回溯。例如，在土地地貌演变研究中，可以利用现有的和历史的地形数据，对未来地形做出分析预测，也可展现不同历史时期的覆被情况。

第四，模式。模式即解决“地理对象实体和现象的空间分布之间的空间关系”的问题，揭示了地理实体之间的空间关系。例如，城市中不同功能区的分布与居住人口分布的关系模式；地面海拔升高、气温降低，导致山地自然景观呈现垂直地带分异的模式等。

第五，模拟。模拟即解决“某个地方如果具备某种条件会发生什么”的问题，是在趋势和模式的基础上，建立现象和因素之间的模型关系，从而发现具有普遍意义的规律。例如在掌握某一城市的犯罪概率和酒吧、交通、照明、警力分布等数据的基础上，对其他城市进行相关问题研究，一旦发现带有普遍意义的规律，即可将研究推向更高层次，建立通用的分析模型进行未来的预测和决策。

在建立一个实用的 GIS 过程中，面对以上 5 个问题，从数据准备到系统完成，必须经过各种数据转换，每次转换都有可能改变原有信息。因此，一般的 GIS 需要完成以下 5 个步骤：数据采集与输入、数据编辑与更新、数据存储与管理、空间统计与分析、数据显示与输出。GIS 的工作流程如图 2-51 所示。

1. 数据采集与输入

根据任务的需要，将各种系统外部的原始数据转化为 GIS 软件可以识别的格式并加以利用的过程称为数据采集。数据采集就是保证各层实体的要素按顺序转化为 x、y 坐标及对应的代码输入到计算机中。通常数据采集的方式有以下几种：通过纸质地图的数字化获取数据，直接通过数值数据获取数据，通过 GPS 采集数据，直接获取坐标数据。

数据输入是将系统外部的原始数据传输到系统内部，并将这些数据从外部格式转换为系统便于处理的内部格式的过程。对多种形式和多种来源的信息，可以实现多种方式的数据输入，主要有图形数据输入、栅格数据输入、测量数据输入和属性数据输入等。

2. 数据编辑与更新

数据编辑主要包括图形编辑和属性编辑。图形编辑主要包括图形修改、增加和删除，图形整饰，图形变换，图幅拼接，投影变换，误差校正和建立拓扑关系等。属性编辑通常与数据库管理结合在一起完成，主要包括属性数据的修改、删除和插入等操作。

数据更新是以新的数据项或记录来替换数据文件或数据库中相应的数据项或记录，

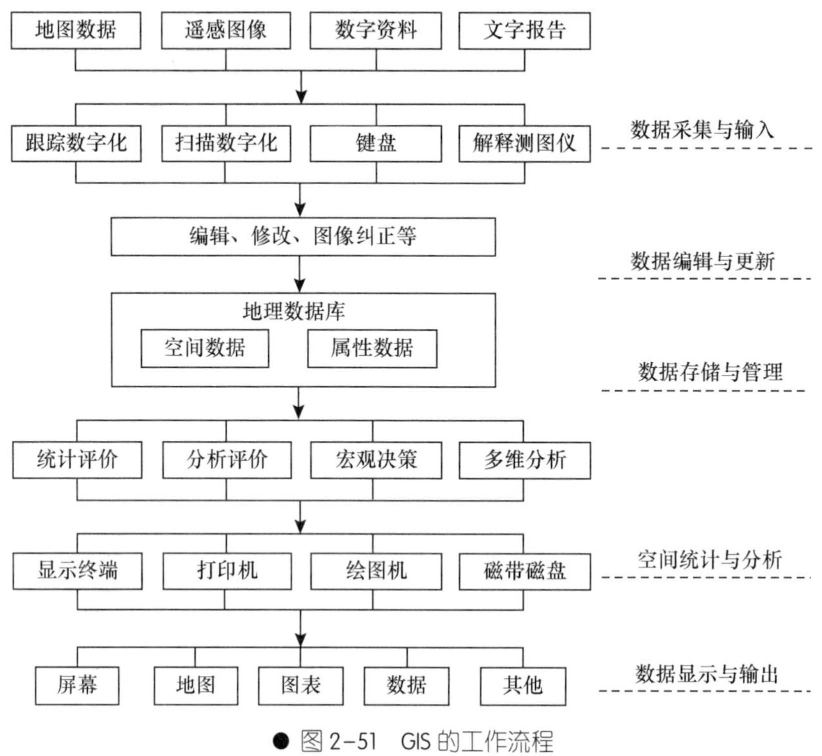

● 图 2-51　GIS 的工作流程

它是通过修改、删除和插入等一系列操作来实现的。由于空间信息具有动态变化的特征，通过数据采集所获取的数据只反映地理事物某一时刻或一定时间范围内的特征，随着时间推移，数据会随之改变。因此，数据更新是 GIS 建立空间数据的时间序列，满足动态分析的前提。

3. 数据存储与管理

计算机中的数据必须按照一定的结构进行组织和管理，才能高效地再现真实环境和进行各种更新。数据存储，即将数据以某种格式记录在计算机内部或外部存储介质上。属性数据管理一般直接利用商用关系数据库软件，如 Oracle、SQL Server、FoxBase、FoxPro 等进行管理。但是，当数据量很大而且是多个用户同时使用数据时，最好使用一个数据库管理系统（Data Base Management System，DBMS）来帮助存储、组织和管理空间数据。

4. 空间统计与分析

空间统计与分析是 GIS 的核心，是 GIS 最重要和最具魅力的功能，其以地理事物的空间位置和形态特征为基础，以空间数据与属性数据的综合运算（如数据格式转换、矢量数据叠合、栅格数据叠加、算术运算、关系运算、逻辑运算、函数运算等）为特征，提取与产生空间的信息。

例如，依据 GIS 可以解决以下基于空间的简单统计查询。

（1）这块土地属于谁？

（2）两个地点之间距离是多少？

（3）工业用地的边界在哪里？

（4）哪些地方适合建新的住宅区？

（5）如果要在这里建一条高速公路，会对周围用地产生怎样的影响？

只需要通过鼠标操作，GIS 就可以非常方便地提供从基本的空间查询到复杂的空间分析功能。

5. 数据显示与输出

数据显示是中间处理过程和最终结果的屏幕显示，通常以人机交互方式来选择显示的对象与形式，对于图形数据根据要素的信息量和密集程度，可选择放大或缩小显示。输出是将 GIS 的产品通过输出设备（包括显示器、绘图机、打印机等）输出。GIS 不仅可以为用户输出全要素图，而且可以根据用户需求分层输出各种专题地图、各类统计图、图表、数据和报告等，以显示不同要素和活动的位置，或有关属性内容，如矿产分布图、城市交通图、旅游图等。此外，对属性数据也要设计报表输出，并且这些输出结果需要在显示器、打印机、绘图仪或数据文件输出。

任务四　自动定位跟踪技术应用

一、GPS 技术在快递企业中的应用

快递企业可利用移动数据库技术配合 GPS 技术，实现智能交通管理、快件运输管理等多种功能。

1. 车辆跟踪

GPS 技术与 GIS 技术、全球移动通信系统及计算机车辆管理信息系统相结合，可以实现车辆跟踪功能。借助于 GPS 和 GIS 技术，可以在电子地图上实时显示出车辆所在位置，并可以进行放大、缩小、还原、地图更换等操作；可以使显示区域随目标移动，从而使目标始终显示在屏幕上；还可以实现多窗口、多车辆、多屏幕同时跟踪，从而对重要的车辆和货物进行跟踪运输。利用车辆跟踪功能，能够掌握车辆基本信息，对车辆进行远程管理，有效避免车辆的空载现象，同时收件人也能通过互联网，了解自己的包裹在运输过程中的细节情况。

2. 信息查询

GPS 的信息查询功能为用户提供主要物标，如道路的准确位置、沿路设施、旅游景点、高速服务区等数据库，用户能够在电子地图上根据需要进行查询。通过查询可实时

地从电子地图上直观地了解运输车辆所处的地理位置，以及经度、纬度、速度等数据，还可以查询到行车的路线、时间、里程等信息。系统可自动将车辆发送的数据与预设的数据进行比较，对发生的较大偏差进行报告，从而使后方管理人员轻松准确地掌握公司的运输作业。

3. 线路规划

快递派送线路规划是 GPS 的一项重要辅助功能。通过与 GIS 软件相结合，可以进行自动线路规划和人工线路设计。自动线路规划是由驾驶员指定起点和终点，由计算机软件按照要求自动设计出最佳行驶路线，包括行驶时间最短的路线、最简单的路线、通过高速公路路段次数最少的路线等。人工线路设计是由驾驶员根据自己的目的地设计起点、终点和途经点等，自动建立路线库。线路规划完毕后，显示器能够在电子地图上显示设计路线，并同时显示汽车运行路径和运行方法。如果驾驶员没有按照指定的路线行驶，其行驶信息将会以偏航报警的方式显示在计算机屏幕上，并可根据更改后的路线提供新的规划路线。

4. 话务指挥

监控中心可监视车辆的运行状况，对系统内的所有车辆进行动态调度管理，通过实施车辆调度，可提高车辆的实载率，有效地减少车辆的空驶率，从而降低运输成本，提高运输效率。

5. 紧急援助及事故处理

通过 GPS 定位和监控管理系统可以对遇有险情或发生事故的车辆进行紧急援助。监控中心的电子地图显示求助信息和报警目标，并以报警声、光提醒值班人员进行应急处理。

二、网络 GPS 在快递企业中的应用

网络 GPS 是将 Internet 与 GPS 技术相结合，GPS 定位信息通过国际互联网传递，在互联网界面上显示 GPS 动态跟踪信息，以实现实时监控动态调度功能的一种新的应用方式。

网络 GPS 监控中心具有如下功能。

1. 网上发布

通过 Internet 发布运输车辆的位置信息和运行轨迹，货主可以访问监控中心站点，经过身份验证后，根据运单号、货号等查询车辆的位置信息，根据权限上网下载车辆运行轨迹和对车辆发送短消息，下载带有车辆位置的地图图片。

2. 目标跟踪

可随时查找运输车辆的当前位置，可获得车辆的定位数据和状态信息，实施跟踪一

个或多个指定的运输车辆，使它们落在电子地图的窗口内，可设定跟踪优先级和时间间隔对目标进行跟踪。

3. 轨迹回放

可对车辆跟踪形成直观的运行轨迹，监控中心将收到的定位信息存入数据库，操作员可随时调出数据库中选定车辆、选定时间段内的定位信息进行回放。

4. 车辆数据库查询

查询车辆属性，如车辆内部编号、车牌号、车辆型号、驾驶员姓名、车载电话号码、所属部门、吨位、容积、报警情况等信息。

5. 控制功能

监控中心接收并显示车辆发回的消息，同时可对车辆发送控制消息，可设置车辆定位数据发送的时间间隔，设置车辆允许呼叫的电话号码，修改和增减车辆回发的短消息内容。

6. 图上信息查询

查找某一目标，即用户可以使用模糊查询功能查找地图上的任意目标。查询图上某一点周边的地图信息，如最近的加油站的位置等。

三、北斗卫星导航技术在快递企业中的应用

近年来，随着网上购物的日益增多，我国快递企业发展迅速。目前很多快递企业已经建立应用创新的北斗系统平台，通过在派送车辆上安装卫星导航接收机和数据发射机，车辆的位置信息就能在几秒内自动转发到中心站，以完成快递派送车辆的统一管理、车辆终端的统一接入与管理，实现快递运输过程的透明化管理，包括对派送车辆的成本管理、快递业务员的绩效考核、行车安全管理、车辆事故分析等。

以某一快递企业的北斗系统平台为例，该企业北斗系统主要由实时监控、历史轨迹、定点查询、里程统计和统计报表 5 个功能组成。

1. 实时监控

该功能模块可以实现对派送车辆的实时监控，实时记录车辆当时车速，精准定位车辆位置，显示随车驾驶员联系方式。

2. 历史轨迹

该功能模块可以查询运行车辆在某一时间段内的总里程、行驶的平均速度、实际运行的时间。通过显示的与预计运行时间的差别，可对运行车辆实行远程操控，合理调整车辆的运行速度，保证快件的派送时效。

3. 定点查询

该功能模块可以实现企业内部所有车辆的定点查询。

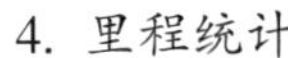

4. 里程统计

该功能模块可以实现对运行车辆的里程统计，通过监测某一车辆的总里程数，就可大体判断该车辆的行驶轨迹。若远超出两地之间的常规运行里程，就需要分析出现此现象的原因，并迅速采取相应措施合理安排运输路线，减少迂回运输、过远运输等不合理运输现象。

5. 统计报表

该功能模块可实现对企业内所有派送车辆信息的统计，以及某一车辆的日里程的信息统计。通过浏览此报表即可知道哪些车辆处于运行状态，哪些处于静止状态，并可确定车辆的精准定位。在日里程统计报表中选定某一时间段，即可统计某一车辆的运行里程。

北斗卫星导航技术促进了传统运输方式实现升级与转型。通过在快递企业派送车辆上安装卫星导航终端设备，可极大缩短车辆行驶间隔时间、缓解交通堵塞、降低运输成本、有效提高运输效率、提升道路交通管理水平。未来，北斗卫星导航技术将提供高可靠、高精度的定位、测速、授时服务，以保障快递企业的派送时效，实现传统调度向智能交通管理的转型。

四、GIS 技术在快递企业中的应用

GIS 在快件收寄和派送分析中的应用主要是指利用 GIS 强大的地理数据功能来完善快件收寄、派送分析技术。国外企业已经开发出利用 GIS 为快件收寄、派送分析提供专门分析的工具软件。完整的 GIS 快件收寄和派送分析软件集成了车辆路线模型，设施定位模型，收寄、派送路线模型和分配集合模型等。

1. 车辆路线模型

此模型用于解决在一个起点、多个终点的货物运输问题中，如何降低操作费用并保证服务质量，包括决定使用多少车辆、每个车辆经过什么路线的问题。快件派送分析中，在一对多收发货点之间存在着多种可供选择的运输路线的情况下，应以快件运输的安全性、及时性和低费用为目标，综合考虑，权衡利弊，选择合理的运输方式并确定费用最低的运输路线。

例如，一个小县城只有一个派送网点，而派送区域内机关、企事业单位、写字楼和居民分布等较为零散，因此，每天需要多少派送频次、需要多少个派送员、如何规划派送路线就是一个最基本的车辆路线模型。在现实问题中，车辆路线问题还应考虑很多影响因素，如房屋建筑物的特点，派送区域内的交通、地形特征等，问题也就变得相对复杂。

2. 设施定位模型

此模型用来确定派送网点、写字楼、居民楼等设施的最佳位置，其目的同样是提高服务质量、降低操作费用、追求利润最大化等。设施定位模型可以用于确定一个或多个

设施的位置。在快递系统中，网点、收寄件人和运输线共同组成了收派网络，网点和收寄人处在网络的“结点”上，运输线就是连接各个“结点”的“线路”，从这个意义上看，“结点”决定着“线路”。

3. 收寄、派送路线模型

此模型用于解决寻求最有效的分配快件路径问题，也就是收寄、派送路线设计问题。例如，如何根据现有发件客户的地址信息及道路信息情况，对收寄路线进行规划，及时、快捷、安全、高效、准确地收取快件；如何根据业务量及派送员的人数，将每个派送网点的服务划分合理的派送服务路段。

4. 分配集合模型

可以根据各个要素的相似点把同一层上的所有或部分要素分为几个组，用以解决确定服务范围的销售市场范围等问题。例如，某一快递企业要设立多个派送网点，要求这些派送网点要覆盖某一地区，而且要使每个派送网点的快件业务量大致相等。

5. 空间查询模型

通过该模型，可以查询以某派送网点为圆心、一定半径区域内派送业务数目，并判断通过哪个派送网点进行派件成本最低。

项目小结

本项目主要介绍了自动定位跟踪技术的相关内容，主要包括 GPS 的特点、功能及组成部分，GPS 的工作原理，网络 GPS 的概念、组成及工作流程，北斗卫星导航系统的特点、功能及组成，北斗卫星导航系统的工作原理，GIS 的组成及工作原理，自动定位跟踪技术的应用。

知识巩固

（1）GPS 的特点、功能有哪些？

（2）GPS 由哪三部分构成？

（3）简述 GPS 卫星定位方式。

（4）网络 GPS 的特点有哪些？

（5）北斗卫星导航系统由哪几部分构成？

（6）北斗卫星导航系统具有哪些功能？

（7）GIS 的基本功能有哪些？

（8）GIS 由哪几部分组成？

（9）简述 GIS 的工作流程。

（10）结合实际案例，分析 GPS、北斗卫星导航系统在快递领域中的具体应用。

实训任务一　GPS 车辆监控系统软件操作

实训目的

（1）了解 GPS 的原理。

（2）熟悉 GPS 车辆监控系统软件的基本功能模块和作用。

（3）学会 GPS 车辆监控系统软件简单的操作。

实训要求

（1）安邦快递公司增加 3 台运输车辆，请使用 GPS 车辆监控系统进行车辆监控、车辆调度管理。具体内容：地图操作、车辆监控和报表查询等常用功能。按照实训任务书，完成各项任务。学会地图设置、车辆监控、车辆调度和报表查询等常用功能。

（2）遵循规范要求，认真完成，提交实训报告。

实训准备

（1）教师准备好实训任务书，教师讲清该任务实施的目标和 GPS 知识要点。

（2）实训中心计算机上安装好正版“GPS 监控系统”，提供网络环境。

（3）学生根据任务目标，通过教材和 Internet 收集相关资料并做好知识准备。

实训考核

实训考核表

<table>
<tr><td colspan="2">专业：</td><td colspan="2">班级：</td><td colspan="2">被考评小组成员：</td></tr>
<tr><td>考评时间</td><td colspan="3"></td><td>考评地点</td><td colspan="2"></td></tr>
<tr><td>考评内容</td><td colspan="6">GPS 车辆监控系统软件操作</td></tr>
<tr><td rowspan="5">考评标准</td><td>内容</td><td>分值</td><td>小组互评（50%）</td><td>教师评议（50%）</td><td>考评得分</td></tr>
<tr><td>实训过程中遵守纪律，礼仪符合要求，团队合作友好</td><td>20</td><td></td><td></td><td></td></tr>
<tr><td>实训记录内容全面、真实、准确，PPT 制作规范，表达准确</td><td>20</td><td></td><td></td><td></td></tr>
<tr><td>GPS 车辆监控系统中各功能模块操作正确</td><td>40</td><td></td><td></td><td></td></tr>
<tr><td>学生按照要求撰写实训报告</td><td>20</td><td></td><td></td><td></td></tr>
<tr><td colspan="2">综合得分</td><td>100</td><td></td><td></td><td></td></tr>
<tr><td colspan="6">指导教师评语：</td></tr>
</table>

实训任务二 熟悉北斗卫星导航系统

实训目的

（1）了解北斗卫星导航的系统组成和工作原理。

（2）熟悉北斗卫星定位汽车行驶记录仪产品的基本功能模块和作用。

实训要求

（1）学生以“驾驶员”的身份，使用北斗卫星定位汽车行驶记录仪产品进行车辆相关信息查询、疲劳驾驶记录、行驶记录查询等。按照实训任务书，完成各项任务。要学会查询行驶记录、超速报警及记录、主机故障报警、定位监控等常用功能。

（2）遵循操作步骤，认真完成，提交实训报告。

（3）遵守实训中心的纪律，爱护设备，实训认真，注意安全。

实训准备

（1）教师准备好实训任务书，讲清该任务实施的目标和北斗卫星导航知识要点。

（2）实训中心准备好实训设备、北斗卫星定位汽车行驶记录仪产品。

（3）学生根据任务目标，通过教材和 Internet 收集相关资料并做好知识准备。

实训操作

北斗卫星定位汽车行驶记录仪总体操作流程如图 2-52 所示。

1. 系统登录

切换驾驶员或驾驶员第一次登录时，应将驾驶员身份识别卡（IC 卡）插入卫星定位汽车行驶记录仪的 IC 卡插槽进行身份验证（USB 身份卡插入 USB 插槽），这个操作称为“登录”；登录成功后，蜂鸣器发出“嘀”一声，按菜单键可以进入驾驶员信息子菜单。

2. 疲劳驾驶预警及记录

当记录仪检测快到疲劳驾驶时，会提前 5 min 预警，此时蜂鸣器发出“嘀—嘀—”的中长音，预警时间持续 1 min。

疲劳预警后，如驾驶员还继续驾驶 5 min 以上，则在预警后的第 5 min 蜂鸣器发出“嘀嘀、嘀嘀”的两声连音，并开始记录疲劳驾驶，报警时间也为 1 min。此时，北斗卫星定位汽车行驶记录仪将记录当前疲劳驾驶员的驾驶证号和疲劳驾驶的开始及

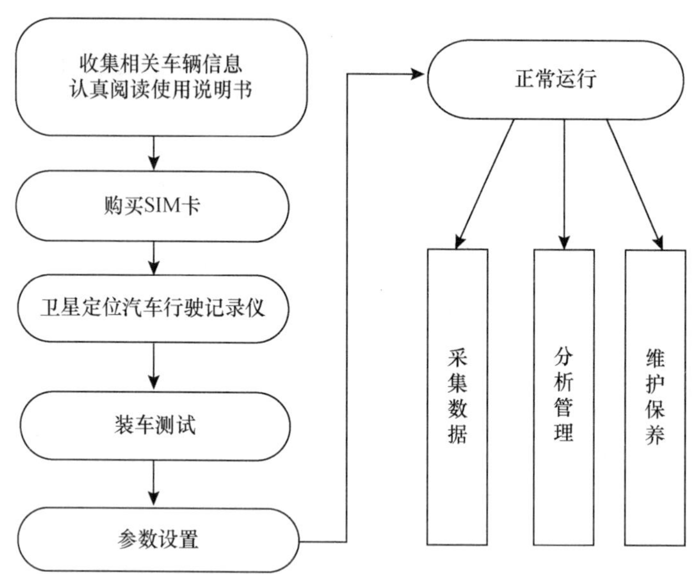

● 图 2-52　北斗卫星定位汽车行驶记录仪总体操作流程

结束时间。

在主界面下，按一下［菜单/确认］键再按 3 次［下翻］键，再按一下［菜单/确认］键，进入“疲劳驾驶记录”界面，如图 2-53 所示。按［上翻］或［下翻］键可在多条记录间翻阅。

3. 超速驾驶报警及记录

当北斗卫星定位汽车行驶记录仪检测到超速行驶时，会以语音或蜂鸣器的形式提示报警，报警界面如图 2-54 所示，“110 km/h”表示当前时速。

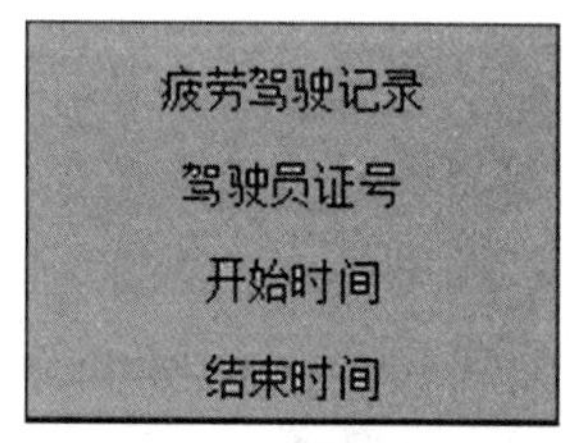

● 图 2-53　“疲劳驾驶记录”界面

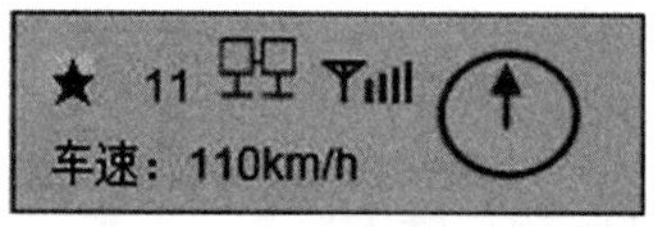

● 图 2-54　“超速驾驶报警”界面

北斗卫星定位汽车行驶记录仪检测超速的条件为：连续 5 s 内的平均时速超过设定的最高时速。当发生超速驾驶的时候，北斗卫星定位汽车行驶记录仪会通过网络把超速驾驶信息主动上传到中心服务器。

在主界面下，按一下［菜单/确认］键，再按 5 次［下翻］键，再按一下［菜单/确认］键，进入“超速记录”界面，进入超速记录查询，如图 2-55 所示。

4. 车辆相关信息查询

在主界面下，按一下［菜单/确认］键，再按一下［菜单/确认］键，进入“车辆相关信息”界面；按［上翻］或［下翻］键可在多条记录间翻阅，如图 2-56 所示。

超速记录
每页显示一条
超速 01：
168881688888888888

● 图 2-55　“超速记录”界面

车辆相关信息
车牌：粤 A00000
特征系数 V：624
速度类型：脉冲
报警车速：100
车辆 VIN:77777777777

● 图 2-56　“车辆相关信息”界面

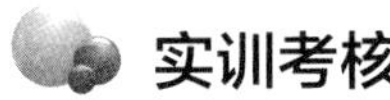

实训考核

实训考核表

<table>
<tr><td colspan="2">专业：</td><td colspan="2">班级：</td><td colspan="3">被考评小组成员：</td></tr>
<tr><td>考评时间</td><td colspan="3"></td><td>考评地点</td><td colspan="2"></td></tr>
<tr><td>考评内容</td><td colspan="6">北斗卫星定位汽车行驶记录仪操作</td></tr>
<tr><td rowspan="5">考评标准</td><td colspan="2">内容</td><td>分值</td><td>小组互评
（50%）</td><td>教师评议
（50%）</td><td>考评得分</td></tr>
<tr><td colspan="2">实训过程中遵守纪律，礼仪符合要求，团队合作友好</td><td>20</td><td></td><td></td><td></td></tr>
<tr><td colspan="2">实训记录内容全面、真实、准确，PPT 制作规范，表达准确</td><td>20</td><td></td><td></td><td></td></tr>
<tr><td colspan="2">北斗卫星定位汽车行驶记录仪模拟操作正确</td><td>40</td><td></td><td></td><td></td></tr>
<tr><td colspan="2">学生按照要求撰写实训报告</td><td>20</td><td></td><td></td><td></td></tr>
<tr><td colspan="3">综合得分</td><td>100</td><td></td><td></td><td></td></tr>
<tr><td colspan="7">指导教师评语：</td></tr>
</table>

• 项目四　光学字符识别技术 •

知识目标

◇ 了解光学字符识别技术的发展过程。

◇ 掌握光学字符识别软件的组成及识别步骤。

技能目标

◇ 能使用光学字符识别设备扫描并识别文字。

◇ 能使用移动端软件识别文字。

导入案例

腾讯优图 3 h 识别 2 000 万张快递运单

手机 QQ 最新版本升级了“图片文字提取”功能，可以将图片中的文字提取出来并可以随意编辑，用起来简直方便到“逆天”。

只要打开手机 QQ，长按对话框中的图片选择“提取图中文字”，或是单击“扫一扫”中的“文字提取”，在超有科幻感的“正在识别中”完成之后，用户就可以得到图片中的文字。提取出的文字还可以随意编辑，复制、粘贴、修改。手机 QQ 的这一新大招，正是基于腾讯优图实验室提供的光学字符识别技术。

无论是生活中复杂多变的场景，还是不同的光照条件，甚至透视变形的情况下，优图光学字符识别技术都可以在任意版面下识别出整图的文字，包括中英文、字母、数字、标点等共 1 000 个标签，并覆盖了数十种字体，满足生活中大部分场景的读图识字需求，以解决生活和沟通中的痛点。

优图的光学字符识别技术与传统行业的结合，将对传统行业产生更深远的影响。例如，在快递行业，光学字符识别技术的应用就能够提高快递运单的识别效率，从而给消费者带来更便捷、高效的快递服务。

现如今，有很多快递单上依然是手写的寄件收件信息，潦草的字迹容易认错而加大了物流中的人力、物力和时间成本。优图的光学字符识别技术就与顺丰技术团队合作，实现快速识别手写体的快递单，3 h 可识别 2 000 万张快递单，即使潦草的手写寄件收件信息也能够识别，并接近人工识别水平。

一、光学字符识别技术概述

光学字符识别（Optical Character Recognition，OCR）是指电子设备（如扫描仪或数码相机）检查纸上的字符，通过检测暗、亮的模式确定其形状，然后用字符识别方法将形状翻译成计算机文字的过程；即针对字符，采用光学的方式将纸质文档中的文字转换成黑白点阵的图像文件，并通过识别软件将图像中的文字转换成文本格式，供文字处理软件进一步编辑加工的技术。

（一）发展过程

OCR 的概念诞生于 1929 年，但直到计算机诞生后它才变成现实。

据记载，第一个 OCR 软件是在 1957 年开发的 ERA（Electric Reading Automation）。它是基于窥视孔方法实现的，识别的速度是每秒 120 个英文字母。此后，世界范围内广泛地进行着 OCR 技术的研究和开发工作。从 OCR 技术的发展历程来看，可分为三个阶段。

第一阶段：第一代 OCR 产品出现于 20 世纪 60 年代初期，最早的 OCR 产品应是 IBM 公司的 IBM1418，它只能识别印刷体的数字、英文字母及部分符号，并且必须是指定的字体。

第二阶段：第二代 OCR 产品是基于手写体字符的识别，前期只限于手写体数字的识别，从时间上来看，是 20 世纪 60 年代中期到 70 年代初期出现的。IBM 公司于 1965 年便在纽约世界博览会上展出了其 OCR 产品——IBM1287。第一个实现手写体邮政编码识别的信函自动分拣系统是由日本东芝公司研制的，两年后 NEC 公司也推出了同样的系统。

第三阶段：第三代 OCR 产品主要解决的技术问题就是对于质量较差的文档及大字符集的识别，如汉字的识别。最先投入汉字识别研究的日本东芝公司，于 1983 年发布了其识别印刷体日文汉字的 OCR 系统——OCR-V595，其识别速度为每秒 70~100 个汉字，最高识别率达到 99.5%。

（二）中文 OCR 技术

我国在 OCR 技术方面的研究工作起步较晚，在 20 世纪 70 年代才开始对数字、英文字母及符号的识别进行研究；70 年代末开始进行汉字识别的研究；到 1986 年汉字识别的研究进入一个实质性阶段，取得了较大的成果。当年，国家“863 计划”信息领域课题组织了清华大学、北京信息工程学院、沈阳自动化所三家单位联合进行中文 OCR 软件的开发工作。至 1989 年，清华大学率先推出了国内第一套中文 OCR 软件——清华文通 TH-OCR1.0 版，至此中文 OCR 正式从实验室走向市场。清华后来又推出了 TH-OCR 92 高性能实用简/繁体、多字体、多功能印刷汉字识别系统，使印刷体汉字识别技术又取得重大进展。1994 年推出的 TH-OCR 94 高性能汉英混排印刷文本识别系统，被专家鉴定为“是国内外首次推出的汉英混排印刷文本识别系统，总体上居国际领先水平”。20 世纪 90 年代中后期，清华大学电子工程系提出并进行了汉字识别综合研究，使汉字识别技术在印刷体文本识别、联机手写汉字识别、脱机手写汉字识别和脱机手写数字符号识别等领域取得了重要成果。具有代表性的成果是 TH-OCR 97 综合集成汉字识别系统，它可以完成多文种（汉、英、日）印刷文本、联机手写汉字、脱机手写汉字和手写数字的识别输入。

从中文 OCR 技术的发展来看，其研发与应用经历了如下几个阶段。

（1）印刷体单字体识别，支持国标一级汉字 3 755 字、繁体 5 401 字，简繁体和字体由用户指明，识别率在 95%左右。

（2）印刷体多字体识别，支持国标一级汉字 3 755 字，繁体 5 401 字，简繁体由用户指明，宋体、仿宋、楷体、黑体四种字体混合识别，识别率在 95%左右，对质量较差的印刷文稿的识别率会明显下降，印刷体表格的识别系统开始出现。

（3）多字体大字符集简繁混排、中英文混排识别，支持国标二级汉字 6 763 字、繁体 5 401 字、香港常用字等 1 万多字，识别字体扩充到常见的十多种字体，识别率在 99%左右，对质量较差的印刷文稿的识别率有较强的适应性，脱机手写数字识别和印刷体表格识别系统进入实用化阶段。

（4）各种应用系统开始推出，如名片识别系统、身份证银行卡识别系统、车牌识别系统、银行票据识别系统、增值税发票识别认证系统等。

二、OCR 软件的组成

OCR 软件主要由图像处理模块、版面划分模块、文字识别模块和文字编辑模块 4 部分组成。

1. 图像处理模块

图像处理模块主要具有文稿扫描、图像缩放、图像旋转等功能。通过扫描仪输入后，文稿形成图像文件，图像处理模块可对图像进行放大，去除污点和划痕，如果图像放置不正，可以手工或自动旋转图像，目的是为文字识别创造更好的条件，使识别率更高。

2. 版面划分模块

版面划分模块主要包括版面划分、更改划分，即对版面的理解、字切分、归一化等，可选择自动或手动两种版面划分方式。其目的是告诉 OCR 软件将同一版面的文章、表格等分开，以便于分别处理，并按照怎样的顺序进行识别。

3. 文字识别模块

文字识别模块是 OCR 软件的核心部分，文字识别模块主要对输入的汉字进行“阅读”，但不能一目多行，必须逐行切割，对于汉字通常也是一个字一个字地辨认，即单字识别，再进行归一化。文字识别模块通过对不同样本汉字的特征进行提取，完成识别，自动查找可疑字，具有前后联想等功能。

4. 文字编辑模块

文字编辑模块主要对 OCR 识别后的文字进行修改、编辑，如果系统识别认为有误，则文字会以醒目的红色或蓝色显示，并提供相似的文字供选择，选择编辑器供输出等。

三、OCR 软件识别的步骤

OCR 软件识别步骤如图 2-57 所示。

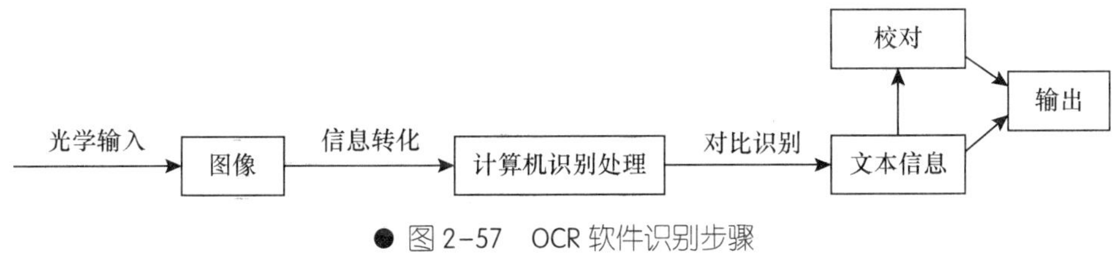

● 图 2-57 OCR 软件识别步骤

（1）文稿扫描后，刚开始出现在视窗中的要识别的文字画面很小，首先选择“放大”工具，对画面进行适当放大，以使画面看得更清楚。必要时还可以选择“缩小”工具，将画面适当缩小。

（2）如果画面需要旋转 90°、180°或 270°，可使用“旋转图像”工具旋转图像。如果文字画面倾斜，可选择“倾斜校正”工具，将画面调正。

（3）识别时选择“设定识别区域”工具，在文字画面上框出要识别的区域，这时也可根据画面情况框出多个区域。如果所框区域有误，则可使用“删除识别区域”工具，删除所选识别区域。

（4）为了提高识别率，如果所选识别区有杂点或有不能识别的图像，则可选择“擦除图像杂点”工具，将杂点一点儿一点儿地擦除。如果需要成片地擦除，则可选择“擦拭图像块”工具。

（5）单击“识别”图标，则 OCR 显示正在进行文字切分，然后转入“正在识别”画面，将识别的文字逐步显示出来。许多 OCR 软件都具有文字修改功能，被识别出可能有错误的文字，用比较鲜明的颜色显示出来，并且可以进行修改。

（6）将识别后的文件存储成文本（TXT）文件或其他格式文件。

四、OCR 技术的应用及其在档案管理中的优势

目前 OCR 软件与扫描仪的搭配已应用到信息化时代的多个领域，如数字化图书馆，识别各种报表以及银行、税务系统票据等。随着网络化、信息化的发展与普及，其应用范围将越来越广泛。

（一）OCR 技术的应用

无论是让计算机对文字进行排版输出，还是让计算机识别文字，所有这一切都是为人们的生活服务。随着信息化和数字化的发展，人们希望能将有限的时间和精力投入到更具创造性的工作中去，因而希望计算机等辅助设备能更智慧。OCR 技术与打印技术相比，它是让计算机认字的一种技术，远比打印技术复杂得多。OCR 技术的应用场景如图 2-58 所示。

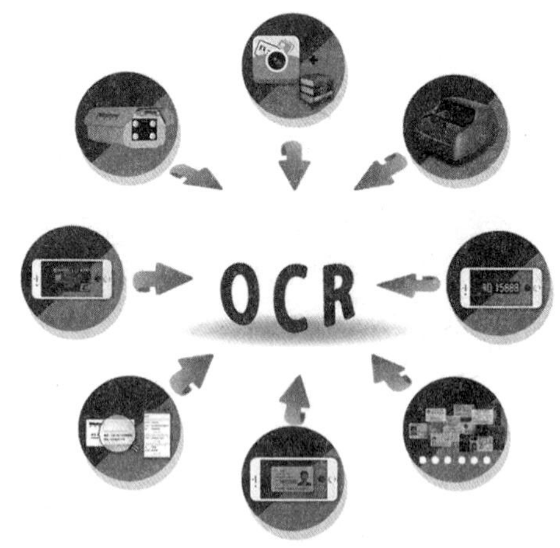

● 图 2-58 OCR 技术的应用场景

经济竞争带来更多的商务活动，每个活动中名片都是重要的工具，名片的管理产品也应运而生，名片识别管理工具同样也是以 OCR 技术为核心的产品。通过名片识别工具将名片进行扫描、识别、分类，不仅能够导入手机、平板电脑等，而且还能为名片信息进行备份，不用担心遗失。文通 e-card 就是一款优秀的名片识别管理产品，OCR 技术能把商务生活打理得有条不紊，为用户节约更多的时间。现在，几乎所有的扫描仪和一体机上都配装 OCR 软件，如惠普、紫光、爱普生、佳能、联想等扫描仪厂商。

在扫描仪市场上，许多类型的办公和家用扫描仪均配有 OCR 软件，如紫光扫描仪配备了紫光 OCR、中晶的扫描仪配备了尚书 OCR、鸿友的扫描仪配备了丹青 OCR 等。扫描仪与 OCR 软件共同承担着从文稿的输入到文字识别的全过程。文稿扫描在办公领域中经常用到，即将报纸、杂志等媒体上刊载的有关文稿通过扫描仪进行扫描，随后进

行 OCR 识别，或存储成图像文件，留待以后进行 OCR 识别，将图像文件转换成文本文件或 Word 文件进行存储。

此外，数字化信息的存储、传输不仅成本低、效率高，而且能够适应排版、网络传输等不断发展的需要。目前我国有很多历史遗留下来的图书、报纸、杂志等纸质珍品，急需将其转换成电子信息。电子图书馆的建立，也需要将图书逐页扫描，利用 OCR 软件的识别，替代了人工键入文字的工作，大大缩短了录入时间，减轻了劳动强度，节省了人力且降低了费用，提高了录入正确率。

（二）OCR 技术在档案管理中的优势

1. 创新著录标引方式

OCR 技术提供了一种新的著录方式，使档案条目通过计算机录入成为可能。工作人员可以直接从 OCR 后的全文中找到著录项（如题名、文号、责任者等），复制、粘贴到目录数据库的相应字段中去。这么做必须先扫描档案全文、OCR 处理，然后再输条目，颠覆了档案数字化工作的一般工作流程，因此可行性并不高。还有一种方法是先将档案卷内目录扫描、OCR 处理，再复制、粘贴条目，或通过特定的程序自动采集条目信息。

2. 实现真正的全文检索

全文检索实际包括两种类型：一种是仅对档案目录数据库进行检索，找到相关条目后再打开相应的档案全文，目前档案馆大多采用这种检索方式；另一种是真正的全文检索，即直接对档案全文库进行检索，而且是对档案全文进行逐字检索。很明显，后一种检索方式的查全率比前者要高出很多。后一种检索方式使用户能从浩如烟海的档案馆藏中找到更多所需信息，更深入地开发利用档案信息资源。而要实现真正的全文检索，自然离不开 OCR 技术，因为只有将扫描图像中的文字变成文本格式，才有可能对其中的文字进行逐字检索。

3. 支持双层 PDF 技术

双层 PDF 技术既能较好地保证档案的原真性，在用户需要时又能对档案中的文字进行选择、复制、搜索等处理，而这一技术的运用必须首先以 OCR 技术为支撑。

4. 拓宽档案用户利用面

将纸质档案数字化，并采用 OCR 处理，能够使档案信息资源实现全文检索、网络传输，方便用户异地检索、复制引用，从而深化用户对档案内容的查询与利用，拓宽其利用面，使档案也能成为人们日常生活中获取信息、利用信息的手段，多方面地服务于公众。

项目小结

本项目主要介绍了 OCR 技术的相关内容，主要包括 OCR 的定义、发展过程，中文

OCR 的发展过程，OCR 软件的组成及识别步骤，OCR 技术的应用等。

知识巩固

（1）简述 OCR 技术的定义及发展历程。

（2）OCR 软件的组成包括哪些？

（3）简述 OCR 软件识别的步骤。

（4）列举目前 OCR 技术的应用场景。

第三篇
快递网络传输技术

• 项目一　计算机网络知识 •

知识目标

◇ 掌握网络技术基础知识。

◇ 理解网络安全知识。

◇ 初步掌握局域网的构建。

◇ 了解当前快递企业的信息传输现状和发展趋势。

技能目标

◇ 学会构建快递企业局域网建设。

◇ 能够维护快递企业网络。

任务一　计算机技术基础

一、计算机的概念和系统组成

（一）计算机的概念

根据计算机在当代社会给人们提供的服务来看，可以这样定义计算机：计算机是一种能够自动高速而精确地进行信息处理的现代化的电子设备。它是一种具有计算能力和逻辑判断能力的机器。由于计算机可以进行自动控制并具有记忆能力，还可以像人脑一样具有逻辑判断能力，所以，计算机又称为电脑。

（二）计算机系统的组成

计算机系统是由硬件系统和软件系统两大部分组成的。

1. 计算机硬件系统

计算机硬件系统的组成如图 3-1 所示。

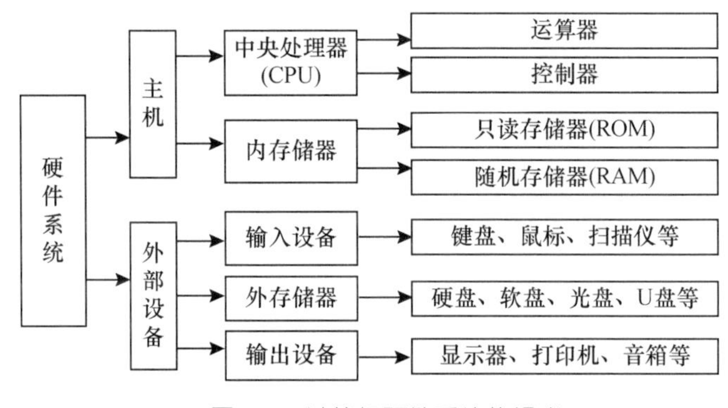

● 图 3-1 计算机硬件系统的组成

计算机硬件通常是指构成计算机的设备实体。一台计算机的硬件系统应由 5 个部分组成：运算器、控制器、存储器、输入和输出设备。现代计算机还包括中央处理器和总线设备。这 5 个部分通过系统总线完成指令所传达的操作，当计算机在接受指令后，由控制器指挥，将数据从输入设备传送到存储器存放，再由控制器将需要参加运算的数据传送到运算器，由运算器进行处理，处理后的结果由输出设备输出。

（1）中央处理单元（Central Processing Unit，CPU）又称中央处理器。CPU 由控制器、运算器和寄存器组成，通常集中在一块芯片上，是计算机系统的核心设备。计算机以 CPU 为中心，输入和输出设备与存储器之间的数据传输和处理都通过 CPU 来控制执行。微型计算机的中央处理器又称为微处理器。

（2）控制器是对输入的指令进行分析，并统一控制计算机的各个部件完成一定任务的部件。它一般由指令寄存器、状态寄存器、指令译码器、时序电路和控制电路组成。计算机的工作方式是执行程序，程序就是为完成某一任务所编制的特定指令序列，各种指令操作按一定的时间关系有序安排，控制器产生各种最基本的不可再分的微操作的命令信号，即微命令，以指挥整个计算机有条不紊地工作。当计算机执行程序时，控制器首先从指令寄存器中取得指令的地址，并将下一条指令的地址存入指令寄存器中，然后从存储器中取出指令，由指令译码器对指令进行译码后产生控制信号，用以驱动相应的硬件完成指令操作。简言之，控制器就是协调指挥计算机各部件工作的元件，它的基本任务就是根据各类指令的需要综合有关的逻辑条件与时间条件产生相应的微命令。

（3）运算器又称算术逻辑单元（Arithmetic Logic Unit，ALU）。运算器的主要任务是执行各种算术运算和逻辑运算。算术运算是指各种数值运算，如加、减、乘、除等。逻辑运算是进行逻辑判断的非数值运算，如与、或、非、比较、移位等。计算机所完成的全部运算都是在运算器中进行的，根据指令规定的寻址方式，运算器从存储器或寄存器中取得操作数，进行计算后，送回到指令所指定的寄存器中。运算器的核心部件是加法器和若干个寄存器，加法器用于运算，寄存器用于存储参加运算的各种数据以及运算后的结果。

（4）存储器分为内存储器（简称内存或主存）、外存储器（简称外存或辅存）。外存储器一般也可作为输入/输出设备。计算机把要执行的程序和数据存入内存中，内存一般由半导体存储器构成。半导体存储器可分为随机存储器、只读存储器、特殊存储器三大类。

随机存储器（Random Access Memory，RAM）的特点是可以读写，存取任一单元所需的时间相同，通电时存储器内的内容可以保持，断电后，存储的内容立即消失。RAM 可分为动态随机存储器（Dynamic RAM，DRAM）和静态随机存储器（Static RAM，SRAM）两大类。DRAM 是用 MOS 电路和电容来作存储元件的。由于电容会放电，所以需要定时充电以维持存储内容的正确，如互隔 2 ms 刷新一次，因此称为动态随机存储器。SRAM 是用双极型电路或 MOS 电路的触发器来作存储元件的，它没有电容放电造成的刷新问题。只要有电源正常供电，触发器就能稳定地存储数据。DRAM 的特点是集成密度高，主要用于大容量存储器。SRAM 的特点是存取速度快，主要用于调整缓冲存储器。

只读存储器（Read Only Memory，ROM）只能读出原有的内容，不能由用户再写入新内容。原来存储的内容是由厂家一次性写入的，并永久保存。ROM 可分为可编程（Programmable）ROM、可擦除可编程（Erasable Programmable）ROM、电擦除可编程（Electrically Erasable Programmable）ROM。EPROM 存储的内容可以通过紫外线照射来擦除，它的内容可以反复更改。

特殊存储器包括电荷耦合存储器、磁泡存储器、电子束存储器等，它们多用于特殊领域内的信息存储。

描述存储容量的常用单位有以下几种。

1）位/比特（bit）。它是内存中最小的单位，二进制数序列中的 1 个“0”或 1 个“1”就是 1 个比特，在计算机中，1 个比特对应着 1 个晶体管。

2）字节（B、Byte）。它是计算机中最常用、最基本的存储单位。1 个字节等于 8 个比特，即 1 Byte = 8 bit。

3）千字节（KB、Kilo Byte）。计算机的内存容量都很大，一般都是以千字节作单位来表示。1 KB=1 024 Byte。

4）兆字节（MB、Mega Byte）。20 世纪 90 年代流行微机的硬盘和内存等一般都是以兆字节（MB）为单位。1 MB=1 024 KB。

5）吉字节（GB、Giga Byte）。目前市场流行的微机的硬盘已经达到 430 GB、640 GB、810 GB 等规格。1 GB=1 024 MB。

6）太字节（TB、Tera byte）。1 TB=1 024 GB。

最近有了 PB 这个概念，1 PB=1 024 TB。

（5）输入设备是用来接收用户输入的原始数据和程序，并将它们变为计算机能识别的二进制收存入到内存中。常用的输入设备有键盘、鼠标、扫描仪、光笔等。

（6）输出设备用于将存入在内存中的由计算机处理的结果转变为人们能接受的形式输出。常用的输出设备有显示器、打印机、绘图仪等。

2. 计算机软件系统

用户可以通过操作系统给计算机布置工作，操作系统也可以把计算机的工作结果告诉用户。可是操作系统的功能也不是无限的，实际上计算机的很多功能是靠多种应用软件来实现的。操作系统一般只负责管理好计算机，使它能正常工作。而众多的应用软件才充分发挥了计算机的作用。但这些应用软件都是建立在操作系统上的，一般情况下，某一种软件都是为特定的操作系统而设计的，因为这些软件不能直接和计算机交换信息，需要通过操作系统来传递信息，所以掌握软件系统组成也是非常关键的。计算机软件系统组成如图 3-2 所示。

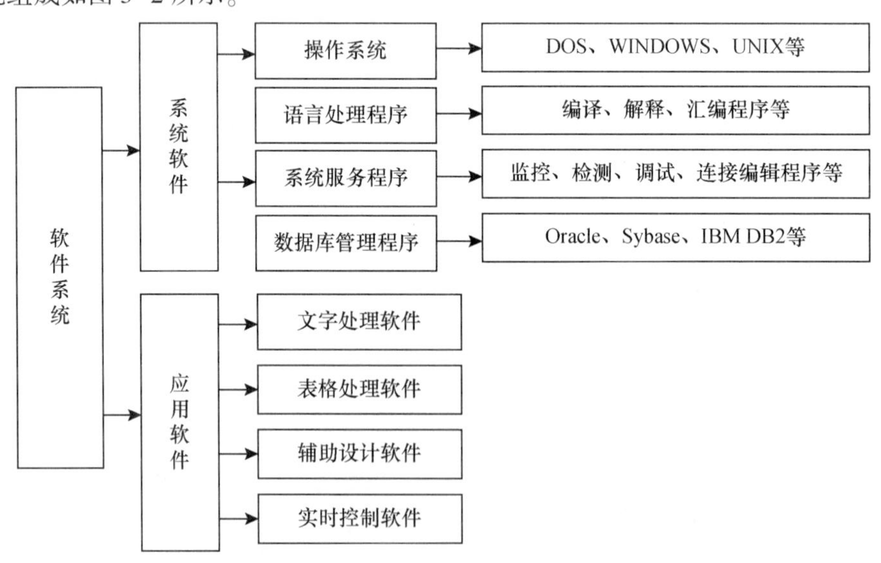

● 图 3-2　计算机软件系统组成

硬件就是人们能看见的东西，如主机、显示器、键盘、鼠标等，而软件是人们看不见的，存在于计算机内部的。硬件就好比人类躯体，而软件就好比人类的思想，没有躯体，思想是无法存在的。一个正常人要完成一项工作，都是躯体在思想的支配下完成的。计算机和其类似，没有主机等硬件，软件是无法存在的；而一个没有软件的计算机也只是一堆废铁。

二、计算机的工作原理

计算机在运行时，先从内存中取出第一条指令，通过控制器的译码，按指令的要求，从存储器中取出数据进行指定的运算和逻辑操作等加工，然后再按地址把结果送到内存中去。接下来，再取出第二条指令，在控制器的指挥下完成规定操作。依此进行下去。直至遇到停止指令。

程序与数据一样存取，按程序编排的顺序一步一步地取出指令，自动地完成指令规定的操作是计算机最基本的工作原理，如图 3-3 所示。这一原理最初是由美籍匈牙利数学家冯·诺依曼于 1945 年提出来的，故称为冯·诺依曼原理。

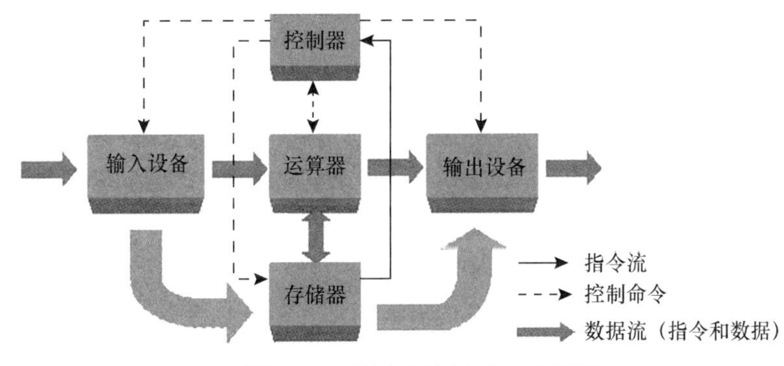

● 图 3-3 计算机最基本的工作原理

三、计算机技术的主要应用

计算机技术是信息时代的基础，在政治、经济、军事及社会的各个领域都有广泛的使用，快递行业更是离不开计算机技术。计算机的主要应用归纳如下。

1. 科学计算

科学计算是计算机应用的传统领域，是指利用计算机来解决科学研究和工程技术中设计到的数学问题。利用计算机的高速运算、大存储容量和连续运算的特点，可以解决人工无法解决的各类科学计算问题。

2. 信息处理

信息处理主要是指非数值形式的数据处理，包括对资料数据的收集、存储、加工、分类、排序、检索和发布等工作。信息处理包括了办公自动化（OA）、企业管理、情报检索等，其特点是要处理的原始数据量大，而运算比较简单，结果要求以表格或文件的形式存储和输出。据统计，全世界计算机用于信息处理的工作量占全部计算机应用的80%以上，大大提高了工作效率和管理水平。

3. 过程控制

过程控制是对操作数据进行实时采集、检测、处理和判断，按照最佳值进行调整的过程。利用计算机进行过程控制，不仅可以大大提高自动化水平，而且可以提高控制的及时性和准确性，从而改善劳动条件、提高产品质量。过程控制在快递行业也是无处不在的，在快递行业的分拣、转包、运输过程中等环节均发挥着重要作用。

4. 辅助工程

计算机辅助工程技术包括计算机辅助设计（CAD）、计算机辅助制造（CAM）、计算机辅助教学（CAI）等。其中CAD和CAM技术集成，可以实现生产的自动化，这种技术被称作计算机集成制造系统（CIMS）。

5. 人工智能

人工智能是指利用计算机模拟人类的智能活动，如感知、判断、理解、问题求解和图像识别等。人工智能的主要任务是建立智能信息处理理论，进而设计出可以展现某些近似人类的智能行为的计算机系统。一些领域的人工智能已经走向实用阶段，如具有一定思维能力的智能机器人、智能自动驾驶汽车等。

6. 多媒体技术的应用

随着计算机技术和通信技术的发展，人们把文本、图形、图像、音频、视频等媒体综合起来，构成多媒体，广泛地应用于教育、医疗、商业、军事、工业、快递等各种领域。

任务二　计算机网络技术

快递信息网络是指在快递领域综合应用现代计算机技术和通信技术，将分布在现代快递网络中各个快递子系统的快递信息系统进行互连，形成一个功能完善的大型信息网络系统，最终达到快递信息资源的充分开发和普遍分享，以实现降低快递成本、提高快递效率的目标。想更好地掌握快递信息网络的体系结构必须先了解计算机网络技术。

一、计算机网络概述

（一）计算机网络的定义

计算机网络简单地说就是通过通信线路连接起来的计算机的集合。它包含以下 3 个方面的含义。

（1）必须有两台或两台以上、具有独立功能的计算机系统相互连接起来，以达到共享资源为目的。

（2）计算机相互通信交换信息，必须有一条通道。这条通道的连接是物理的，由物理介质来实现（如铜线、光纤、微波、卫星）。

（3）计算机系统之间的信息交换，必须遵守某种约定和规则。

因此，计算机网络定义为：把分布在不同地点，并具有独立功能的计算机系统通过通信设备和线路连接起来，在功能完善的网络软件和协议的管理下，以实现网络中资源共享为目标的系统。

（二）计算机网络的基本组成

1. 网络硬件系统

（1）主计算机。主计算机即计算机服务器，简称主机，根据在网络上所提供的服务不同可将其划分为：文件服务器、打印服务器、通信服务器等。在一般的局域网内，主机通常称作服务器，是为客户提供各种服务的计算机，因此技术指标要求比较高，特别是主、辅存储容量以及处理速度要高于普通机器。

（2）网络终端。网络终端是用户访问网络的界面，它可以通过主机联入网内，也可以通过通信控制处理机联入网内。

（3）网络客户机。网络客户机是网络数据主要的发生场所和使用场所，用户主要是通过工作站来利用网络资源并完成自己的作业的。所以除服务器之外，网络上的其他计算机均称为网络客户机或工作站。

（4）网络通信处理器。通信处理器一方面将主机和终端连入网内，并且作为资源子网的主机、终端连接的接口；另一方面又作为通信子网中分组存储转发结点，完成分组的接收、校验、存储和转发等功能。

（5）网络线路。网络线路（链路）为通信处理机与主机之间提供通信信道。

（6）信息变换设备。信息变换设备是对信号进行变换的设备，包括调制解调器、无线通信接收和发送器、用于光纤通信的编码解码器等。

2. 网络软件系统

（1）网络操作系统。网络操作系统是网络软件中最主要的软件，用于实现不同主机之间的用户通信，以及全网硬件和软件资源的共享，并向用户提供统一的、方便的网

络接口，便于用户使用网络。目前网络操作系统有三大阵营：UNIX、NetWare 和 Windows。目前我国广泛使用的是 Windows 网络操作系统。

（2）网络协议软件。网络协议是网络通信的数据传输规范，网络协议软件是用于实现网络协议功能的软件。目前典型的网络协议软件有传输控制/网际协议（TCP/IP 协议）、分组交换/顺序分组交换（IPX/SPX）协议、IEEE802 标准协议等。其中，TCP/IP 是当前网络互联应用最为广泛的网络协议软件。

（3）网络管理软件。网络管理软件是用来对网络资源进行管理以及对网络进行维护的软件，如性能管理、配置管理、故障管理、计费管理、安全管理、网络运行状态监视和统计等。

（4）网络通信软件。网络通信软件是用于实现网络中各种设备之间通信的软件，使用户能够在不必详细了解通信控制规程的情况下，控制应用程序与多个工作站进行通信，并对大量的通信数据进行加工和管理。

（5）网络应用软件。网络应用软件是为网络用户提供服务的，它研究的重点不是网络中各个独立的计算机本身的功能，而是如何实现网络特有的功能。

（三）计算机网络的拓扑结构

拓扑就是几何图形，拓扑首先将实体抽象成与其大小、形状无关的点，将连接实体的线路抽象成线，进而研究点、线、面之间的关系，即拓扑结构。

在计算机网络中，把服务器、工作站等网络单元抽象为“点”，把网络中的电缆、双绞线等传输介质抽象为“线”。

计算机中网络的拓扑结构就是指计算机网络中的通信线路和节点相互连接的几何排列方式和模式。拓扑结构影响着整个网络的设计、功能、可靠性和通信费用等，是决定局域网性能优劣的重要因素之一。

计算机网络的拓扑结构主要有：总线型拓扑结构、星型拓扑结构、树型拓扑结构、环型拓扑结构、网状拓扑结构。

1. 总线型拓扑结构

总线型拓扑结构是指所有节点共享一根传输总线，所有的工作站点都通过硬件结构连接在这根传输线上，如图 3-4 所示。

总线型拓扑结构的优点是结构简单，价格低廉，安装使用方便。缺点是故障诊断和隔离比较困难。

2. 星型拓扑结构

星型拓扑结构是符合令牌协议的高速局域网络。它是以中央节点为中心，把若干外围的结点连接起来的辐射式互联结构，如图 3-5 所示。

星型拓扑结构的优点是单点故障不影响全网，结构比较简单；增删节点及维护管理

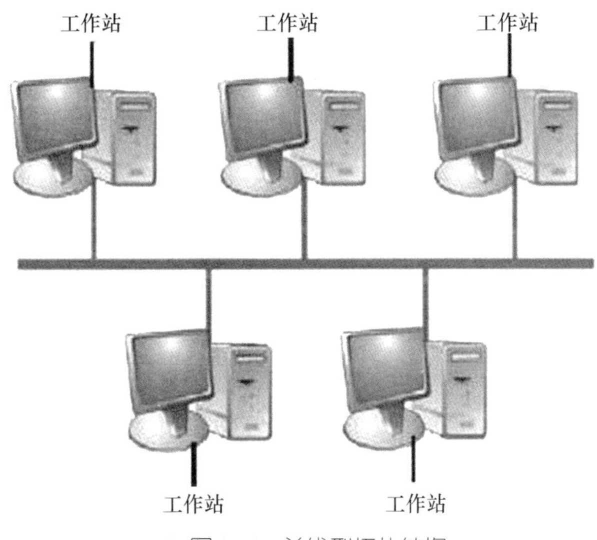

● 图 3-4　总线型拓扑结构

容易；故障隔离和检测容易，延迟时间较短。缺点是成本高，资源利用效率低；网络性能过于依赖中心节点。

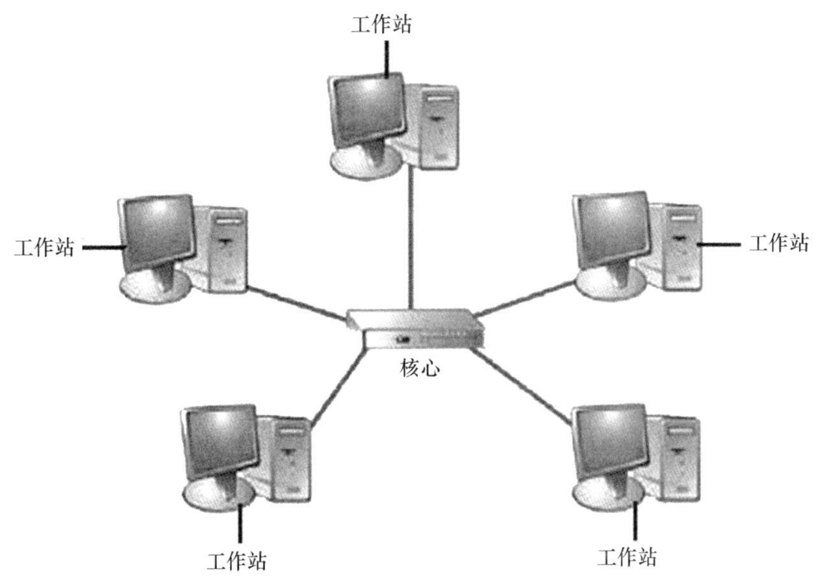

● 图 3-5　星型拓扑结构

3. 树型拓扑结构

树型拓扑结构是星型拓扑结构的拓展，它由根节点和分支节点所构成，如图 3-6 所示。

树型拓扑结构的优点是结构比较简单，成本低，扩充节点灵活方便。缺点是对根节点的依赖性太大。

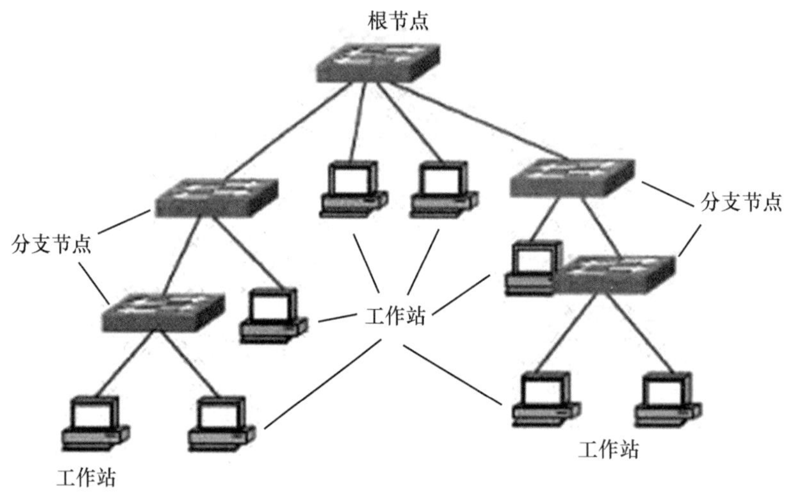

● 图 3-6　树型拓扑结构

4. 环型拓扑结构

环型拓扑结构将所有的网络节点通过点到点通信线路连接形成闭合的环路，数据将沿着一个方向逐站传送，每个节点的地位和作用相同，且每个节点都能获得执行控制权，环型拓扑结构的显著特点是每个节点都与两个相邻的节点用户相连，如图 3-7 所示。

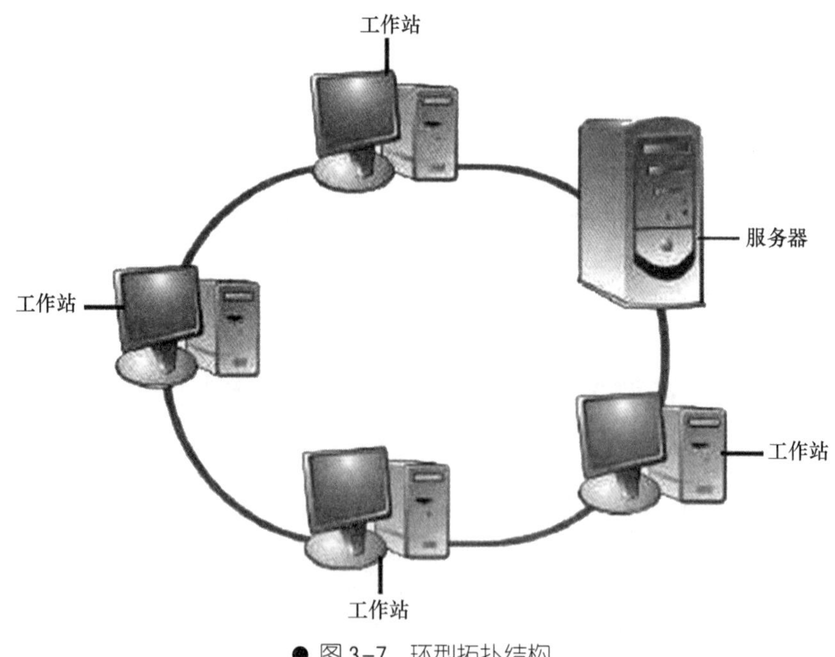

● 图 3-7　环型拓扑结构

环型拓扑结构的优点是简化路径选择控制，传输延迟固定，实施性强，可靠性高。缺点是节点过多时影响传输效率；环的某处断开会导致整个系统的失效，节点的加入和撤出过程复杂。

5. 网状拓扑结构

网状拓扑结构中的所有节点之间的连接是任意的，没有规律，如图 3-8 所示。实际存在与使用的广域网基本上都采用网状拓扑结构。

网状拓扑结构的优点是具有较高的可靠性；某一线路或节点故障时，不会影响整个网络的工作。缺点是结构复杂，需要路由选择和流控制功能，网络控制软件复杂，硬件成本较高，不易管理和维护。

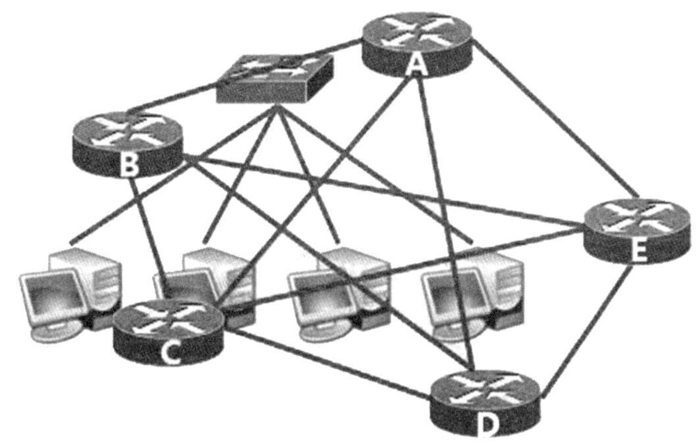

● 图 3-8　网状拓扑结构

二、计算机网络的体系结构

（一）计算机网络体系结构的概念

为了完成计算机之间的通信合作，把每台计算机互连应该实现的功能划分成有明确定义的层次，并规定在同一层次的进程通信的协议和相邻层次之间的接口及服务，通常把计算机网络层次模型和各层协议的集合定义为计算机网络体系结构（Network Architecture）。

计算机网络体系结构是系统、实体、层次、协议的集合，系统是计算机网络所构成的系统，通常是一个或多个实体的具有信息处理和通信功能的整体；实体是在网络分层体系结构中，每层都由一些实体组成，在一个计算机系统中，能完成某一特定功能的进程或程序都可以称为一个逻辑实体；层次是人们对复杂问题的一种处理方法，通常将系统中能提供某种或某一类型服务的逻辑构造称为层。

（二）计算机网络协议与参考模型

如同人与人之间的交流需要依赖语言、表情动作等各种交流方式和手段，计算机之间要实现通信必须依靠网络协议。网络协议（Network Protocol）是为了屏蔽网络中计算

机硬件和软件存在的各种差异，保证相互通信及双方能够正确地接收信息而事先建立的规则标准和约定。

网络协议有 3 个要素：语法、语义、同步。语法用来规定传输信息的格式，语义用来确定通信双方通信的内容，同步则是详细说明通信过程中各事件的先后顺序。在连接网络时必须选择正确的网络协议，以保证不同的连接方式和操作系统的计算机之间可以进行数据传输。为了实现不同计算机系统之间以及异构网络之间的数据通信，就必须遵循相同的网络体系结构模型。常用的有开发系统互连（OSI）参考模型和 TCP/IP 参考模型两种。

1. OSI 参考模型

国际标准化组织（ISO）在 1985 年推出了开发系统互连（Open Sytem Interconnection，OSI）参考模型。OSI 参考模型定义了开放系统的层次结构、层次之间的相互关系及各层所包含的服务。它作为一个框架来协调和组织各层协议的制定，也是对网络内部结构最精炼的概括与描述。根据分而治之的原则，OSI 参考模型将整个通信功能划分为 7 个层次，由上而下分别是应用层、表示层、会话层、传输层、网络层、数据链路层及物理层，如图 3-9 所示。

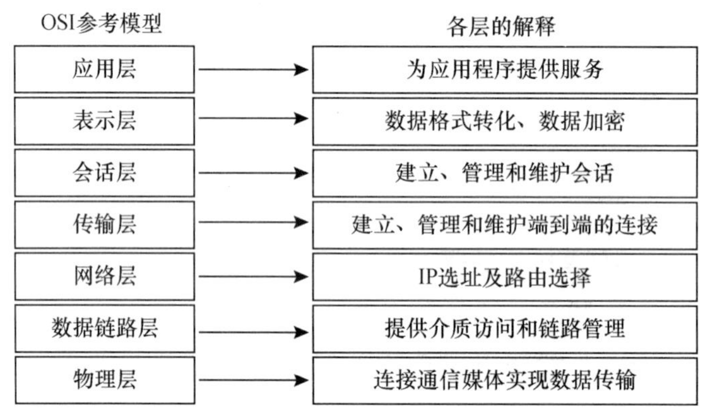

● 图 3-9　OSI 参考模型

根据网络中各层的功能不同，可以将计算机网络分为通信子网和资源子网。网络层、数据链路层和物理层可做传输控制层，负责有关通信子网的工作，解决网络中硬件设备的通信问题；应用层、表示层和会话层为应用控制层，负责有关资源子网的工作，解决应用进程的通信问题；传输层为通信子网和资源子网的接口，负责将上层数据分段并提供端到端的传输。OSI 参考模型的最高层为应用层，面向用户提供所需的应用服务；最底层为物理层，连接通信媒体实现数据传输。层与层之间的通信是通过各层之间的接口来进行的。上层通过接口向下层发送服务请求，而下层通过接口向上层提供服务。

2. TCP/IP 参考模型

传输控制/网际协议（Transfer Control Protocol/Internet Protocol，TCP/IP）又称网络通信协议，它是因特网的基础。TCP/IP 包含上百个各种功能的协议，如远程登录、文件传输和电子邮件等，其中 TCP 和 IP 是保证数据完整传输的两个重要协议，因此被称作 TCP/IP 协议簇。

TCP/IP 参考模型可以分为五层或四层，如果分为四层，各层依次称为：应用层、传输层、网络层和网络接口层。TCP/IP 参考模型是为 TCP/IP 量身定制的。TCP/IP 参考模型的应用层与 OSI 参考模型上 3 层功能（应用层、表示层和会话层）相似，它向用户提供一组常用的应用程序；传输层提供应用程序间的通信；网络层负责相邻计算机之间的互连通信；网络接口层是 TCP/IP 参考模型的最底层，负责接收 IP 数据包并通过网络进行发送，或者从网络接口层接受物理帧，去掉帧头和帧尾，剥离出 IP 数据包再交给网络层。图 3-10 所示为 OSI 参考模型与 TCP/IP 参考模型各层对应关系。

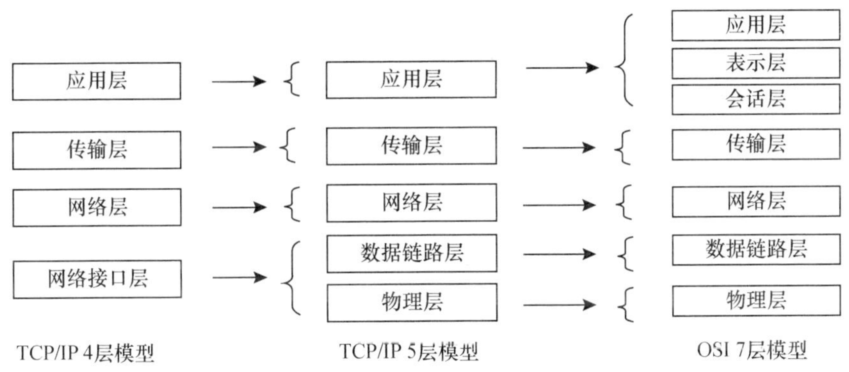

● 图 3-10　OSI 参考模型与 TCP/IP 参考模型各层对应关系

（三）计算机网络的组建模式

组建计算机网络通常采用 3 种模式：对等网模式、客户机/服务器（Client/Server，C/S）模式、浏览器/服务器（Browser/Server，B/S）模式。

1. 对等网模式

对等网络，即对等计算机网络，是一种在对等者（Peer）之间分配任务和工作负载的分布式应用架构，是对等计算模型在应用层形成的一种组网或网络形式。可以定义为：网络的参与者共享它们所拥有的一部分硬件资源，这些共享资源通过网络提供服务和内容，能被其他对等者（Peer）直接访问而无须经过中间实体。在此网络中的参与者既是资源、服务和内容的提供者（Server），又是资源、服务和内容的获取者（Client）。

在 P2P 网络环境中，彼此连接的多台计算机之间都处于对等的地位，各台计算机有相同的功能，无主从之分，一台计算机既可作为服务器，设定共享资源供网络中其他

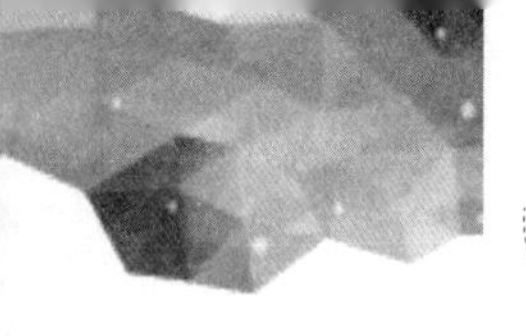

计算机所使用，又可以作为工作站，整个网络一般来说不依赖专用的集中服务器，也没有专用的工作站。网络中的每一台计算机既能充当网络服务的请求者，又对其他计算机的请求做出响应，提供资源、服务和内容。这些资源和服务包括：信息的共享和交换、计算资源（如 CPU 计算能力）共享、存储共享（如缓存和磁盘空间的使用）、网络共享、打印机共享等。

2. C/S 模式

C/S 模式又称 C/S 结构，如图 3-11 所示，是 20 世纪 80 年代末逐步发展起来的一种模式，是软件系统体系结构的一种。C/S 结构的关键在于功能的分布，一些功能放在前端机（即客户机）上执行，另一些功能放在后端机（即服务器）上执行。功能的分布在于减少计算机系统的各种瓶颈问题。C/S 模式简单地讲就是基于企业内部网络的应用系统。服务器通常采用高性能的计算机、工作站或小型机，并采用大型数据库系统，如 Oracle、Sybase、Informix 或 SQL Server。客户端需要安装专用的客户端软件。传统的 C/S 体系结构虽然采用的是开放模式，但这只是系统开发一级的开放性，在特定的应用中无论是客户机端还是服务器端都还需要特定的软件支持。由于没能提供用户真正期望的开放环境，C/S 结构的软件需要针对不同的操作系统开发不同版本的软件，加之产品的更新换代十分快，已经很难适应百台计算机以上的局域网用户同时使用。

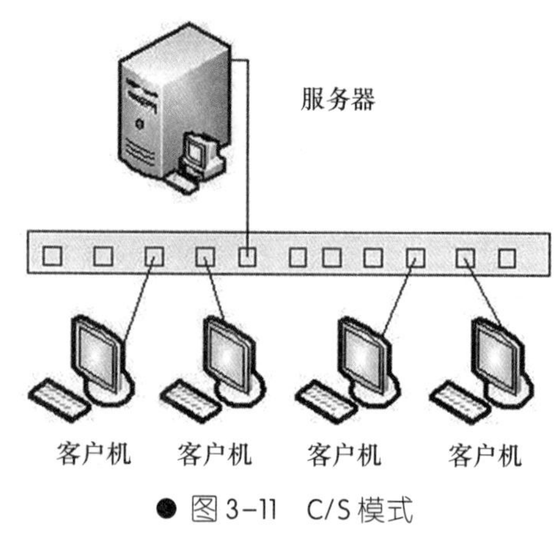

● 图 3-11　C/S 模式

3. B/S 模式

B/S 模式如图 3-12 所示，它是随着因特网技术的兴起，对 C/S 架构的一种变化或者改进的架构。在这种架构下，用户工作界面通过 WWW 浏览器来实现，极少部分事务

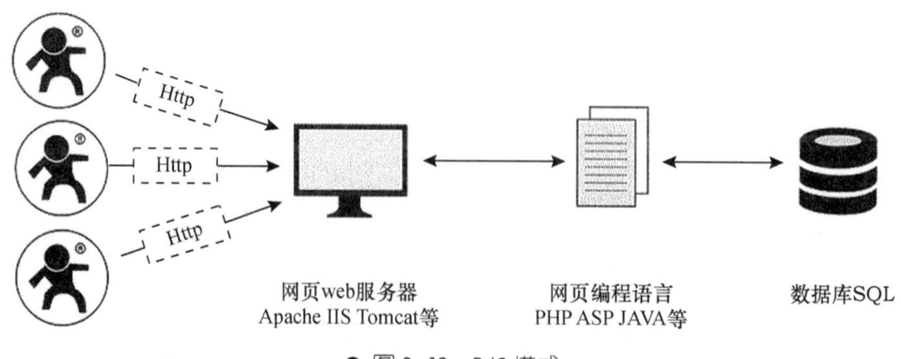

● 图 3-12　B/S 模式

逻辑在浏览器端（Browser）实现，主要事务逻辑在服务器端（Server）实现，形成所谓三层结构。B/S 架构是网络兴起后的一种网络架构模式，网络浏览器是客户端最主要的应用软件。这种模式统一了客户端，将系统功能实现的核心部分集中到服务器上，简化了系统的开发、维护和使用。客户机上只要安装一个浏览器（Browser），如 Netscape Navigator 或 Internet Explorer，服务器安装 Oracle、Sybase、Informix 或 SQL Server 等数据库，浏览器通过网页服务器同数据库进行数据交互，这样就大大简化了客户端计算机载荷，减轻了系统维护与升级的成本和工作量，降低了用户的总体成本。

三、计算机网络的应用

计算机网络主要应用在快递企业的企业信息网络中。企业信息网络是指专门用于企业内部信息管理的计算机网络，它为快递企业所用，覆盖企业生产经营管理的各个部门，在整个企业范围内提供硬件、软件和信息资源的共享。

根据企业经营管理的地理分布状况，企业信息网络既可以是局域网，也可以是广域网，既可以在近距离范围内自行铺设网络传输介质，也可以在远程区域内利用公共通信传输介质，它是企业管理信息系统的重要技术基础。

在企业信息网络中，业务职能的信息管理功能是由作为网络工作站的微型计算机提供的，进行日常业务数据的采集和处理，而网络的控制中心和数据共享与管理中心由网络服务器或一台功能较强的中心主机实现，对于分布于广泛区域的分公司、办事处、库房等异地业务部门，可根据其业务管理的规模和信息处理的特点，通过远程仿真终端、网络远程工作站或局域网远程互连实现彼此间的互联。

目前，企业信息网络已成为快递企业的重要特征和实现有效管理的基础，通过企业信息网络，企业可以摆脱地理位置所带来的不便，对广泛分布于各地的业务进行及时、统一的管理与控制，并实现全企业范围内的信息共享，从而大大提高企业在全球化市场中的竞争能力。

项目小结

本项目主要介绍了计算机网络的相关知识，主要包括计算机的概念和系统组成，计算机的工作原理，计算机网络的定义、基本组成及拓扑结构，计算机网络参考模型及组建模式。

知识巩固

（1）计算机的硬件系统和软件系统各包括哪些内容？

（2）计算机的工作原理是什么？

（3）简述计算机网络的定义。

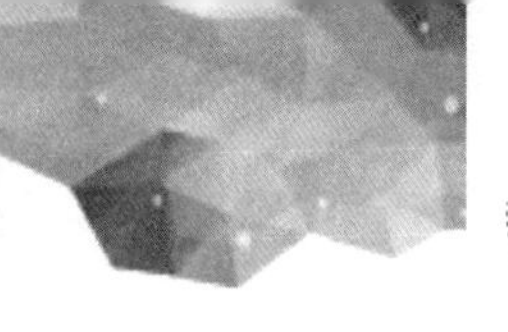

（4）计算机网络拓扑结构有哪些？

（5）简述 OSI 的七层模型。

实训任务　无线局域网的组建

实训目的

（1）了解无线局域网常用的网络设备。

（2）掌握无线路由器的设置。

（3）掌握 3 台以上计算机组建无线局域网的方法。

实训参考

（1）对无线路由器进行安装和设置。

1）设置安装无线网卡计算机的 IP 地址。

2）设置无线网络的基本参数。

3）WAN 口设置。

（2）3 台计算机通过无线 AP 方式组建无线局域网。

1）在客户端计算机上双击无线网卡，即可看到当前所有可用的无线网络。

2）设置网络连接界面。

3）设置客户端 IP 地址。

4）验证网络的连通性。

（3）撰写实训报告：由学生自己完成。

（4）制作 PPT 并汇报：由学生自己完成。

实训要求

（1）某快递公司，有 3 台计算机，为加强信息管理，要组建一无线局域网，达到资源共享。

（2）撰写实训报告，制作 PPT 并汇报。

实训准备

（1）教师准备实训任务书，讲清楚该任务实施的目标和知识要点。

（2）实训中心准备实训设备，每组设备包括 TP-LINK 无线路由器 1 台、USB 无线网卡 1 块、计算机 3 台、网线若干。

(3) 对学生分组，5 人一组，设组长一名。

实训考核

实训考核表

考核事项	评价标准	分值	分值比例			
			自评（10%）	小组（10%）	教师（80%）	小计
报告格式和内容	规范完整程度	50				
实训过程反馈	独立实践完成	50				
合计		100				
评语（主要是建议）						

• 项目二　移动通信技术 •

知识目标

◇ 熟悉移动通信的现状。

◇ 掌握移动通信的概念及特点。

◇ 掌握常用的移动通信系统。

◇ 掌握移动通信网络。

◇ 熟悉各移动通信技术在快递中的具体应用。

技能目标

◇ 常用移动通信系统的应用。

◇ 会使用移动“巴枪”。

◇ 在快递中会灵活运用应用移动通信技术。

导入案例

中国移动的现状

近年来中国移动围绕“移动改变生活”的愿景，致力于推动移动通信先进技术在中国的应用和发展，努力为提升经济社会信息化和人民群众生产生活水平贡献力量。

一是第四代移动通信技术（4G）发展全面提速。中国移动已建成全球规模最大的 4G 网络，4G 基站达 110 万个，覆盖人口超过 12 亿，与 114 个国家和地区开通了 4G 漫游服务。短短两年内中国移动 4G 用户数已超过 3.4 亿，用户渗透率超过 40%，其中仅 2015 年就发展了 2.2 亿用户，平均每分钟增加 400 多个 4G 用户，创造了 4G 发展的中国速度。

二是转型发展成效显现。面对语音、短信业务加速下滑的压力，中国移动加快向流量经营和数字化服务转型，通过创新经营模式、提供特色应用，流量业务普及率达到 80%，2015 年流量增长 150%，是收入增长的主要驱动力。与此同时，中国移动建立了面向移动互联网、物联网、企业信息化等领域的专业化运营体系，数字化服务快速发展，数字新媒体领域合作伙伴达到 6 000 家，相关从业人员超过百万人；软件应用商店已接入超过 10 万个开发者；物联网连接规模超过 6 000 万，其能力开放平台接入的合作伙伴超过 800 家。

三是通信服务日益普及。中国移动不断扩大通信网络覆盖范围，大力推进网络提速降费，移动通信基站总数达到 266 万个，营销渠道遍布城乡各地，服务着全国超过 8 亿的用户。通过降低移动流量价格，扩大了手机上网的用户规模，使更多人通过互联网开展创业创新活动。同时，中国移动持续改善偏远地区移动通信和宽带上网服务，截至 2015 年年底，中国移动村村通工程累计投资约 450 亿元，农村地区移动覆盖率达到 99. 5%，能够使用中国移动宽带上网的农村比例超过 70%。

信息通信技术业务加速融合创新，互联网正在深刻改变经济社会的发展形态。随着移动互联网的发展，宽带移动通信技术已经渗透到百姓生活的方方面面，为人们展示出移动通信社会的美好未来。

任务一 移动通信基础认知

随着信息社会的到来，人们对通信的需求越来越高。那么如何实现随时随处地联系与信息沟通呢？移动通信无疑是解决该问题的最佳方式，实现通信的终极目标，即个人通信——任何人（Whoever）在任何时候（Whenever）都可以与世界上任何地方（Wherever）的任何人（Whomever）进行任何形式（Whatever）的通信，即 5 个 W。

一、移动通信的概念

什么是移动通信？比较传统的移动通信定义为：用无线通信技术来完成移动终端之间或移动终端与固定终端之间的信息传送。国内通信教材大都定义为：移动通信是指通信的双方，至少有一方是在移动中进行信息的传输和交换，包括固定点与移动体（车辆、船舶、飞机）之间、移动体与移动体之间通信。移动通信不受时间和空间的限制，其信息交流机动、灵活、迅速、可靠，是达到人类通信的最高目标——个人通信的必经阶段。

移动通信技术是一门融合了当代微电子技术、计算机技术、无线通信技术、有线通信技术及交换和网络技术的综合性技术。移动通信的主要目标是解决因为人或者设备的移动性而产生的信息传输与交换的问题，其通信的内容不仅包括语音的通信，还包括数据、图像、视频等的通信。移动通信含义的关键点就在于“动中通”，它的突出特点是移动性，主要表现在终端的移动性、业务的移动性及个人身份的移动性上。

二、移动通信的特点

移动通信属于无线通信，通信终端设备是移动的，至少打电话或接电话的一方是在移动中的，传输信号以电磁波的形式在空中传输，传输线路也不再固定。手机已成为人们生活的一部分。我国目前拥有全世界最多的移动用户，拥有覆盖范围最广、最大的移动通信网，手机产量约占全球的1/3，是名副其实的手机生产大国。

和其他通信方式相比，移动通信具有自身的特点。

1. 通信的移动性

通信的移动性就是要保持物体在运动状态中的通信，即“动中通”，因而它必须是无线通信与有线通信的结合。与固定系统相比，由于移动通信中用户终端的移动性，因此无论是业务量还是信令流量或其他一些网络特性参数，移动通信都具有较强的流动性、突发性和随机性。这些特性决定了移动通信系统设计与实际情况在话务模型、信令流量等方面一般存在较大的差异，当网络运行以后，运营者需要对网络的各种结构、配置和参数进行调整，以使网络更合理地工作。

2. 电波传播环境恶劣

在移动通信特别是陆地移动通信中，移动台的不断运动导致接收信号强度和相位随时间、地点变化而不断变化，电波传播条件十分恶劣。

任务二　常用移动通信系统

一、第二代移动通信系统

（一）全球移动通信系统

全球移动通信系统（Global System for Mobile Communications，GSM）是由欧洲电信标准组织制定的移动通信标准，它的空中接口采用时分多址技术。GSM是泛欧的第二代数字移动通信系统，中国具有世界上最大的GSM网络，中国两大移动业务的提供商——中国移动和中国联通都拥有GSM网络。全球超过200个国家和地区使用GSM网络，是目前服务人数最多的网络。

1992年，原邮电部批准建设了浙江嘉兴地区GSM试验网。1993年9月，嘉兴GSM网正式向公众开放使用，成为中国第一个数字移动通信网。1994年，在中国电信改革中诞生的中国联通公司考虑到产品的成熟性［当时全球已有50个GSM网在运营，而技术优势更强的码分多址（CDMA）没有商用］和市场的迫切性，正式选用GSM建网，并在广东开通中国第一个省级GSM移动通信网。一年后，中国联通的GSM网在北京、天津、上海、广州建成开通。中国移动也毅然决定采用GSM在全国15个省市相继建网。2001年5月，中国移动在全国启动了模拟网转网工作，并于12月31日正式关闭了模拟移动电话网。现在中国移动的GSM系统已发展成为占全球市场份额最大的系统。

1. GSM 的基本特点

GSM 系统作为一种开放式结构，主要特点如下。

（1）GSM 是由几个子系统组成的，并且可与公共交换电话网络（PSTN）等互连互通。各子系统之间或各子系统与各种公用通信网之间都明确和详细定义了标准化接口规范，保证任何厂商提供的 GSM 系统或子系统能互连。

（2）GSM 能提供穿过国际边界的自动漫游功能，所有 GSM 移动用户都可进入 GSM 系统而与国别无关。

（3）GSM 除了可以开放语音业务，还可以开放各种承载业务、补充业务等。

（4）GSM 具有加密和鉴权功能，能确保用户保密和网络安全。

（5）GSM 具有灵活和方便的组网结构，频率重复利用率高，移动业务交换机的话务承载能力一般都很强，保证在语音和数据通信两个方面都能满足用户对大容量、高密度业务的要求。

（6）GSM 抗干扰能力强，覆盖区域内的通信质量高。

（7）在用户身份识别（SIM）卡基础上实现漫游。漫游是移动通信的重要特征，它标志着用户可以从一个网络自动进入另一个网络。GSM 系统中，漫游是在 SIM 卡识别号及国际移动用户识别码（IMSI）基础上实现的。

2. GSM 的业务与应用

GSM 业务按照综合业务数字网（ISDN）的原则主要分为电信业务和数据业务。电信业务包括标准移动电话业务、移动台发起的业务和基站发起的业务，数据业务则包括计算机间通信和分组交换业务。

一般所说的 GSM 业务主要是指其用户业务，用户业务可分为 3 大类。

（1）电信业务。电信业务是 GSM 系统提供的最重要业务。经过 GSM 网和固定网，为移动用户与移动用户之间或移动用户与固定网电话用户之间提供实时双向会话。电信业务还包括紧急呼叫业务、可视图文接入业务、智能用户电报传送和传真业务等。

（2）承载业务或数据业务。该类业务被限定在开放系统互连（OSI）参考模型的第 1、2、3 层上，所支持的业务数据速率为 300 b/s～9.6 kb/s。GSM 可以为用户数据提供标准信道编码并以透明方式传送数据，也可以提供基于特定数据接口的特殊编码功能并以非透明方式传送数据。

（3）补充 ISDN 业务。它本质上是数字业务，又分为以下几种。

1）号码识别类补充业务，主要包括主叫号码识别显示、主叫号码识别限制、被叫号码识别显示、被叫号码识别限制和恶意呼叫识别等。

2）呼叫提供类补充业务，主要包括无条件呼叫前移、遇移动用户忙呼叫前转、遇无应答呼叫前转、遇移动用户不可及呼叫前转、呼叫转移和移动接入搜索等。

3）呼叫完成类补充业务，主要包括呼叫等待、呼叫保持等。

4）多方通信类补充业务，主要指三方业务。

5）集团类补充业务，主要指封闭用户群。

6）计费类补充业务，主要包括计费通知、免费业务和对方付费等。

7）呼叫限制类补充业务。

3. GSM 的安全

无线通信系统如不采取特别的保护措施，很容易被窃听或假冒注册，模拟移动通信曾深受其害。为提高系统的安全性，GSM 主要采取了以下措施。

（1）鉴权。GSM 接入网络通过对用户的鉴权，防止非法盗用，保护合法用户。每次登记，呼叫建立尝试，位置更新以及在补充业务的激活、去活、登记或删除之前都需要鉴权。

（2）加密。GSM 对无线路径上的通信信息进行加密，确保基站收发台（BTS）和移动台（MS）间交换用户信息、用户参数时不被非法获取，所有的语音和数据都需加密，有关用户参数也要加密。

（3）设备识别。国际移动设备识别码（IMEI）相当于手机的身份证，GSM 网络据此识别手机，识别过程在设备识别寄存器（EIR）中完成。IMEI 由 15 位或 18 位数字组成：前 6 位为原制造厂编码，作用是确保系统中手机是合法的；中间 8 位或 11 位为流水号；最后 1 位为备用码。目前，国内 GSM 网络基本没有采用该保护措施。

（4）临时识别码（TMSI）。设置 TMSI 是为了防止非法用户通过监听无线路径上的信令交换窃得真实的 IMSI 或跟踪移动用户的位置。TMSI 由移动交换中心（MSC/VLR）分配，并不断更换，更换周期由网络运营者设置。显然，更换频次越快，保密性越好，但对 SIM 卡有影响。

（5）个人身份号码（PIN）。SIM 卡可根据需要设置 4~8 位的 PIN。开机时输入正确的 PIN 码，若连续 3 次输错 PIN 码，SIM 卡将被锁，这是防范伪用户盗用通信的方法之一。若连续 10 次输入错误，SIM 卡就被闭锁。闭锁后，还有 8 位的个人解锁码，若连续 3 次输入错误，该 SIM 卡将毁坏。

（二）CDMA 移动通信系统

CDMA 的出现源自人类对高质量无线通信的需求。CDMA 增强型 IS95A 与 GSM 在技术体制上同属于 2G，提供大致相同的业务。但 CDMA 有其独到之处，如通话质量好、掉话少、辐射低、健康环保等。CDMA 蜂窝通信系统的网络结构与 GSM 相类似，主要由移动台、基站子系统、网络子系统、移动业务交换中心、操作管理中心等组成。

与频分多址（FDMA）和时分多址（TDMA）相比，CDMA 具有许多独特的优点，其中一部分是扩频通信系统所固有的，另一部分则是由软切换和功率控制等技术所带来的。CDMA移动通信网是由扩频、多址接入、蜂窝组织网和频率再用等技术结合而成，含有频域、时域和码域三维信号处理的一种协作，具有抗干扰性好、抗多径衰落、保密性安全高、同一频率可在多个小区内重复使用、系统容量和通信质量可作权衡取舍等特性，这些特性使CDMA系统比其他系统更具优势，CDMA系统的主要特点如下。

1. 系统容量大

理论计算和实际测试表明，CDMA系统容量是模拟蜂窝系统的10~20倍，是TDMA系统的4倍。

2. CDMA系统具有软容量特性

FDMA、TDMA系统中，当所有频道或时隙被占满后无法增加任何用户，此时新用户的呼叫只能遇忙等待，产生通信阻塞。CDMA的容量具有“软”特点：用户多则通信质量降低，反之通信质量上升。

3. 越区“软”切换

由于CDMA各小区采用同一频率，移动台在小区间漫游时，无须像FDMA、TDMA系统那样重新分配频率资源和倒换时隙，也不需额外配置硬件，属“软”切换。越区切换时，CDMA的移动台与基站间“先接后断”，即移动台接入新小区的基站后才与原来小区的基站断开，有效确保通信质量，提高越区切换的可靠性。GSM“先断后接”，属“硬”切换，通话过程中可能出现“越区断话”现象。

（三）GPRS系统概述

1. GPRS的概念

通用分组无线服务（GPRS）是英国BT Cellnet公司于1993年提出的GSM向第三代移动通信（3G）过渡的一种技术。GPRS采用与GSM相同的频段、频带宽度、突发结构、无线调制标准、跳频规则以及相同的TDMA帧结构，面向用户提供移动分组的IP或者X.25连接，从而为用户同时提供语音与数据业务。从外部看，GPRS又同时是Internet的一个子网。

2. GPRS的主要特点

GPRS采用分组交换技术，优化了对网络资源和无线资源的利用。

支持中、高速率数据传输，可提供9.05~171.2 kb/s的数据传输速率（每用户）。

GPRS定义了4种信道编码方案：CS1、CS2、CS3和CS4。

GPRS网络接入速度快，提供了与原有数据网的无缝连接。

GPRS支持基于标准数据通信协议的应用，采用IP技术，底层可使用多种传输技术，可以与IP网、X.25网互联互通。

GPRS支持特定的点到点和点到多点服务，以实现一些特殊应用，如远程信息处理，GPRS也允许短消息业务（SMS）经GPRS无信道传输。

GPRS 的安全功能同 GSM 安全功能一样，身份认证和加密功能由服务 GPRS 支持节点（SGSN）来执行，其中的密码设置程序的算法、密钥和标准与 GSM 中的一样，不过 GPRS 使用密码算法是专为分组数据传输所优化过的，GPRS 移动设备（ME）可通过 SIM 访问 GPRS 业务，不管这个 SIM 是否具备 GPRS 功能。

GPRS 可以实现基于数据流量、业务类型及服务质量等级（QoS）的计费功能，计费方式更加合理，用户使用更加方便。

二、第三代移动通信（3G）系统

（一）3G 的发展历程

从 20 世纪 80 年代初期第一代移动通信（1G）系统商用开始，移动通信大约每 10 年诞生一代新技术，每 18 年淘汰一代技术。目前，全球范围的 1G 系统已基本退出。第二代移动通信（2G）系统通信标准的无序性虽然促进了移动通信前期局部性的高速发展，但制约了后期的开拓，多种通信标准并存使得“全球通”漫游很难真正实现，同时现有带宽也无法满足用户日益增长的需要。基于宽度 CDMA 的 3G 系统一定程度上克服了 1G、2G 系统的弊端，较好地满足了用户多种需要，又解决了与 2G 系统中应用广泛的 GSM 兼容问题。

1985 年，国际电信联盟（ITU）提出 3G 的概念，命名为“未来公共陆地移动通信系统”；1996 年，更名为 IMT-2000，即该系统工作在 2 GHz 频段，最高业务速率 2 Mb/s，2000 年开始商用；1997 年开始，由于 2G 系统的巨大成功，用户的高速增长与有限的系统容量和有限的业务之间的矛盾渐趋明显，3G 的标准化工作开始逐渐进入实质阶段。与 1G、2G 系统相比，3G 系统的主要特征是可提供移动多媒体业务，设计目标是提供比 2G 系统更多的系统容量、更好的通信质量，能在全球范围内更好地实现无缝漫游，以及为用户提供包括语音、数据及多媒体等在内的多种业务，同时考虑与 2G 良好的兼容性。

（二）3G 系统的特征

3G 系统综合了蜂窝、无绳、寻呼、集群、无线扩频、无线接入、移动数据、移动卫星、个人通信等移动通信功能，提供了与固定电信网络兼容的高质量业务，支持低速率语音和数据业务，以及不对称数据传输。

3G 系统主要有以下基本特征。

（1）具有全球范围设计的，与固定网络业务及用户互连，无线接口的类型尽可能少和具有高度兼容性。

（2）具有与固定通信网络相比拟的高语音质量和高安全性，具备良好的全球漫游能力。

（3）具有在本地采用 2.048 Mb/s 高速率接入和在广域网（WAN）采用 384 kb/s 接入速率的数据率分段使用功能。

（4）具有在 2 GHz 高效频谱利用率，能最大程度利用有线带宽。

（5）移动终端能连接地面网和卫星网，可移动使用和固定使用，可与卫星业务共存和互连。

（6）能处理包括互联网、视频会议、高数据率通信、非对称数据传输的分组和电路交换业务。

（7）支持分层小区结构，也支持包括用户向不同地点通信时浏览互联网的多种同步连接。

（8）语音只占移动通信业务的一部分，大部分业务是非话数据和视频信息。

此外，3G 系统一个共享的基础设施，可支持同一地方的多个公共的和专用的运营公司。

（三）3G 系统的主要业务

（1）语音及语音增强业务。它包括普通语音业务、紧急呼叫业务、可视电话业务。

（2）承载业务。承载业务是网络提供的业务能力，用于接入点之间的信号传输，包括电路承载业务和分组承载业务。

（3）补充业务。补充业务是对基本业务的改进和补充，它不能单独向用户提供，而必须与基本业务一起提供，同一补充业务可应用到若干个基本业务中。

（4）智能网业务。智能网业务是在基本承载网络的基础上增建移动智能平台提供的业务，主要包括预付费业务、综合预付费业务（一卡通）、移动虚拟专用网业务、综合虚拟专用网业务、分区分时业务、无线广告业务等。

（5）数据增值业务。数据增值业务是在基本承载网的基础上，增建特殊数据业务引擎来实现的业务，涉及短消息类业务、多媒体短消息类业务、位置类业务、流媒体类业务、下载类业务等。

三、第四代移动通信（4G）系统

随着数据通信与多媒体业务需求的发展，适应移动数据、移动计算及移动多媒体的第四代移动通信开始兴起，4G 系统因其超高数据传输速度，被中国物联网企业联盟誉为机器之间当之无愧的“高速对话”。

4G 系统是集 3G 系统与无线局域网（WLAN）于一体并能够传输高质量视频图像以及图像传输质量与高清晰度电视不相上下的技术产品。

全球最早的 4G 系统商用网络是在 2009 年 12 月，由运营商 Telia Sonera 在瑞典的斯德哥尔摩和挪威的奥斯陆推出的。美国、中国、韩国、日本等也是较早商用 4G 系统网

络的国家。2013 年被视为 4G 系统网络的发展元年。

1. 4G 系统的主要特点

4G 系统针对各种不同业务的接入系统，通过多媒体接入连接到基于 IP 的核心网中。基于 IP 技术的网络结构使用户可实现在 3G、4G、WLAN 及固定网间无缝漫游。目前，4G 的主要接入技术有：无线蜂窝移动通信系统（如 2G、3G）、无绳系统（如数字增强无绳通信）、短距离连接系统（如蓝牙）、WLAN 系统、固定无线接入系统、卫星系统、平流层通信、广播电视接入系统（如数字信号广播、数字视频广播）。随着技术发展和市场需求变化，新的接入技术将不断出现。

（1）高速率。对大范围高速移动用户（250 km/h），数据速率 2 Mb/s；对中速移动用户（60 km/h），数据速率 20 Mb/s；对低速移动用户（室内或步行者），数据速率 100 Mb/s。

（2）以数字宽带技术为主。4G 系统的信号以毫米波为主要传输波段，蜂窝小区也会相应小很多，可在很大程度上提高用户容量，但同时也会引起一系列技术上的难题。

（3）良好的兼容性。4G 实现了全球统一的标准，让所有移动通信运营商的用户享受共同的 4G 服务，真正实现一部手机在全球的任何地点都能进行通信。

（4）较强的灵活性。4G 采用智能技术，能自适应地进行资源分配，对通信过程中不断变化的业务流大小进行相应处理以满足通信要求；采用智能信号处理技术对信道条件不同的各种复杂环境进行信号的正常发送与接收，有很强的智能性、适应性和灵活性。

（5）多类型用户共存。4G 系统能根据动态的网络和变化的信道条件进行自适应处理，使低速与高速的用户以及各种各样的用户设备能共存与互通，满足系统多类型用户的需求。

（6）多种业务的融合。4G 系统支持更丰富的移动业务，包括高清晰度图像业务、会议电视、虚拟现实业务等，使用户在任何地方都可以获得任何所需的信息服务。将个人通信、信息系统、广播和娱乐等行业结合成一个整体，更加安全、方便地向用户提供更广泛的应用服务。

（7）高度的自组织、自适应网络。4G 系统是完全自治、自适应的网络，拥有对结构的自我管理能力，以满足用户业务、容量方面不断变化的需求。

可以看出，4G 系统与 3G 系统相比，具有通信速度更快、网络频谱更宽、通信更加灵活、智能性能更高、兼容性能更平滑等优点。

2. 4G 系统的基本结构

4G 系统为宽度接入和分布网络，其网络结构可分为 3 层：物理网络层、中间环境层、应用网络层。其中，物理网络层提供接入和路由选择功能，中间环境层的功能包括网络服务质量映射、地址变换和完全性管理等。

物理网络层与中间环境层及其应用环境之间的接口是开放的，使发展和提供新的服务变得更容易，提供无缝高数据率的无线服务，并运行于多个频带，这一服务能自适应于多个无线标准及多模终端，跨越多个运营商和服务商，提供更多范围服务。这样，各种类型的接入网通过媒体接入系统都能无缝地接入局域 IP 的 4G 核心网，形成一个公共的、灵活的、可扩展的平台。

四、第五代移动通信（5G）系统

第五代移动通信是指第五代移动电话行动通信标准，也称第五代移动通信技术。5G 也是 4G 之后的延伸，中国（华为）、韩国（三星电子）、日本、欧盟都在投入相当的资源研发 5G 网络。

中国 5G 技术研发试验在 2016—2018 年进行，分为 5G 关键技术试验、5G 技术方案验证和 5G 系统验证三个阶段实施。业界认为 4G 技术改变人们生活，5G 技术将改变社会。与 4G 系统相比，5G 系统不仅将进一步提升用户的网络体验，同时还将满足未来万物互联的应用需求。从用户体验看，5G 具有更高的速率、更宽的带宽，5G 网速将比 4G 提高 10 倍左右，只需要几秒即可下载一部高清电影，能够满足消费者对虚拟现实、超高清视频等更高的网络体验需求。从行业应用看，5G 具有更高的可靠性、更低的时延，能够满足智能制造、自动驾驶等行业应用的特定需求，拓宽融合产业的发展空间，支撑经济社会创新发展。

知识链接

5G 时代的智慧物流

物流企业一般都追求“货物流、信息流、资金流”的“三流合一”，信息技术是物流的支撑，邮政快递和电信业通过提供连接服务改变了世界。新一代物流的线上和线下边界更为模糊，服务要求更加智慧和便捷。随着新零售业的迅速发展，移动互联网、物联网、人工智能、大数据、云计算和区块链等信息技术都在物流领域深度应用，物流企业必须要根据用户的个性化需求，充分调动物流资源，有效地支持制造、零售等领域的创新，以实现高效、绿色、安全运行。

如果说 4G 改变了生活，5G 则将改变世界。因为 4G 在带宽、时延和接入特性上仍然不能完全适应前面所述的物联网、人工智能等热点技术，而 5G 的到来则会克服 4G 的诸多不足，给物流等领域带来革命性的变革。5G 被誉为全球新一轮科技革命产业变革的代表核心技术之一，也是实现万物互联人机交互的战略性信息基础设施。5G 的全

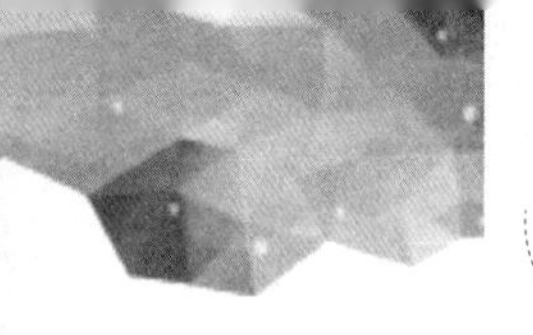

面商用是新一代物流行业全面发展的一个重要契机。

5G具有很多关键技术，包括控制与转发分离技术、多元场景接入技术、移动边缘计算（MECC）技术、按需组网技术、大规模多输入多输出（MIMO）技术以及无线自组织网络（MESH）技术等。这些关键技术促成了5G的很多优势，例如控制与转发分离技术使得5G接入灵活，时延较低；MECC技术使得5G时延较低；网络切片等组网技术使得5G业务拓展性较好等。

5G网络技术主要具有以下优势：高速度数据传输、传输低时延、海量接入特性、按需组网、移动边缘计算、网络泛在能力高、功耗低、传输安全性高。在5G的推动下，一方面，核心技术如人工智能、大数据与云计算、物联网以及区块链技的产品可以快速落地为新一代物流服务；另一方面，物流架构中引入5G作为关键传输层技术，由于其无缝接入特性使得其他通信技术的业务可以被有效接入和融合。

5G技术在新一代物流行业中有很多应用场景，比较常见的是全自动化运输、智能仓储、增强现实技术实现的应用等。全自动化运输包括无人车快递运输、无人机配送等，因为5G技术的低时延特性，这类场景在新一代物流中很常见；智能仓储得益于5G技术的海量接入特性，大量物联网设备将被无缝接入仓储环境中，形成智能分拣、无人仓储以及智能佩戴等应用；增强现实技术实现的场景包括协助员工完成分拣、协助快递员识别门牌号等。

另外，5G技术在新一代物流行业中也有一些特殊的场景，以5G技术加速的物流数据计算平台场景为例，在物流运输过程中，GPS可以通过5G技术获取远程云物流平台提供的信息数据进行路径规划和故障避免；在冷链供应的物流体系中，节点可以通过5G技术连接远程云物流架构实现温度调控和物品跟踪；在物流供应链中，很多物流服务人员都需要使用终端设备，5G技术可以通过大数据中心和云计算服务实现即时分析，为客户提供更加全面的物流服务；物流中有很多嵌入式设备，基于5G技术和数据计算平台可以对现实场景及时反馈，如无人机配送等。

5G技术促进了物流大数据和云计算平台的发展，海量数据的来源将变得更加广泛，不仅仅是上层应用中，更会是任意一个物流节点，这些数据都可以被上传到云端数据库，同时能够被及时更新。所以，在5G技术的作用下，无论是下游的物流企业还是上游的电商企业，还是作为客户的广大消费群体，既是数据的产生者，也是数据的搬运者，更是数据的得益者。从这一点来看，5G技术显然可以提升新一代物流行业的服务质量和公信力。当然，虽然5G技术可以促进物流大数据和云计算平台的高效运转，但只能从数据传输质量角度发挥作用，还需要大数据存储策略和云计算服务方案的高效执行才能有所保障。

另外，数据安全一直是各行业关注的问题，物流也不例外，任何一家电商平台无论在个人计算机（PC）端和移动端，还是后台系统都会有很多数据保护算法为相关应用护航。5G 技术因为具有高带宽特性，使得区块链能够更为高效地完成秘钥计算和数据处理，和上游的电商平台的安全方案一起维护物流体系的安全，能够使得物流企业和消费用户以及电商企业安心运转。基于 5G 支撑的区块链技术能够真实可靠地记录和传递物流过程产生的资金信息、产品信息以及物流位置信息，5G 技术可以保证信息传递过程的实时性和高效性，提升行业整体效率。从这一角度讲，区块链技术维护了整个物流关系产业链的安全，促进了行业的发展，但是区块链应用对于硬件要求较高，如需要使用到并行和分布式计算等。推进物流企业的基础设施和计算机资源建设是目前此应用场景急需解决的问题。

任务三　移动通信技术认知

一、蓝牙通信技术

（一）概述

1999 年 11 月，信息技术时代“软件王国”的缔造者比尔·盖茨专程来到拉斯维加斯一间只有 11 名员工的小公司。为什么？只因这家公司已研制成功一种含蓝牙技术的胸卡。

1999 年 12 月，微软宣布全面支持“蓝牙”技术。2000 年年初，蓝牙特别兴趣工作组（Special Interest Group，SIG）已有 3Com、爱立信、IBM、英特尔、朗讯、微软、摩托罗拉、诺基亚、东芝九大集团公司和 2 000 多家成员企业。

蓝牙的英文名称是 Bluetooth，是 1998 年 5 月由爱立信、IBM、英特尔、诺基亚、东芝 5 家公司联合制定的近距离无线通信技术标准，其目的是实现最高数据传输速率 1 Mb/s（有效传输速率为 721 kb/s）、最大传输距离为 10 m 的无线通信。

1997 年 7 月，SIG 公布正式规范 1.0 版本，而遵从这一规范的移动电话和笔记本电脑于 2000 年年底上市，声称要把蓝牙技术产品化的企业也与日俱增。

（二）蓝牙技术特点

蓝牙技术是一种低耗的无线技术，目的是取代个人计算机、打印机、传真机和移动电话等设备上的有线接口。它具有许多优越的技术特性，下面介绍其主要的技术特点。

1. 蓝牙技术的开放性

“蓝牙”是一种开放的技术规范，该规范完全是公开的和共享的。为鼓励该项目技术的应用推广，SIG 在其建立之初就奠定了真正的完全公开的基本方针。与生俱来的开放性赋予了蓝牙强大的生命力。从它诞生之日起，蓝牙就是一个由厂商自己发起的技术协议，完全公开，并非某一家独有和保密。只要是 SIG 的成员，都有权无偿使用蓝牙的新技术，而蓝牙技术标准制定后，任何厂商都可以无偿地拿来生产产品，只要产品通过 SIG 的测试并符合蓝牙标准化，品牌即可投入市场。

2. 蓝牙技术的通用性

蓝牙设备的工作频段选在全世界范围内都可以自由使用的 2.4 GHz 频段，这样用户不必经过申请便可以在 2 400~2 500 MHz 范围内选用适当的蓝牙无线设备。这就消除了“国界”的障碍。

3. 短距离低功耗

蓝牙技术通信距离较短，蓝牙设备之间的有效距离为 10~100 m。其消耗功率极低，所以更适合小巧的、便携式的电池供电的个人装置。

4. “即连即用”

蓝牙技术最初是以取消连接各种电器之间的连线为目的的。蓝牙技术主要面向网络中的各种数据及语音设备，如计算机、打印机、传真机、移动电话、数码相机等，蓝牙通过无线的方式将它们连成一个围绕个人的网络，省去了用户接线的烦恼，在各种便携设备之间实现无缝的资源共享。任意“蓝牙”技术设备一旦搜寻到另一个“蓝牙”技术设备，马上就可以建立联系，而无须用户进行任何设置，可以解释成“即连即用”。

5. 抗干扰能力强

ISM 频段是对所有无线电系统都开放的频段，因此使用其中的某个频段都会遇到不可预测的干扰源。例如，无绳电话、微波炉等都可能是干扰。为此，蓝牙技术特别设计了快速确认和调频方案以确保链路稳定。跳频是蓝牙使用的关键技术之一。建链时，蓝牙的跳频速率是 3 200 跳/秒；传输数据时，对应单时隙包，蓝牙的跳频速率为 1 600 跳/秒；对于多时隙包，跳频速率有所降低。采用这样高的跳频速率，使得蓝牙系统具有足够高的抗干扰能力，且硬件设备简单、性能优越。

6. 支持语音和数据通信

蓝牙的数据传输速率为 1 Mb/s，采用数据包的形式按时隙传送每时隙 0.625 μs。蓝牙系统支持实时的同步定向连接和非实时的异步不定向连接。蓝牙技术支持 1 个异步数据通道，3 个并发的同步语音通道或 1 个同时传送异步数据和同步语音通道。每一个语音通道支持 64 kb/s 的同步话音，异步通道支持最大速率为 721 kb/s，反向应答速率为 57.6 kb/s 的非对称连接，或者是速率为 432.6 kb/s 的对称连接。

7. 组网灵活

蓝牙根据网络的概念提供点对点和点对多点的无线连接，在任意一个有效通信范围内，所有的设备都是平等的，并且遵循相同的工作方式。基于 TDMA 原理和蓝牙设备的平等性，任一蓝牙设备在主从网络（Piconet）和分散网络（Scatrent）中，既可作为主设备（Master），又可作为从设备（Slave），还可同时既是主设备，又是从设备。因此在蓝牙系统中没有从站的概念，另外所有的设备都是可移动的，组网十分方便。

8. 软件的层次结构

和许多通信系统一样，蓝牙的通信协议采用层次式结构，其程序写在一个尺寸约为 5 mm×5 mm 的微芯片中。其底层为各类应用所通用，高层次则就具体应用而有所不同，大体分为计算机背景和非计算机背景两种方式。前者通过主机控制接口（Host Control Interface，HCI）实现高、低层的连接，后者则不需要 HCI。层次结构使其设备具有最大的通用性和灵活性。根据通信协议，各种蓝牙设备在任何地方都可以通过人工或自动查询来发现其他蓝牙设备，从而构成主从网和分散网，实现系统提供的各种功能。

（三）蓝牙技术的应用

蓝牙技术能把各种便携式产品无线连接起来，便于随时随地进行信息的传输、交换，蓝牙技术应用广泛且极具潜力。无线数码产品如数码相机（DC）、个人数字助理（PDA）、手机，图像处理设备如打印机、扫描仪，安全防范产品如智能卡、身份识别、安全检查，娱乐消费产品如耳机、MP3、MP4，家用电器如电视、音响、空调，以及医疗、玩具等都可以采用该技术，并对无线移动数据通信业务产生了巨大的推动作用。

基于蓝牙等技术实现的无线个人局域网通信技术（WPAN），用无线通信代替传统的有线通信，实现个人信息终端的智能化互联，建立个人化的信息网络，进而构建短距离无线自组织网络。

二、无线网络技术

1. 无线网络技术概述

无线网络（Wireless Fidelity，Wi-Fi）技术是一种可以将个人计算机、手持设备等终端以无线方式互相连接的技术，它是一个无线网络通信技术的品牌，由 Wi-Fi 联盟（Wi-Fi Alliance，WFA）所持有，目的是改善基于 IEEE 802. 11 标准的无线网络产品之间的互通性，以实现无缝的连接。

Wi-Fi 联盟成立于 1999 年，当时的名称叫无线以太网路兼容性联盟（Wireless Ethernet Conpatibility Alliance，WECA），2002 年 10 月正式更名为 Wi-Fi 联盟。它负责 Wi-Fi 认证与商标的授权工作。

Wi-Fi 技术起初作为无线连接计算机和互联网的途径被引入，目前已经取得长足的发展，强大的 Wi-Fi 需求正在推动其产品销售和认证规模的大幅增长，2011 年的 Wi-Fi 设备出货量已超过 10 亿部，用户超过 7 亿（Wi-Fi 联盟估计的数量）。

全球服务提供商也在加大对 Wi-Fi 热点、热区和无线城市项目的投入，以期与 WAN 形成互补，例如，中国移动在 2013 年前已完成 100 万处 Wi-Fi 热点。

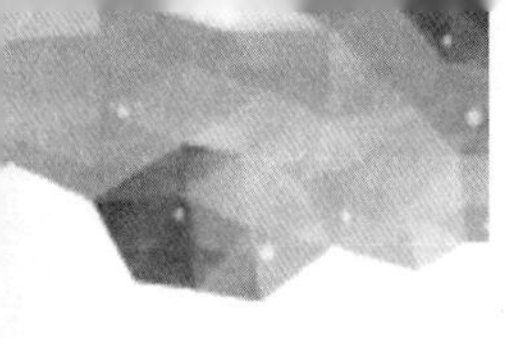

2. Wi-Fi 的特点

（1）速度快，可靠性高。IEEE802.11b 无线网络规范是 IEEE802.11 网络规范的变种，最高带宽为 11 Mb/s，在信号较弱或有干扰的情况下，带宽可调整为 5.5 Mb/s、2 Mb/s和 1 Mb/s，带宽的自动调整有效地保障了网络的稳定性和可靠性。

（2）无线电波的覆盖范围广。基于蓝牙技术的电波覆盖范围非常小，电波覆盖半径大约 15 m，而 Wi-Fi 的电波覆盖半径则可达 100 m。

（3）Wi-Fi 技术传输的无线通信质量比蓝牙差，数据安全性比蓝牙高，其传输速度非常快，可以达到 11 Mb/s，符合个人和社会信息化的需求。

（4）厂商引入该领域的门槛比较低。厂商只需在机场、车站、咖啡店、图书馆等人员密集的地方设置“热点”，并通过高速线路将因特网接入上述场所即可。

（5）无须布线。Wi-Fi 最主要的优势在于不需要布线，可以不受布线条件的限制，因此非常适合移动办公用户的需求，具有广阔的市场前景。目前它已经从传统的医疗保健、库存控制和管理服务等特殊行业向更多行业拓展，并已经进入家庭及教育机构等领域。

3. Wi-Fi 的硬件设备组成

架设无线网络的基本配备是无线网卡及一台接入点（Access Point，AP），如此便能以无线的模式配合既有有线架构来分享网络资源，架设费用和复杂程度远低于传统的有线网络。如果只是几台计算机的对等网，也可不要 AP，只需要每台计算机配备无线网卡。AP 又称为桥接器，主要在媒体接入控制层（MAC）中扮演无线工作站与有线局域网络的桥梁。有了 AP，无线工作站可以快速且轻易地与网络相连。特别是对于宽带的使用，无线网络更显优势，有线宽带网络（非对称数字用户线路、小区局域网等）到户后，连接到一个 AP，然后在计算机中安装一个无线网卡即可。普通的家庭有一个 AP 已经足够，甚至用户的邻里得到授权后，无须增加端口，也能以共享的方式上网。

4. Wi-Fi 的应用

由于 Wi-Fi 的频段在世界范围内是无须任何电信运营执照的免费频段，因此无线局域网（WLAN）无线设备提供了一个世界范围内可以使用的，费用极其低廉且数据带宽极高的无线空中接口。

（1）网络媒体。用户可以在 Wi-Fi 覆盖区域内快速浏览网页，随时随地接听拨打电话。而其他一些基于 WLAN 的宽带数据应用，如流媒体、网络游戏功能更是值得用户期待。有了 Wi-Fi 功能，用户打长途电话（包括国际长途）、浏览网页、收发电子邮件、音乐下载、数码照片传输等，再也无须担心速度慢和花费高的问题。Wi-Fi 技术与蓝牙技术一样，同属于在办公室和家庭中使用的短距离无线技术。

（2）掌上设备。Wi-Fi 在掌上设备的应用越来越广泛，而智能手机就是其中一份子。与早期应用于手机上的蓝牙技术不同，Wi-Fi 具有更大的覆盖范围和更高的传输速率，因此 Wi-Fi 手机成为 2010 年移动通信业界的时尚潮流。

（3）日常休闲。自 2010 年起，Wi-Fi 的覆盖范围在国内越来越广泛，高级宾馆、豪华住宅区、飞机场及咖啡厅之类的区域都有 Wi-Fi 接口。用户只要将支持 Wi-Fi 的笔记本电脑、手机或平板电脑等拿到该区域内，即可高速接入因特网。在家也可以通过无线路由器设置局域网，然后就可以无线上网。

（4）客运列车。2014 年 11 月 28 日 14 时 20 分，中国首列开通 Wi-Fi 服务的客运列车——广州至香港九龙 T809 次直通车从广州东站出发，标志着中国铁路开始 Wi-Fi 时代。列车 Wi-Fi 开通后，不仅可观看车厢内部局域网的高清电影，玩社区游戏，还能直达外网，刷微博、发邮件，以 10~50 Mb/s 的带宽速度与外界联通。

三、卫星通信技术

现代移动通信在城市已经迅速发展起来，成为人们能随时随地进行通信的主要手段。但是一旦离开蜂窝移动通信系统覆盖的城市及其郊区，在广大的农村、山区、沙漠、湖泊和远离城市的河流上，人们就不能像在城市里那样方便地利用移动通信了。

卫星移动通信系统能覆盖全球，但是它的服务费用较高，不能代替地面蜂窝移动通信系统。

（一）卫星移动通信系统的概念及主要特点

1. 卫星移动通信的定义

同步通信卫星有巨大的覆盖面积，一颗同步通信卫星就可以覆盖地球面积的 1/3，现在已经成为世界上洲际及远距离通信的重要工具，并且也在部分地区的陆、海、空领域的车、船、飞机移动通信中占有市场，但是它不能用来实现个人的手机移动通信。这是因为同步通信卫星转发的信号必须使用较大的天线和较高的功率，这是体积小巧的手机所不可能做到的。解决这个问题的另一种途径就是利用中低轨道的通信卫星。中低轨道卫星距离地面只有几百千米或几千千米，它在地球上空快速地绕地球转动，因此叫作非同步地球卫星，或称移动通信卫星，这种卫星系统是以个人手机通信为目标而设计的。比较典型的低轨道卫星通信系统如“铱”系统，这种系统用几十颗低轨道小型卫星把整个地球表面覆盖起来，就好比是一个覆盖全球的蜂窝移动通信系统“倒过来”设置在天空上。每颗卫星可以覆盖直径为几百千米的区域，比地面蜂窝小区基站的覆盖面积大得多。卫星形成的覆盖站区在地球表面上是迅速移动的，大约 2 小时绕地球一周，因此对用户手机来说，也有“过区切换”的问题。与地面蜂窝系统不同的是，地面蜂窝系统中是用户移动通过小区，而卫星移动通信系统则是小区移动通过用户，这种不同使卫星移动通信系统解决“过区切换”问题比地面蜂窝系统还简单一些。

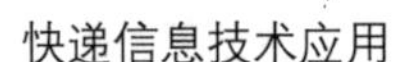

2. 卫星移动通信系统的主要特点

与其他移动通信系统相比，卫星移动通信系统具有以下优点：①通信距离远，且费用和通信距离无关。②工作频段宽，通信容量大，适用于多种业务传输。③通信线路稳定可靠，通信质量高。④以广播方式工作，具有大面积覆盖能力，可以实现多址通信和信道的按需分配，通信灵活机动。⑤可以自发自收进行监测。

卫星移动通信系统具有如下缺点：①两极地区为通信盲区，高纬度地区通信效果不佳。②卫星发射和控制技术比较复杂。③存在日凌中断现象。④有较大的信号延迟和回拨干扰。⑤卫星移动通信需要有高可靠、长寿命的通信卫星。⑥卫星移动通信要求地球站有大功率发射机、高灵敏度接收机和高增益天线。

在整个卫星通信系统中，需要设立跟踪遥测及指令系统对卫星进行跟踪测量，控制其准确进入静止轨道上的指定位置，并对在轨卫星的轨道、位置及姿态进行监视和校正。同时，为了保证通信卫星的正常运行工作，还要有监控管理系统对在轨卫星的通信性能及参数进行业务开通前的监测和业务开通后的例行监测和控制。

（二）卫星移动通信系统组成

一个卫星通信系统由空间分系统、地球站分系统、跟踪遥测及指令分系统和监控管理分系统四大部分组成。

1. 空间分系统

空间分系统即通信卫星。通信卫星内的主体是通信装置，另外还有星体的遥测指令控制系统和能源装置等。

通信卫星主要起无线电中继站的作用。它是靠卫星上通信装置中的转发器和天线来完成的。一个卫星的通信装置可以包括一个或多个转发器。每个转发器能接收和转发多个地球站的信号。显然，当每个转发器所能提供的功率和带宽一定时，转发器越多，卫星的通信容量就越大。

2. 地球站分系统

地球站分系统一般包括中央站（或中心站）和若干个普通地球站。中央站除具有普通地球站的通信功能外，还负责通信系统中的业务调度与管理，对普通地球站进行监测控制及业务转接等。

地球站具有收、发信功能，用户通过它们接入卫星线路进行通信。地球站有大有小，业务形式也多种多样。一般说来，地球站的天线口径越大，发射和接收能力越强，功能也越强。

3. 跟踪遥测及指令分系统

跟踪遥测及指令分系统也称为测控站。它的任务是对卫星跟踪测量，控制其准确进入静止轨道上的指定位置，待卫星正常运行后，定期对卫星进行轨道修正和位置保持。

4. 监控管理分系统

监控管理分系统也称为监控中心。它的任务是对定点的卫星在业务开通的前后进行通信性能的监测和控制。

任务四 移动通信技术应用

知识链接

现代物流业的发展，不仅取决于运用专用机械，如手动叉车、升降装卸机等取代搬运或装卸货物过程中的手工操作，更主要的是通过组织管理过程中移动通信技术和网络技术的应用而使物流信息交流通畅。物流效率提高，运营成本降低。物流信息系统和相关业务就好比是一个个城市，而移动通信技术就相当于连接城市的高速公路和交通工具。一个城市的交通状况对其城市的发展有着重大的影响，移动通信技术对物流业的影响也是如此。因此可以说，移动通信技术是决定高速信息平台得以应用的关键因素。移动通信技术引领了联络手段的潮流，物流与移动通信技术的完美结合是现代经济发展的“绝配”。正是有了移动通信技术，才能使移动中的货物得以被全程掌控和调动。移动通信技术为物流业带来的无线移动通信网络，既能满足物流作业各项业务系统的要求，又能实现物流重点区域远程视频监控的需要。

一、移动通信技术在快递业中的应用

静坐办公室中，只要鼠标轻轻一点，公司所有车辆的地理位置、行驶路线、车速和承载状况便可一清二楚；通过自动报送系统，司机只需拥有一部手机，就能在第一时间接收到所有可用货运信息，再也不必因沟通不良而浪费货源资料；一旦发生安全事故，司机也只需按动预设的按钮，便可启动与公安部门的联动系统……“运筹帷幄之中，决胜千里之外”，这都与移动通信技术在快递业中广泛的应用密不可分。

1. 快递揽收派件应用

快递公司中揽收派件业务是非常重要的。快递企业通过给每个揽收员部署手持终端，可以实现揽收派件业务的全程监控。揽收员的手持终端一般包含单据录入、条码扫描、人员调度、卫星定位、短信及 GPRS 无线通信等功能。

快递软件结合手持终端实现揽收业务流程如下。

（1）客户打电话到快递公司的呼叫中心，要求快递收件。

（2）呼叫中心自动产生一个人员调度任务，同时用短信把调度指令发送给该客户所在片区的揽收员。

（3）揽收员在指定的时间内上门收件，同时通过手持终端录入收件信息并扫描快递单条码，确认后手持终端通过 GPRS 把电子单据上传给物流快递系统。

（4）电子快递单提交到分拣中心，快件到达分拣中心后，分拣系统自动安排装车发件。

2. 车辆运输调度应用

目前一些移动公司或企业提供物流车载终端，这种设备集成了全球定位系统（GPS）、移动位置服务（LBS）、地理信息系统（GIS）、车辆监控调度、货物防盗、移动通信等技术，再结合短信的应用，即可实现司机、车辆、线路管理，车辆监控、调度管理。

使用车载终端进行车辆调度的业务流程如下。

（1）快递系统通过 GPRS 或短信平台，发送收货调度指令给司机的车载终端，包括货单号、收货地点、时间、货物信息、送货地点等。

（2）车辆到达指定地点收货后，司机通过车载终端确认装车单号，进行收货销单。

（3）车辆开往送货地点，车载终端通过 GPS 或 LBS 系统采集位置坐标，通过 GPRS 或短信发送给总部，总部在电子地图上实时查看车辆位置及运行状态。

（4）运输过程中，客户可以随时查询车辆货物位置，物流系统也会主动发出货物运输状态短信通知货主。

（5）车辆到达送货地点卸货后，司机使用车载终端进行送货销单，运输流程完成，司机等待下一个调度指令。

3. 移动通信技术在货物保险中的应用

无线射频技术可应用在电子锁上，一旦货物被锁，计算机将物品性质、数量、送货线路、目的地、收货人等信息输入到电子锁中，在每个检查关卡，自动扫描电子锁，并通过短信传递到控制中心，进行核对。若电子锁被打开，也会自动发短信通知，从而达到货物运送过程中的保险作用。

4. 货物配送中的应用

当货物送达到客户后，客户通过注册过的手机发送短信通知中心，货物收讫，这样中心可实现电子签收的电子记录。

5. 订货中的应用

客户通过注册过的手机输入对应的号码就可以向销售公司订货，实现订货内容数量、时间的信息传送，销售公司可以通过短信及时回复，同时也方便客户的退订，还可作短信访问调查。

6. 仓储管理中的应用

移动通信技术可以与条码相结合，例如，在仓储过程中，保管员可利用无线手持终端接受业务中心的盘点或备货命令，并利用终端扫描条码完成盘点或备货工作。相对于手工盘点和备货记录方式，无线移动通信方式减少了中间环节和差错，提高了物流管理效率。

7. 客服应用

呼叫中心结合短信服务实现了全天候 24 小时畅通的服务受理，通过短信平台提供的客户服务包括如下内容。

（1）客户短信查单：短信服务应用于网上下单、货物查询系统，通过短信为客户提供货物状态查询、到货通知等服务。客户 24 小时随时查询货物的到达、签收及在途状态。例如，客户编辑发送格式短信到企业信息平台特服号，短信查单系统通过信息处理与物流系统对接，查找出对应的货物状态信息，再通过短信平台回复货物状态短信到客户手机，完成短信查单。

（2）在线短信客服：利用短信平台发放系统通知、在线客服等信息。

（3）业务咨询管理：通过短信交互功能，让客户查询企业的业务范围、资费等信息。

（4）意见投诉受理：客户可以发送投诉短信，企业处理完客户投诉后，自动回复短信处理结果，给客户一个满意的答复。

二、移动“巴枪”系统在快递中的作用

“巴枪”是低成本、可移动的信息化解决方案，是以手机或 PDA 终端为平台，结合条码和扫描枪而形成的条码数据采集系统。

知识链接

顺丰物流使用“巴枪”产品，在揽收派送环节的处理时间减少了 20% 左右，人均业务量从每人每天 30 单提高到每人每天 40 单，而且实现了客户随时随地都能获取货物的在途信息，规避了因信息流中断造成客户满意度下降的情况。企业通过移动“巴枪”在各货运站点的扫描操作，提高了物流全程的透明度，提升了客户服务的水平。

移动“巴枪”技术的引入，推动了快递行业信息化建设的进程，在快递业中引入移动“巴枪”技术，主要解决了快递业务中的流程不合理、业务管理不完善、绩效考核不到位、业务能力不突出等方面的问题，从而为快递业带来了一系列帮助。移动“巴枪”的优点主要体现在以下几个方面。

1. 简化业务流程

未使用“巴枪”系统之前，货车司机都要让仓库管理人员签收货单并清点货物。

但是货物的种类不同，大小不一，所以在清点上就会有很多的困难。使用“巴枪”之后，仓库管理人员可以直接扫描单号之后核对管理中心的相关信息，提高了取货和送货速度。企业可以随时进行数据的采集和上传，并且通过管理中心进行分析和操作，方便任何时候调用信息。相关的分拣和核对工作全部由扫描录入的信息系统自动完成，不仅节省了企业的成本，还大大缩短了企业的业务流程，提高了企业的效率。当出现滞留件时可以迅速掌握相关情况并加以解决，从而提高客服质量。同时，大量数据的收集有利于企业分析行业需求的变化，保证了信息的可靠性和实时性，为企业业务的拓展提供了依据。

2. 加强业务管理

“巴枪”系统的应用，使得每个派件员都可以使用手中的终端直接扫描单据上的条形码记录单号，每经过一个环节都要进行扫单，系统同时记录了扫单的时间，这样就可以准确记录货件的状态，保证了货件的安全。条形码代替传统的手写录入或者打字录入，不仅提高了信息录入的准确性，还降低了出错率，大大提升做单速度，节省派送时间。与此同时，货物发运的每个流程都有专人用“巴枪”记录，在管理系统中就会有完整货物流向路径记录，这样大大完善企业的货物查询系统，而且每台“巴枪”都与员工的工号绑定，所以当出现货件丢失的情况时，可直接根据记录查找货件，也可查找揽件员（派件员）。

3. 改进绩效考核

由于“巴枪”与员工的工号绑定，再加上严格的流程操作制度，一旦出现问题可以很容易找到责任人并进行绩效加权。派件员的业绩也可以通过系统直接查询，保证了派件员的利益。所有的信息和业绩都进行公示，提高了管理的透明度，可以更好地进行绩效考核和人员管理。

4. 提升业务能力

货物在运输途中，每个中转站的人员都通过扫描仪采集货物信息数据，并实时通过GPRS 网络传到管理中心，管理中心可实时掌握货物的位置等信息，并将这些信息实时反馈给客户，客户可实时掌控货物动态。应用信息系统提升了快递业的整体业务能力，可以更加快捷和准确地处理单据和业务，将自身的服务提升到了一个新的高度。随着快递业务的发展，以及客户日益个性化的需求，有些客户要求选择定时派送的业务，这样在做单以及货件到点部进行分拣的环节就不能像以往一样进行简单的批量处理，而“巴枪”系统恰好解决了这一难题，在客户填单的时候就进行区别处理，这样在派送到点部的时候派送员就可以根据“巴枪”显示的信息进行区别性服务。这样个性化的服务可以扩大市场的份额，而且有移动“巴枪”系统的支持，提升了企业核心竞争力。

三、移动通信网络在快递行业的应用

在快递移动通信网络中，最重要的设备就是手持终端。通过手持终端可以处理在收派件过程中出现的特殊情况，例如快件收件方不在时，快件派送不成功，就需要用手持终端的非正常派件功能扫描运单，然后终端将信息通过移动通信网络传给计算机网络，客服将收到信息。当客户查询自己的快件时，就会知道自己快件为什么没能送到。如果客户查询时看到因自己不在未派送成功，而实际上自己在时，就可维护自己权利，投诉收派员伪造记录。收派员要在 2 小时内将快件派完，派完后用终端将运单扫描完，上传至公司网络，否则做超时处理，扣发工资。收件也是这样，当客户打电话下单（寄快件)，客服将要寄件人的基本信息用计算机通过网络发送给负责该区域的收派员的手持终端，收派员收到信息后要在 1 小时内，将客户快件收取，并将运单扫描，将数据上传至公司网络。

移动通信网络在快递企业的广泛应用，确保了快件收发实效，同时方便客户查询，为客户提供优质的服务。

项目小结

本项目主要介绍了移动通信技术相关知识，包括移动通信的概念、特点，第二、三、四、五代移动通信系统的各自特点，蓝牙、Wi-Fi、卫星通信技术的特点，以及移动通信技术在快递行业的应用等。

知识巩固

（1）移动通信的概念、特点是什么?

（2）简述第四代移动通信系统的特点。

（3）蓝牙、Wi-Fi、卫星通信技术的特点是什么?

• 项目三　物联网技术 •

知识目标

◇ 了解物联网的定义和特点。

◇ 掌握物联网的关键性技术及体系架构。

◇ 理解物联网技术在快递企业中的应用。

技能目标

◇ 能了解物联网的三大核心能力。

◇ 能利用物联网技术实现快递信息资源共享、整合和优化利用，提升快递企业整体服务水平。

导入案例

认识物联网应用

物联网用途广泛，遍及教育、工程机械监控、建筑行业、环境保护、政府工作、公共安全、平安家居、智能消防、环境监测、路灯照明管控、景观照明管控、楼宇照明管控、广场照明管控、老人护理、个人健康、花卉栽培、水系监测、食品溯源、敌情侦查和情报搜集等多个领域。

展望未来，物联网会将新一代技术充分运用在各行各业之中，具体地说，就是把传感器、控制器等相关设备嵌入或装备到电网、工程机械、铁路、桥梁、隧道、公路、建筑、供水系统、大坝、油气管道等各种物体中，然后将“物联网”与现有的互联网整合起来，实现人类社会与物理系统的整合。在这个整合的网络当中，拥有覆盖全球的卫星，存在能力超级强大的中心计算机群，能够对整合网络内的人员、机器、设备和基础设施实施实时的管理和控制，在此基础上，人类能够以更加精细和动态的方式管理生产和生活，达到智慧化管理的状态，提高资源利用率和生产力水平，改善人与城市、山川、河流等生存环境的关系。

物联网在智能家居的应用更加贴近人们的生活，这是关系到人们生活起居、与生命安全息息相关的应用。人们可以通过智能家居的物联网络，进行室内到室外的电控、声控、感应控制、健康预警、危险预警等，如声控电灯，窗帘按时间自动挂起，感应器感应到煤气泄漏、空气污染指数过高，车库检测，室外摄像检测，未来天气预测，提醒带雨伞，生活备忘录电子智能提醒等。

一、认识物联网

（一）物联网的概念

物联网（the Internet of Things，IoT），顾名思义就是“实现物物相连的互联网络”。其内涵包含两个方面：一是物联网的核心和基础仍是互联网，是在互联网基础之上延伸和扩展的一种网络；二是其用户端延伸和扩展到了任何物品与物品之间。物联网核心技术是通过射频识别装置、传感器、红外感应器、全球定位系统、激光扫描器等信息传感设备，按约定的协议，把任何物品与互联网相连接，进行信息交换和通信，以实现智能化识别、定位、跟踪、监控和管理的一种网络。

（二）物联网的技术特征

物联网的技术特征是：各类终端实现“全面感知”，电信网、因特网等融合实现“可靠传输”，云计算等技术对海量数据“智能处理”。物联网需要对物体具有全面感知的能力，对信息具有可靠传输的能力，对系统具有智能处理的能力，使人置身于无所不在的网络之中，任何时间、任何地点、任何物品、任何人之间都能够进行通信，达到信息自由交换的目的。物联网最大的优势在于各类资源的“虚拟”和“共享”，这也与通信网发展的扁平化趋势相契合。

1. 全面感知

全面感知是指利用无线射频识别、传感器、定位器和二维码等手段随时随地对物体进行信息采集和获取。全面感知解决的是人和物理世界的数据获取问题，这一特征相当于人的五官和皮肤，其主要功能是识别物体、采集信息，其技术手段是利用条码、射频识别、传感器、摄像头等各种感知设备对物品的信息进行采集获取，是各种感知技术的广泛应用。

在全面感知这一特征中所涉及的技术有物品编码、自动识别和传感器技术。物品编码，即给每一个物品一个“身份”，能够唯一地标识该物品，如公民的身份证。自动识别，即使用识别装置靠近物品，自动获取识别物品的相关信息。传感器技术用于感知物品，通过在物品上植入感应芯片使其智能化，可以采集到物品的温度、湿度、压力等各项信息。物联网上部署了海量的多种类型传感器，每个传感器都是一个信息源，不同类别的传感器所捕获的信息内容和信息格式不同。传感器获得的数据具有实时性，按一定的频率周期性地采集环境信息，不断更新数据。

2. 可靠传输

物联网技术的重要基础和核心依旧是互联网，通过各种有线和无线网络与互联网融合，对接收到的感知信息进行实时远程传送，实现信息的交互和共享，并进行各种有效的处理。

可靠传输相当于物联网的血管和神经系统，其主要功能是信息的接入和传输。在物联网上的传感器定时采集的信息需要通过网络传输，由于其数量极其庞大，形成了海量信息，在传输过程中，为了保障数据的正确性和及时性，必须适应各种异构网络和协议。

3. 智能处理

物联网不仅提供了传感器的连接，其本身也具有智能处理的能力，能够对物体实施智能控制。智能处理是指利用数据管理、数据处理、云计算、模糊识别等各种智能计算技术，对随时接收到的跨地域、跨行业、跨部门的海量数据和信息进行分析处理，以便整合和分析海量、复杂的数据信息，提升对物理世界、经济社会各种活动和人类生活各种活动和变化的洞察力，实现智能化的决策和控制，以更加系统和全面的方式解决问题。

智能处理相当于物联网的大脑和神经中枢，包括网络管理中心、信息中心、智能处理中心等，主要功能是对信息和数据的深入分析和有效处理，解决计算、处理和决策问题，以适应不同用户的不同需求，发现新的应用领域和应用模式。

二、物联网体系架构及关键技术

（一）物联网的体系架构

目前普遍认为物联网技术体系架构可分为感知层、网络层和应用层 3 层，如图 3-13 所示。

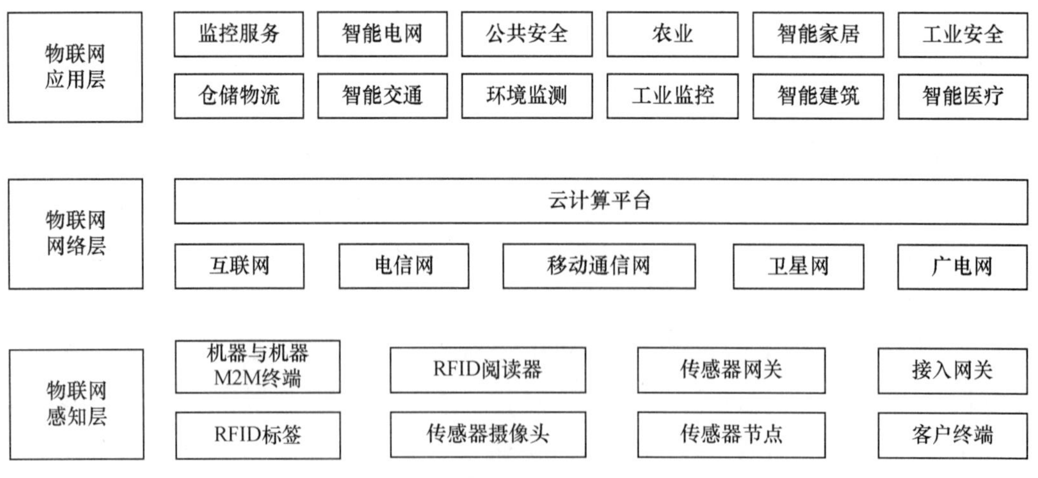

● 图 3-13　物联网的体系架构

与传统电信网或互联网不一样的是，物联网在每一个层面上都有很多种选择，例如，其感知层包括 RFID 阅读器、传感器网关、传感器摄像头、客户终端等。

1. 物联网感知层

物联网感知层将大范围内的现实世界中的各种物理量通过各种手段，实时并自动化地转化为虚拟世界可处理的数字化信息。

物联网感知层是物联网的基层——识别物体、采集信息，主要实现智能感知功能，包括信息采集、信息捕获和物体识别。感知层采集的信息主要分为环境信息、属性信息、状态信息 3 类。其中传感器方面采集的信息主要包括如温度、湿度、压力、气体浓度等环境信息；基于 RFID 所采集的信息大多属于物品的属性信息，如物品名称、型号、特性、价格等；状态信息也是感知层所采集的范畴，如仪器、设备的工作参数或者物品所处的地理位置等。对各种信息进行标记，并通过传感等手段，将这些标记的信息和现实世界的物理信息进行采集，将其转化为可供处理的数字化信息。

物联网感知层的关键技术包括传感器、RFID、自组织网络、短距离无线通信、低功耗路由等技术。

2. 物联网网络层

物联网网络层位于整个体系的中间位置。物联网网络层包括各种通信网络（互联网、电信网、移动通信网、卫星网、广电网）形成的融合网络，这被普遍认为是最成熟的部分。物联网网络层是物联网提供无处不在服务的基础设施。

物联网网络层解决的是物联网感知层在一定范围内所获得的数据，通常是长距离的传输问题。这些数据可以通过移动通信网、国际互联网、企业内部网、各类专网、小型局域网等网络传输。特别是在三网融合后，有线电视网也能承担物联网网络层的功能，有利于物联网的快速推进。物联网网络层所需要的关键技术包括长距离有线和无线通信技术、网络技术等。

3. 物联网应用层

物联网应用层实现物联网与行业专业技术的深度融合，与行业需求结合，实现行业智能化，并且最终提供应用服务。

物联网应用层解决的是信息处理与人机界面的问题。物联网网络层传输来的数据在这一层进入各类信息系统进行处理，并通过各种设备与人进行交互。这一层也可按形态直观地划分为两个子层。一个为应用服务层，包括各类具体应用，涵盖了国民经济和社会的每一领域，如电力、医疗、银行、交通、环保、物流、工业、农业、城市管理、家居生活等，其功能上包括支付、监控、安保、定位、盘点、预测等，可用于政府、企业、社会机构、家庭、个人等。这也正是物联网作为深度信息化的重要体现。另一个为终端层，提供人机界面。物联网虽然是“物物相连的网”，但最终是要以人为本的，最终还是需要人的操作与控制，不过这里的人机界面已远远超出现实人与计算机交互的概念，而是泛指与应用程序相连的各种设备与人的交互。

在各层之间，信息不是单向传递的，可有交互、控制等，反传递的信息多种多样，这其中关键是物品的信息，包括在特定应用系统范围内能唯一标识物品的识别码和物品的静态与动态信息。此外，软件和集成电路技术都是各层所需的关键技术。

（二）物联网的技术需求

随着社会对物流智能化和信息化服务需求的不断增加，基于物联网技术，以高度信息化、智能化为特征的智慧物流应运而生，使物流信息化进入一个新阶段。以智慧物流为例，结合物联网的体系架构分析各架构层面的技术需求，如图 3-14 所示。

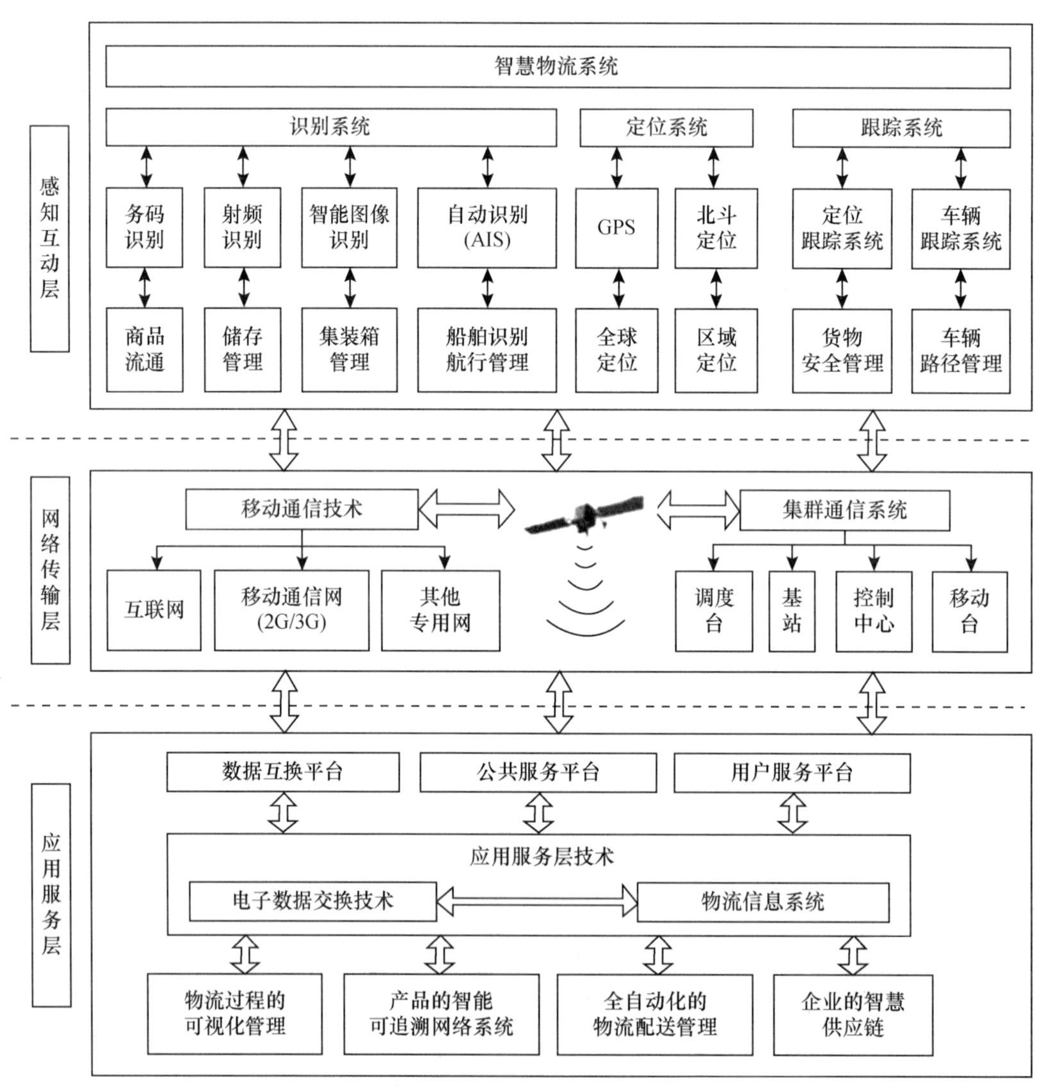

● 图 3-14　智慧物流系统的体系架构及关键技术

三、物联网在快递企业中的应用

1. 智能运输管理系统

智能运输管理系统是综合运用于整个运输管理体系而建立起的一种大范围、全方位、实时、准确、高效的综合运输管理系统，如图 3-15 所示。其包括交通管理、车辆控制、车辆调度等子系统。它基于 GPS 或北斗卫星导航技术获取移动配送人员、车辆及固定配送网点的位置坐标，通过 3G 网络传输，再利用 GIS 技术，将移动目标所在位置和行走轨迹标注在电子地图上，便于控制中心管理。

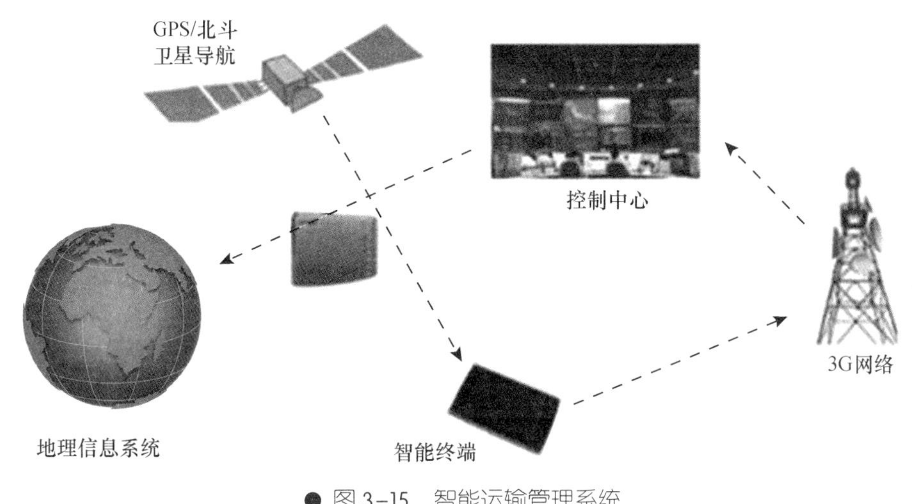

● 图 3-15 智能运输管理系统

2. 基于 RFID 的智能仓储管理系统

基于 RFID 的智能仓储管理系统将标签附在被识别物品的表面或内部，当被识别物品进入识别范围内时，RFID 阅读器自动无接触读写，包含自动出库系统、自动入库系统、自动盘库系统、自动周转系统等子系统。图 3-16 展示了系统的运行流程。

3. 智能派送管理系统

该类系统以 GPS、BDS、GIS 和无线网络通信技术为基础，服务于快递派送作业环节，由快件派送数据服务器、派送管理模块、车载终端管理模块、收件管理模块等构成，是对快递车辆配送进行实时的、可视化的在线调度与管理的系统。能够实现实时监控、双向通信、车辆动态调度、快件实时查询、派送路径规划等功能。目前，很多快递公司都建立与配备了这一网络系统，以实现快递作业的透明化、可视化管理。

4. 智能包装系统

智能包装系统利用条码、RFID、材料科学、现代控制技术、计算机技术和人工智能等相关技术，实现包装过程的无人值守，同时增加物品的信息以便追踪管理，提高包

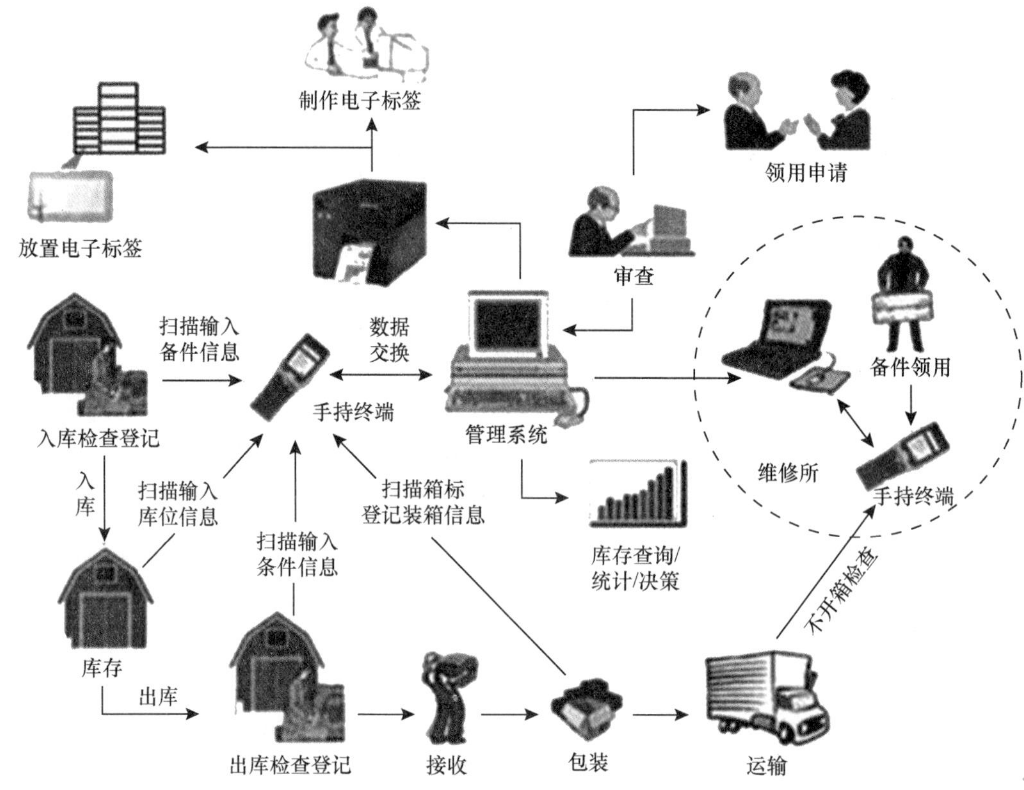

● 图 3-16　基于 RFID 的智能仓储管理系统运行流程

装效率。

5. 快递安全系统

快递安全系统利用互联网、条码、RFID 及无线数据通信等技术，实现快件的识别和跟踪，保证快件收寄、中转处理、运输、派送、后续处理等全过程的安全和时效。

知识链接

基于蜂窝的窄带物联网技术

基于蜂窝的窄带物联网（Narrow Band Internet of Things，NB-IoT）成为万物互联网络的一个重要分支。NB-IoT 构建于蜂窝网络，只消耗大约 180 kHz 的带宽，可直接部署于 GSM 网络、通用移动通信系统网络或 LTE 网络，以降低部署成本、实现平滑升级。

NB-IoT 是 IoT 领域一个新兴的技术，支持低功耗设备在广域网的蜂窝数据连接，也被叫作低功耗广域网（LPWAN）。NB-IoT 支持待机时间长、对网络连接要求较高设备的高效连接，是物联网发展的重要方向。

NB-IoT 的主要特征是广覆盖、穿透力强、低功耗、低成本，基于以上特征的 NB-

IoT 的应用领域非常广泛。例如，共享单车采用的就是 NB-IoT 智能锁技术，此外，NB-IoT 在智慧消防系统、路灯智能管理系统、制造行业、建筑系统、物流行业、智能安防中都有相关的应用。

NB-IoT 路灯智能管理系统：监控中心是整个路灯监控系统操作、维护、处理、统计、分析和监管的中心。

NB-IoT 在制造行业的应用：管道管廊、油田物联网、风力发电、光伏发电、智能变电站、环境监测。

NB-IoT 在建筑系统的应用：电梯物联网、能耗分项计量、中央空调监管、水箱监控、环境报警。

NB-IoT 在物流行业中的应用：冷链物流、智能集装箱锁、贵重物品跟踪、快递物流。

NB-IoT 在智能安防的应用：智能摄像头、智能报警器、智能门锁、电动自行车防盗、人防工程。

项目小结

本项目主要介绍了物联网相关知识，包括物联网的概念、特征、体系结构，以及在快递企业的应用。

知识巩固

（1）什么是物联网？

（2）与传统互联网相比，物联网具有哪些鲜明特征？

（3）简述物联网的体系架构及各层级的相应关键技术。

实训任务　物联网行业企业信息的收集

实训目的

（1）认识和理解物联网的概念和相关内容。

（2）能根据实训的计划和要求，完成对物联网行业企业的信息搜集和分析。

（3）培养协作与交流能力，进一步认识物联网技术在快递中的应用。

实训要求

（1）通过网络搜索，收集物联网行业企业的相关信息，包括产品和服务等信息。

（2）比较收集的不同企业信息，进行基本分类，总结物联网技术在不同企业的应用现状，填写应用物联网技术企业相关信息汇总（见表 3-1）。

表 3-1　　应用物联网技术企业相关信息汇总

公司名称	注册地	年限	企业性质	主要服务和产品	市场规模

（3）提交实训报告，并分组进行 PPT 展示。

实训准备

（1）教师准备好实训任务书，讲清该任务实施的目标和物联网相关知识要点。

（2）实训中心准备好实训设备和网络环境。

（3）学生根据任务目标，通过教材和 Internet 收集相关资料并做好知识准备。

实训考核

实训考核表

<table>
<tr><td colspan="2">专业：</td><td colspan="2">班级：</td><td colspan="3">被考评小组成员：</td></tr>
<tr><td>考评时间</td><td colspan="3"></td><td>考评地点</td><td colspan="2"></td></tr>
<tr><td>考评内容</td><td colspan="6">物联网行业企业信息的收集</td></tr>
<tr><td rowspan="5">考评标准</td><td colspan="2">内容</td><td>分值</td><td>小组互评
（50%）</td><td>教师评议
（50%）</td><td>考评得分</td></tr>
<tr><td colspan="2">实训记录内容全面、真实、准确</td><td>20</td><td></td><td></td><td></td></tr>
<tr><td colspan="2">PPT 制作规范，表达准确</td><td>20</td><td></td><td></td><td></td></tr>
<tr><td colspan="2">物联网行业企业信息收集丰富，分析总结具有说服力</td><td>40</td><td></td><td></td><td></td></tr>
<tr><td colspan="2">撰写的实训报告符合要求</td><td>20</td><td></td><td></td><td></td></tr>
<tr><td colspan="3">综合得分</td><td>100</td><td></td><td></td><td></td></tr>
<tr><td colspan="7">指导教师评语：</td></tr>
</table>

第四篇
快递信息存储分析技术

• 项目一　数据库技术 •

知识目标

◇ 掌握数据库的基本概念。

◇ 了解数据的基本分类。

◇ 掌握大数据的概念、特点及数据类型。

◇ 理解并掌握数据库在快递行业中的使用。

技能目标

◇ 能创建简单的快递企业数据库。

任务一　数据库技术基础

一、数据库的概念和类型

（一）数据库的基本知识

1. 数据库的概念

数据库是存储在计算机存储器中，结构化的相关数据的集合。它不仅存放数据，而且还存放数据之间的联系。

由于快递管理过程中需要处理大量的客户、供应商、商品、库存、物料等各种类型的数据，因此数据库是快递业务中不可或缺的工具，是快递企业信息系统的核心。没有数据库技术的支持，现代快递无法顺利进行。

2. 数据库的发展过程

利用计算机对数据进行处理经历了以下 4 个阶段。

（1）人工管理阶段。计算机诞生之初，外存储器只有纸带、磁带、卡片等，没有像磁盘这样的速度快、存储容量大、随机访问、直接存储的外存储器。软件方面，没有专门管理数据的软件，数据包含在计算或处理它的程序之中。

数据管理的任务，包括存储结构、存取方法、输入输出方式等完全由程序员通过编程实现。这一阶段的数据管理称为人工管理阶段。

（2）文件系统阶段。20 世纪 50 年代后期至 60 年代后期，计算机开始大量地用于各种管理中的数据处理工作。此时，在硬件方面，可直接存取的磁盘成为外存储器的主流；软件方面，出现了高级语言和操作系统。

这一阶段的数据处理采用程序与数据分离的方式，有了程序文件与数据文件的区别。数据文件可以长期保存在外存储器上被多次存取，程序使用文件名访问数据文件，程序员只需关注数据处理的算法，而不必关心数据在存储器上如何存取。这一阶段的数据管理称为文件系统管理阶段。

文件系统中的数据文件是为了满足特定的需要而专门设计的，为某一特定的程序而使用，数据与程序相互依赖。同一数据可能出现在多个文件中，这不仅浪费存储空间，而且由于不能统一更新，容易造成数据的不一致性。

（3）数据库系统阶段。随着社会信息量的迅猛增长，计算机处理的数据量也相应增大，文件系统存在的问题阻碍了数据处理技术的发展，于是数据库管理系统便应运而生。

数据库技术的主要目的是有效地管理和存取大量的数据资源，包括：提高数据的共享性，使多个用户能够同时访问数据库中的数据；减少数据的冗余度，提高数据的一致性和完整性；提供数据与应用程序的独立性，从而减少应用程序的开发和维护费用。

（4）分布式数据库系统阶段。20 世纪 70 年代以前，数据库多数是集中式的。网络技术的发展为数据库提供了良好的运行环境，使数据库从集中式发展到分布式，从主机/终端系统结构发展到客户/服务器系统结构。

（二）数据库的类型

数据库中的数据从整体来看是有结构的，即所谓数据的结构化。各实体以及实体间存在的联系的集合称为数据模型，数据模型的重要任务之一就是指出实体间的联系。

按照实体间的不同联系方式，数据库分为 3 种数据模型：层次模型、网络模型、关系模型。

1. 层次模型

层次模型的结构是树型结构，树的节点是实体，树的枝是联系，从上到下为一对多的联系，如图 4-1 所示。每个实体由“根”开始沿着不同的分支放在不同的层次上。如果不再向下分支，则此分支中最后的节点称为“叶”。

支持层次模型的数据库管理系统称为层次数据库管理系统，其中的数据库称为层次数据库，如图 4-2 所示。

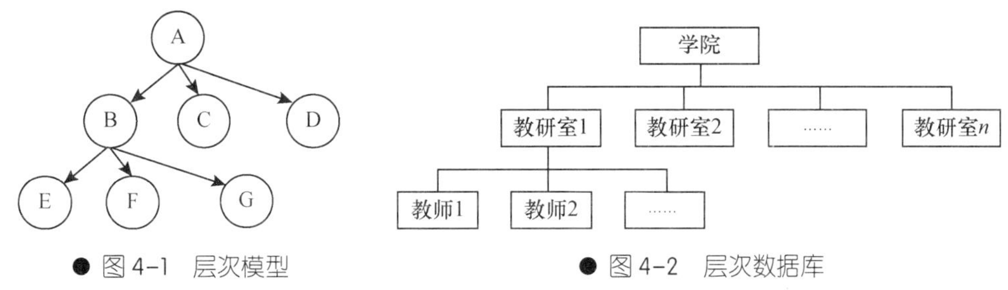

● 图 4-1　层次模型　　● 图 4-2　层次数据库

2. 网状模型

用网形结构表示实体及其之间的联系的模型称为网状模型。在网状模型中，每一个节点代表一个实体，并且允许节点有多于一个的“父”节点，如图 4-3 所示。网状模型代表了多对多的联系类型。

支持网状模型的数据库管理系统称为网状数据库管理系统，其中的数据库称为网状数据库，如图 4-4 所示。

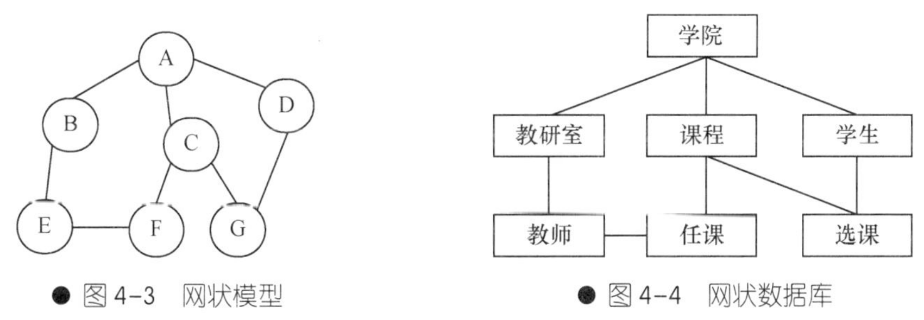

● 图 4-3　网状模型　　● 图 4-4　网状数据库

3. 关系模型

关系模型是以数学理论为基础构造的数据模型，它用二维表格来表示实体集中实体之间的联系。在关系模型中，操作的对象和结果都是二维表（即关系），表格与表格之间通过相同的栏目建立联系。关系模型有很强的数据表示能力和坚实的数学理论，且结构单一，数据操作方便，最易被用户接受。以关系模型建立的关系数据库是目前应用最广泛的数据库。由于关系数据库的许多优秀功能，层次数据库和网状数据库均已失去其

重要性。关系数据库示例见表 4-1。

表 4-1 关系数据库示例

学号	姓名	性别	出生日期	班级编号	专业	总学分	说明	照片
2001220203	李富强	男	08/03/1982	012202	计算机应用			
2001220212	冯见岳	男	06/18/1981	012202	计算机应用			
2001160208	罗海燕	女	12/06/1982	011602	国际贸易			
2001180105	张丽萍	女	01/08/1982	011801	会计			
2001180102	刘刚	男	07/13/1982	011801	会计			
2001160211	赵江山	男	05/16/1982	011602	国际贸易			
2001160221	许海霞	女	02/12/1981	011602	国际贸易			
2001220115	王春雷	男	10/20/1981	012201	计算机应用			
2001220207	李家富	男	03/13/1982	012202	计算机应用			
2001220215	张仙见	女	09/21/1981	012202	计算机应用			

关系数据库必须满足以下基本条件：表中的每一列必须是基本的数据项，不能再分解；表中的每一列必须是相同的数据类型；表中每一列的字段不能重复；表中每个记录的内容不能完全相同；表中行与列的顺序不影响表中的数据。

二、数据仓库

1. 数据仓库的特点

数据仓库（Data Warehouse）的概念开始是比尔・恩门（Bill Inmon）提出的。由于在数据仓库方面的杰出贡献，Bill Inmon 被称为“数据仓库之父”。他在其《建立数据仓库》一书中将数据仓库定义为“面向主题的、集成的、不可更新的、随时间变化的数据集合，用以支持企业或组织的决策分析过程”。根据 Bill Inmon 的定义，数据仓库具有以下特点。

（1）数据仓库是面向主题的。数据仓库的数据是按照一定的主题区域进行组织的。主题是一个抽象的概念，它是在较高的层次上将企业或组织信息系统中的数据综合、归并再进行综合分析和利用；从逻辑意义上讲，主题对应了企业或组织某一宏观分析领域所设计的分析对象。

（2）数据仓库是集成的。数据仓库中的数据来自分散的操作性数据，企业将所需的数据从原来的数据中抽取出来，对其进行加工和集成、统一与综合之后才能录入数据仓库。

（3）数据仓库是不可更新的。利用数据仓库的主要目的是进行决策分析，对数据仓库的操作主要是数据查询。因此，各种数据源的数据一经集成进入数据仓库之后，数据仓库的用户是不可以进行数据更新操作的。

（4）数据仓库是随时间变化的。许多决策分析需要对发展趋势进行预测，如预测某种产品的销售趋势。而预测需要访问历史数据。因此在数据仓库中主要存储的就是历史数据，随着时间的推移，应不断增加新的数据到数据仓库中。

2. 数据仓库与数据库的主要区别

（1）数据库是面向事物设计的，而数据仓库是面向主题设计的。

（2）数据库一般存储在线交易数据，而数据仓库存储的一般是历史数据。

（3）数据库设计师尽量避免数据冗余，一般采用符合范式的规则来设计；而数据仓库在设计时有意引入冗余，采用反范式来设计。

（4）数据库是为了捕获数据而设计的，而数据仓库是为了分析数据而设计的。

任务二　大数据及其应用

知识链接

丰鸟大数据事件

2017 年 6 月 1 日，菜鸟网络发出声明，顺丰速递在 2017 年 6 月 1 日凌晨关闭了自提柜数据的信息回传；同时当日中午，又进一步关闭了整个淘宝平台的物流信息回传。

在声明中，菜鸟网络称顺丰这一行为“导致了部分商家和消费者的信息混乱，可能会造成商家和消费者的重大损失”，并表示已经紧急建议商家暂时停止顺丰发货，改用其他物流公司的服务。

对此，顺丰回应：在 2017 年 5 月，菜鸟基于自身商业利益出发，要求丰巢提供与其无关的客户隐私数据，此类信息隶属于客户，丰巢本着“客户第一”的原则，拒绝这一不合理要求，菜鸟随后单方面于 2017 年 6 月 1 日 0 点切断丰巢信息接口。同时，顺丰还表示，阿里系平台已将顺丰从物流选项中剔除，菜鸟同时封杀第三方平台接口，已对商家发货造成困扰。

菜鸟方面则表示，在 2017 年 5 月 31 日晚上 6 点，菜鸟接到顺丰发来的数据接口暂停告知。2017 年 6 月 1 日凌晨，顺丰就关闭了自提柜的数据信息回传，此后菜鸟就暂停了对于丰巢快递柜的电话数据端口。

丰巢信息端口的断连实际上也是整场战争的导火索，在这一端口断连后半天时间

内，战火从丰巢与菜鸟波及顺丰与整个淘宝平台。顺丰的物流回传端口在2017年6月1日下午暂停。

2017年6月2日晚，国家邮政局召集菜鸟网络和顺丰速运高层来京，就双方关闭互通数据接口问题进行协调。双方同意从6月3日12时起，全面恢复业务合作和数据传输。

一、大数据的概念

大数据研究专家维克托·迈尔-舍恩伯格曾经说过：世界的本质是数据。在他看来，认识大数据之前，世界原本就是一个数据时代；认识大数据之后，世界不可避免地分为大数据时代、小数据时代。

随着社会的不断发展，各类数据不断累积，如果说小数据时代的各类分析调研更多的是靠样本采集，那么现在，不管从数据的维度还是层次来看，数据体量的累积已经到了一个海量的阶段。

在这两个时代的过渡中，人们也自然而然地从先前的样本思维转变成大数据时代需要具备的整体思维，以更好地运用大数据，或者说，抽样调查将成为过去时，对所有数据进行分析处理才是大数据时代应有的思维方式。

对于大数据的具体定义和价值，大多数人都停留在知其然而不知其所以然的阶段。但这也并不妨碍大数据这一词汇在大众心中的高度，它代表着先进，代表着高科技，代表着不可预知但可以预见的未来世界。

麦肯锡最早提出了大数据时代的到来："数据，已经渗透到当今每一个行业和业务职能领域，成为重要的生产因素。人们对于海量数据的挖掘和运用，预示着新一波生产率增长和消费者盈余浪潮的到来。"

对于大数据的定义，权威机构给出了不同的表述。

世界知名咨询企业高德纳给出的定义是：大数据是需要新处理模式才能具有更强的决策力、洞察发现力和流程优化能力来适应海量、高增长率和多样化的信息资产。

麦肯锡全球研究所给出的定义是：一种规模大到在获取、存储、管理、分析方面大大超出了传统数据库软件工具能力范围的数据集合，具有海量的数据规模、快速的数据流转、多样的数据类型和价值密度低四大特征。

还有一些定义是这样表述的，大数据是指无法用现有的软件工具提取、存储、搜索、共享、分析和处理的海量的、复杂的数据集合。

不管是信息资产还是数据集合，这些定义无不昭示着大数据对于人们未来社会的价值。

二、大数据的特点

业界通常用4V（即Volume、Variety、Value、Velocity）来概括大数据的特征，如图4-5所示。

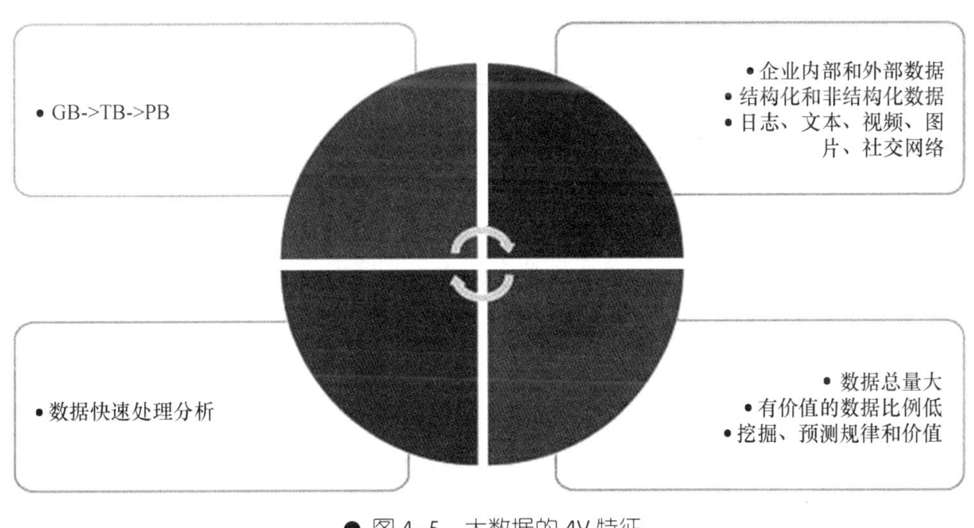

● 图4-5　大数据的4V特征

1. 数据体量巨大（Volume）

截至目前，人类生产的所有印刷材料的数据量是200 PB（1 PB = 2^{10} TB），而历史上全人类说过的所有的话的数据量大约是5 EB（1 EB = 2^{10} PB）。当前，典型个人计算机硬盘的容量为TB量级，而一些大企业的数据量已经接近EB量级。

2. 数据类型繁多（Variety）

数据类型的多样性也让数据被分为结构化数据和非结构化数据。相对于以往便于存储的以文本为主的结构化数据，非结构化数据越来越多，包括网络日志、音频、视频、图片、地理位置信息等，这些多类型的数据对数据的处理能力提出了更高要求。

3. 价值密度低（Value）

价值密度的高低与数据总量的大小成反比。以视频为例，一部1小时的视频，在连续不间断的监控中，有用数据可能仅有一两秒。如何通过强大的机器算法更迅速地完成数据的价值“提纯”成为目前大数据背景下亟待解决的难题。

4. 处理速度快（Velocity）

这是大数据区别于传统数据挖掘的最显著特征。根据互联网数据中心（Internet Data Center，IDC）的“数字宇宙”的报告，预计到2020年，全球数据使用量将达到35.2 ZB（1 ZB = 2^{10} EB）。在如此海量的数据面前，处理数据的效率就是企业的生命。

三、大数据的数据类型

大数据的数据类型主要包括以下几种。

1. 交易数据

大数据平台能够获取时间跨度更大、更海量的结构化交易数据，这样就可以对更广泛的交易数据类型进行分析，不仅仅包括 POS 机或电子商务购物数据，还包括行为交易数据，如网络服务器记录的互联网点击流数据日志。

2. 人为数据

非结构数据广泛存在于电子邮件、文档、图片、音频、视频以及博客、维基中，尤其是社交媒体产生的数据流。这些数据为使用文本分析功能进行分析提供了丰富的数据源泉。

3. 移动数据

能够上网的智能手机和平板电脑越来越普遍，这些移动设备上的应用软件（APP）都能够追踪和沟通无数事件，从 APP 内的交易数据（如搜索产品的记录事件）到个人信息资料或状态报告事件（如地点变更即报告一个新的地理编码）。

4. 机器和传感器数据

机器和传感器数据包括功能设备创建或生成的数据，如智能电表、智能温度控制器、工厂机器和连接互联网的家用电器。这些设备可以配置为与互联网络中的其他节点通信，还可以自动向中央服务器传输数据，这样就可以对数据进行分析。来自物联网的机器和传感器数据可以用于构建分析模型，连续监测预测性行为（如当传感器值表示有问题时进行识别），提供规定的指令（如警示技术人员在真正出问题之前检查设备）。

四、大数据在快递行业中的具体应用

随着大数据时代的到来，大数据技术可以通过构建数据中心，挖掘出隐藏在数据背后的信息价值，从而为企业提供有益的帮助，为企业带来利润。面对海量数据，快递企业在不断增加大数据方面投入的同时，不应仅仅把大数据看作是一种数据挖掘、数据分析的信息技术，而应该把大数据看作是一项战略资源，充分发挥大数据给快递企业带来的发展优势，在战略规划、商业模式和人力资本等方面做出全方位的部署。

所谓快递的大数据，即揽收、运输、搬运装卸、分拣及派送等环节中涉及的数据、信息等。通过大数据分析可以提高运输与配送效率、减少快递成本、更有效地满足客户服务要求。将所有快件流通的数据、快递公司、供求双方有效结合，形成一个巨大的即时信息平台，从而实现快速、高效、经济的物流。信息平台不是简单地为企业客户的物流活动提供管理服务，而是通过对企业客户所处供应链的整个系统或行业物流的整个系统进行详细分析后，提出具有指导意义的解决方案。

大数据在快递企业中的应用贯穿了快递企业的各个环节。主要表现在快递决策、企业行政管理、客户管理及智能预警等过程中。

1. 大数据在快递决策中的应用

在快递决策中，大数据技术应用涉及竞争环境的分析与决策、快递供给与需求匹配、快递资源优化与配置等。

在竞争环境分析与决策中，为了达到利益的最大化，需要与合适的快递或电商等企业合作，对竞争对手进行全面的分析，预测其行为和动向，从而了解在某个区域或是在某个特殊时期，应该选择的合作伙伴。

快递供给与需求匹配方面，需要分析特定时期、特定区域的快递供给与需求情况，从而进行合理的配送管理。供需情况也需要采用大数据技术，从大量的半结构化网络数据，或企业已有的结构化数据，即二维表类型的数据中获得。

快递资源优化与配置方面，主要涉及运输资源、存储资源等。快递市场有很强的动态性和随机性，需要实时分析市场变化情况，从海量的数据中提取当前的快递需求信息，同时对已配置和将要配置的资源进行优化，从而实现对快递资源的合理利用。

2. 大数据在快递企业行政管理中的应用

在快递企业行政管理中也同样可以应用大数据相关技术。例如，在人力资源方面，在招聘人才时，需要选择合适的人才，对人才进行个性分析、行为分析、岗位匹配度分析，对在职人员同样也需要进行忠诚度、工作满意度等分析。

3. 大数据在快递客户管理中的应用

大数据在快递客户管理中的应用主要表现在客户对快递服务的满意度分析、老客户的忠诚度分析、客户的需求分析、潜在客户分析、客户的评价与反馈分析等方面。

4. 大数据在快递智能预警中的应用

快递业务具有突发性、随机性、不均衡性等特点，通过大数据分析，可以有效了解消费者偏好，预判消费者的消费可能，提前做好货品调配，合理规划快递路线方案等，从而提高快递高峰期间快递的运送效率。

知识链接

国际快递三巨头大数据应用案例

一、敦豪快递

敦豪快递（DHL）是全球最大的速递货运公司之一。DHL 的快运卡车特别改装成为智能卡车，并装有摩托罗拉的 XR48ORFID 阅读器，每当运输车辆装载和卸载货物时，

车载计算机会将货物上 RFID 传感器的信息上传至服务器，服务器会在更新数据之后动态运算出最新最优的配送序列和路径。另一方面，在运送途中，远程信息处理数据库会根据即时交通状况和 GPS 数据实时更新配送路径，做到更精确的取货和交货、对随时接收的订单做出更灵活的反应以及向客户提供有关取货时间的精确信息。

DHL 通过对末端运营大数据的采集，实现全程可视化的监控，实现最优路径的调度，同时精确到每一个运营节点。

此外，拥有 Crowd-Based 手机应用程序的客户可以实时更新他们的位置或者即将到达的目的地，DHL 的包裹配送人员能够实时收到客户的位置信息，防止配送失败，甚至按需更新配送目的地。

敦豪快递的大数据应用如图 4-6 所示。

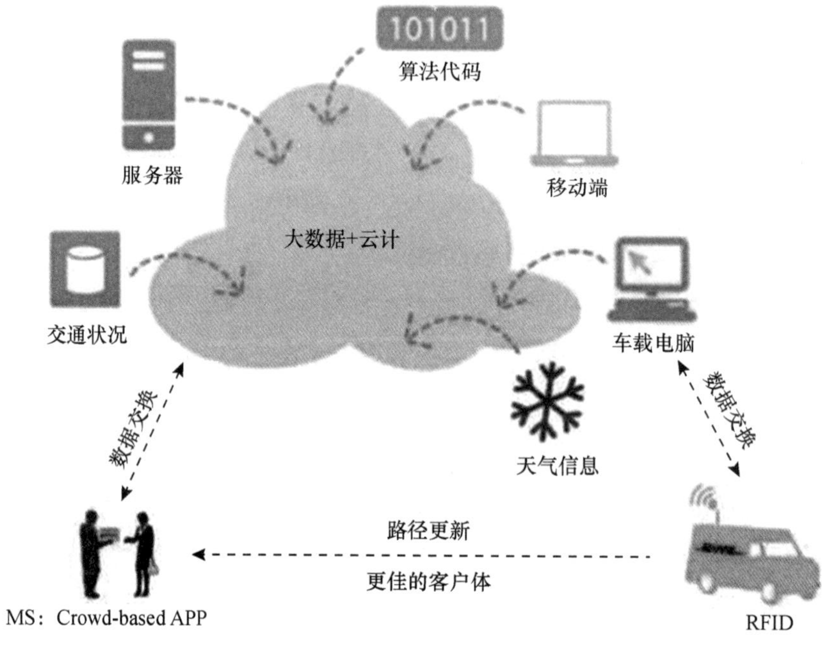

● 图 4-6　敦豪快递的大数据应用

二、联邦快递

联邦快递（FedEx）是世界最大的快递集团之一，联邦快递甚至可以让包裹主动传递信息。通过灵活的感应器，可以实现近乎实时的反馈，包括温度、地点和光照，使得客户在任何时间都能了解到包裹所处的位置和环境。而司机也可在车里直接修改订单物流信息。

联邦快递的大数据应用如图 4-7 所示。

三、联合包裹快递

联合包裹快递（UPS）通过大数据实现配送末端最优路径的规划，同时提出尽量右

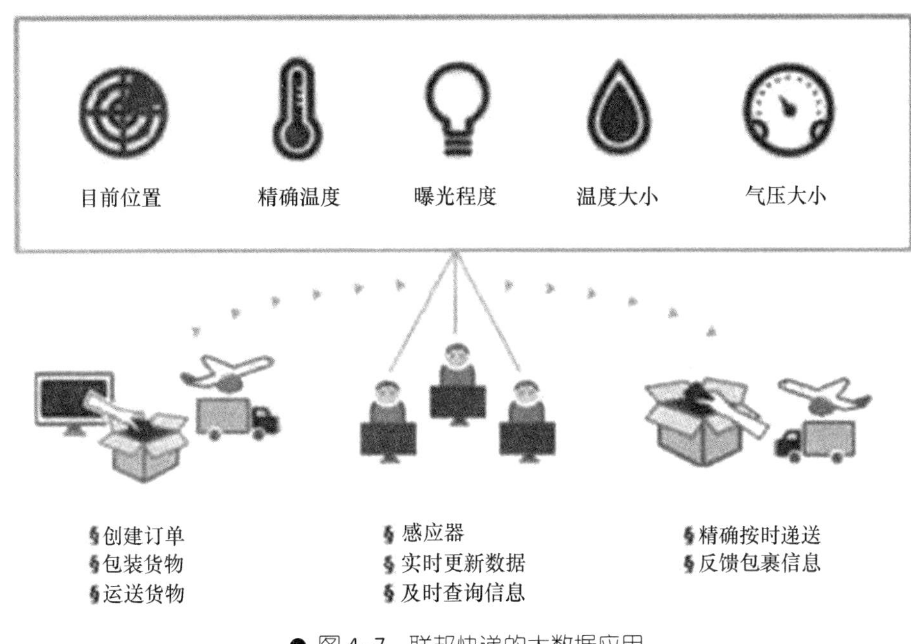

● 图 4-7 联邦快递的大数据应用

转的配送策略，实现每年节省 5 千万美元的燃油成本，并增加 35 万个包裹配送。

UPS 特有的基于大数据分析的 ORION 系统通过联网配货机动车的远程信息服务系统，实时分析车辆、包裹信息、用户喜好和送货路线数据，实时计算最优路线，并且全程通过 GPS 跟踪信息。

UPS 最著名的大数据分析案例就是送货卡车不能左转。根据 ORION 系统分析，左转会导致货车在左转道上长时间等待，不但增加油耗，而且发生事故比例也会上升，所以 UPS 基于城市车流大数据绘制了“连续右转环形行驶”的送货路线图，实现高效配送。

联合包裹快递的大数据应用如图 4-8 所示。

项目小结

本项目主要介绍了数据库技术相关知识，包括数据库的概念、发展过程及数据库的类型；数据仓库的特点，数据库与数据仓库的区别；大数据的概念、特点、数据类型以及大数据在快递行业的具体应用等。

知识巩固

（1）数据库的概念、发展过程是什么？

（2）数据库的类型有哪些？

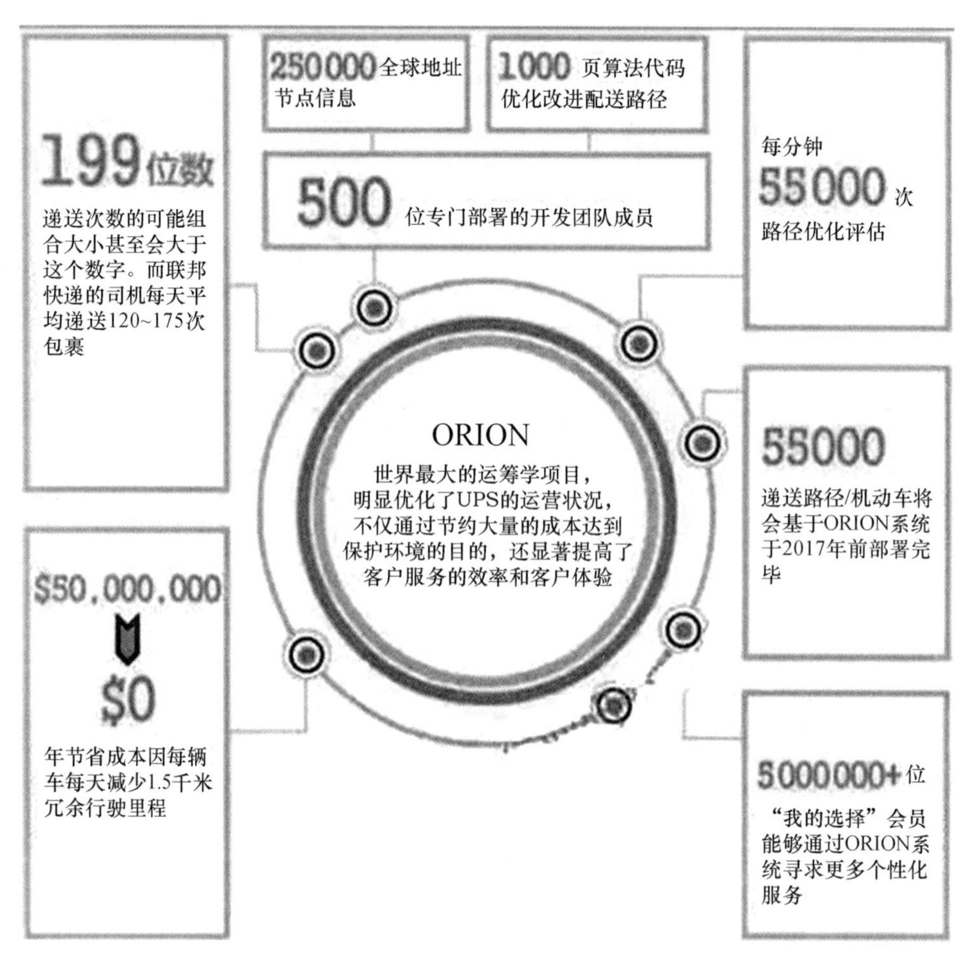

● 图 4-8　联合包裹快递的大数据应用

（3）大数据的特点是什么？

实训任务　检索文献

实训目的

（1）通过对检索过程的操作，进一步加深对网络技术和数据库知识的认知，达到巩固所学知识的目的。

（2）培养专业文献检索的能力。

实训参考

（1）含有“快递信息”的期刊显示如图 4-9 所示。

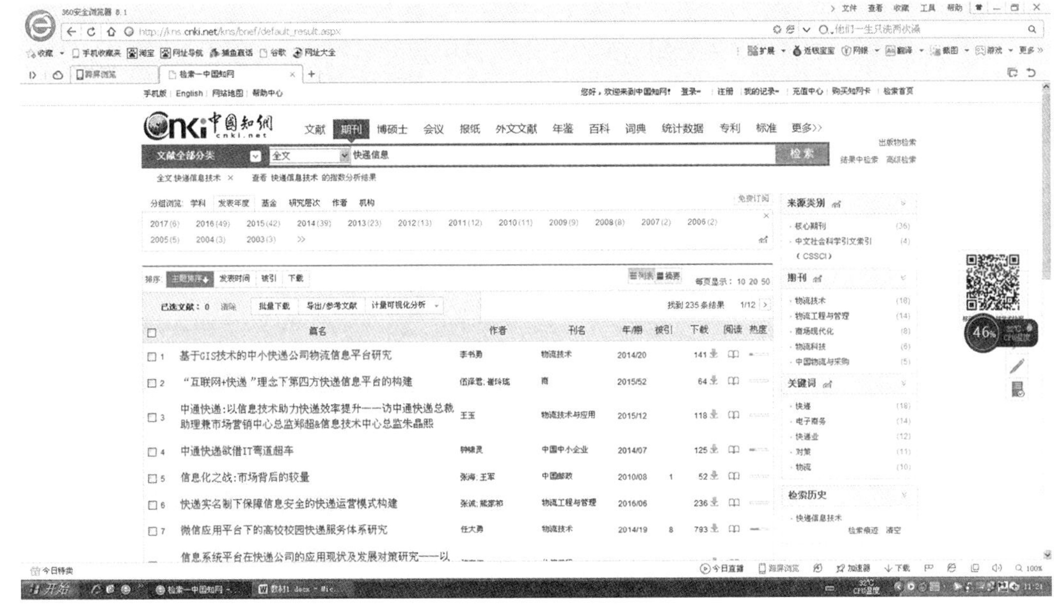

● 图4-9 含有“快递信息”的期刊显示

（2）使用“高级检索”设置条件值：在“关系”中可以设置“并含”“或含”和“不含”，同时设置文献的起止年限和来源。

（3）采用“一筐式检索”，检索“智能快递”相关文献，并按照引用的次序显示出来。

下载格式可以采取“CAJ”“PDF”两种形式。更多具体的文献检索方法，可以浏览中国知网的操作指南页面。

实训要求

（1）在中国知网上检索出含有“快递信息”的期刊，并按照“主题排序”显示出来。

（2）搜索2010—2017年关键字，包含“快递”和“快递成本”这两个词，并采用“模糊”查询的所有文献，阅读并归纳总结其主要内容。

（3）搜索所有关于“智能快递”的文献，按照“被引”降序排列，阅读被引最多的文献，总结归纳其主要内容。

（4）将搜索到的资料按要求形成实训报告，并制作PPT，课堂分组展示与交流。

实训准备

（1）教师准备实训任务书，讲清楚该任务实施的目标和知识要点。

（2）实训中心准备实训设备，即机房能够上网的计算机。

（3）根据任务要求对学生分组，5 人一组，设组长一名。

实训考核

实训考核表

考核事项	评价标准	分值	分值比例			
			自评（10%）	小组（10%）	教师（80%）	小计
报告格式和内容	规范完整程度	50				
实训过程反馈	独立实践完成	50				
合计		100				
评语（主要是建议）						

• 项目二　数据挖掘与区块链技术 •

知识目标

◇ 掌握数据挖掘的定义及常用方法。
◇ 了解数据挖掘的发展过程。
◇ 了解区块链的定义及分类。
◇ 了解数据挖掘及区块链技术在快递企业中的使用。
◇ 掌握数据挖掘的定义及常用方法。

技能目标

◇ 能全面掌握数据挖掘、区块链技术在快递企业的应用。

任务一　数据挖掘技术

一、数据挖掘的定义及发展

1. 数据挖掘的定义

数据挖掘（Data Mining）又称为资料探勘、数据采矿。它是数据库知识发现（Knowledge-Discovery in Databases，KDD）中的一个步骤。数据挖掘一般是指从大量的数据中通过算法搜索隐藏于其中信息的过程。数据挖掘通常与计算机科学有关，并通过统计、在线分析处理、情报检索、机器学习、专家系统（依靠过去的经验法则）和模式识别等诸多方法来实现上述目标。

数据挖掘就是从大量的、不完全的、有噪声的、模糊的、随机的数据中，提取隐含在其中的、人们事先不知道的，但又潜在有用的信息和知识的过程。即数据挖掘产生的前提是需要从多年积累的大量数据中找出隐藏在其中的、有用的信息和规律。某些具有特定应用问题和应用背景的领域是最能体现数据挖掘作用的应用领域，如运输业、金融业、保险业、零售业、医疗、行政司法、工业部门等社会部门以及科学和工程研究单位等。

2. 数据挖掘的发展阶段

第一阶段是电子邮件阶段。这个阶段可以认为是从 20 世纪 70 年代开始，平均通信量以每年几倍的速度增长。

第二阶段是信息发布阶段。从 1995 年起，以万维网（Web）技术为代表的信息发布系统爆炸式地成长起来，成为目前互联网的主要应用。

第三阶段是电子商务阶段（Electronic Commerce，EC）。1997 年年底，在加拿大温哥华举行的第五次亚太经合组织领导人非正式会议上，时任美国总统克林顿提出敦促各国共同促进电子商务发展的议案，引起了全球首脑的关注，IBM、惠普等国际著名的信息技术厂商宣布 1998 年为电子商务年。

第四阶段是全程电子商务阶段。随着软件服务模式（Software as a Service，SaaS）的出现，软件纷纷登录互联网，延长了电子商务链条，形成了当下最新的“全程电子商务”概念模式。

二、数据挖掘的常用方法

1. 聚类检测方法

聚类检测方法是最早的数据挖掘技术之一，也称为无指导的知识发现或无监督学习。聚类生成的组叫簇，簇是数据对象的集合。聚类检测的过程就是使同一个簇内的任意两个对象之间具有较高的相似性，不同的簇的两个对象之间具有较高的相异性。

用于数据挖掘的聚类检测方法有：划分的方法、层次的方法、基于密度的方法、基于网络的方法和基于模型的方法等。

2. 决策树方法

决策树主要应用于分类和预测，提供了一种展示类似在什么条件下会得到什么值的规则的方法，一个决策树表示一系列的问题，每个问题决定了继续下去的问题会是什么。决策树的基本组成包括决策节点、分支和叶子，顶部的节点称为“根”，末梢的节点称为“叶子”。数据挖掘中决策树是一种经常采用的技术，常用的算法有 CHAID、CART、Quest、ID3 和 C5.0 等。决策树适合于处理非数值型数据，但如果生成的决策树过于庞大，会对结果的分析带来困难，因此需要在生成决策树后再对决策树进行剪枝处理，最后将决策树转化为规则，用于对新事例进行分类。

3. 人工神经网络

人工神经网络方法越来越受到人们的关注，主要因为它为解决大复杂度问题提供了一种相对来说比较有效的简单方法。人工神经网络方法主要用于分类、聚类、特征挖掘、预测等方面。它通过向一个训练数据集学习和应用所学的知识，生成分类和预测的模式。对于数据是不定性的和没有任何明显模式的情况，应用人工神经网络方法比较有效。人工神经网络方法仿真生物神经网络，其基本单元模仿人脑的神经元，被称为节点；同时利用链接连接节点，类似于人脑中神经元之间的连接。人工神经网络主要有前馈式网络、反馈式网络和自组织网络。

4. 遗传算法

遗传算法模仿人工选择培育良种的思路，从一个初始规则集合开始，迭代地通过交换对象成员（杂交、基因突变）产生群体（繁殖），评估并择优复制（物竞天择、适者生存），优胜劣汰逐代积累计算，最终得到最有价值的知识集。遗传算法能够产生一群优良后代，这些后代力求满足适应性，经过若干代的遗传，将得到满足要求的后代，即问题的解。

5. 关联分析方法

世界上的许多事物相互间都存在着“关系”，如四通八达的铁路、公路将城市连接在一起，处方将医生与患者联系在一起等。关联分析方法特别适合于从关系中挖掘知识。关联分析方法包含关联发现、序列模式发现和类似的时序发现等。

6. 基于记忆的推理算法

基于记忆的推理算法使用一个模型的已知实例来预测未知的实例，使用基于记忆的推理算法时，要求预先已有一个已知的数据集（称作基本数据集或训练数据集），并且已知这个数据集中记录的特征。当需要评估一条新记录时，该算法在已知数据集中找到和新记录类似的记录（称为“邻居”），然后使用邻居的特征对新记录预测和分类。

三、数据挖掘技术应用

物流快递企业竞争异常激烈，要想在众多企业之中脱颖而出，就要实现企业的信息化建设，并有效利用数据挖掘技术，收集大量数据，帮助企业实时了解市场的动态，及时针对快速变化的环境做出响应，通过分析预测，抓住各种重要商机。

1. 对市场进行预测

随着市场竞争的加剧、企业精细化管理愿望的增强，以及先进技术方法的开发应用，对数据进行挖掘利用已成为物流企业推出商品、争取客户、增加利润、提升自我竞争力的突破口。物流企业产生的数据量庞大、更新快，并且来源多样化，通过对这些数据进行有效挖掘，可以确定客户群，并推出有竞争力的商品。商品具有一定的生命周期，一旦该商品进入市场，其销售量和利润都会随时间的推移而发生变化。不同阶段，商品的生产、配送、销售策略各不相同，这需要提前进行生产计划、生产作业安排及提前配置库存和提前制定运输策略，即物流企业要注重商品的生命周期，合理地控制库存和安排运输，对不同的商品对象建立相应的预测模型。物流企业可以通过聚类分析作为市场预测的手段，为决策提供依据。

2. 有助于物流中心的选址

物流中心的选址是构建物流体系过程中极为重要的部分，其主要是求解运输成本、

变动处理成本和固定成本等之和的最小化问题。选址需要考虑中心点如何分布和中心点数量等，尤其是多中心选址的问题。多中心选址是指在一些已知的备选地点中选出一定数目的地点来设置物流中心，使形成的物流网络的总代价（主要指费用）最低。在实际操作中，当问题规模变得很大或者要考虑一些市场因素（如顾客需求量）时，数学规划就存在一些困难。针对这一问题，可以用数据挖掘中分类树的方法来解决。

3. 物流管理中的仓储

电子商务的快速发展，使得现代物流管理对仓储的要求越来越高。合理安排商品的存储、合理摆放商品、提高拣货效率、压缩商品的存储成本、提供更多客户自定义产品和服务、提供更多的增值服务等是当前物流管理者必须思考的问题。利用数据挖掘技术中的关联分析方法可以帮助优化仓库的存储。关联分析方法的主要目的就是挖掘出隐藏在数据间的相互关系。

4. 优化物流的配送路径

配送路径的选取直接影响着物流企业的配送效率。物流配送体系中，管理人员需要采取有效的配送策略以提高服务水平、降低整体运输成本。首先，要解决配送路径问题。配送路径是车辆确定到达客户的路径，每一客户只能被访问一次且每条路径上的客户需求量之和不能超过车辆的承载能力。其次，提高配送车辆的有效利用率。如果在运输过程中车辆空载或不能充分利用车辆的运送能力，就会增加物流企业的运输费用。最后还要考虑商品的规格和利润价值。遗传算法可以对物流的配送路径进行优化，它可以把在局部优化时的最优路线继承下来，应用于整体，而其他剩余的部分则结合区域周围的剩余部分（即非遗传的部分）进行优化，输出送货线路车辆调度的动态优化方案。

5. 客户分析

物流管理也是实现对客户服务的一种管理活动，所以有必要对客户进行分析，使企业能对目标客户群采取有针对性的且高效的促销措施，以更快的速度、更高的准确度和更出色的客户服务，满足客户个性化的需求，建立并保持客户忠诚度，增加企业的销售额，降低企业的营销成本。客户分析是依据收集到的关于客户的数据来了解客户的需求，分析客户特征，评估客户价值，从而为客户制定相应的营销策略与资源配置计划。通过定性与对比的应用，对客户特征进行准确的概念描述，物流企业能够充分挖掘出客户价值。通过数据挖掘还可以找到流失客户的共同特征，可以在那些具有相似特征的客户未流失之前进行有针对性的弥补。

我国物流企业在数据挖掘应用方面还处于起步阶段，但这些企业可以结合自身的实际情况，从最基本的数据挖掘技术应用做起，随着物流行业的不断发展，数据挖掘技术将会为管理决策提供更加强大的支持功能，为物流企业的发展保驾护航。

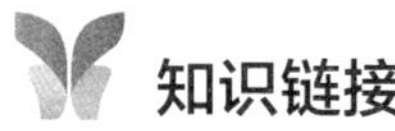

知识链接

数据挖掘帮助敦豪快递（DHL）实时跟踪货箱温度

DHL 是国际快递和物流行业的全球市场领先者，它提供快递、水陆空三路运输、合同物流解决方案，以及国际邮件服务。DHL 的国际网络将超过 220 个国家及地区联系起来，员工总数超过 28.5 万人。在美国食品药品监督管理局（FDA）要求确保运送过程中药品装运的温度达标这一压力之下，DHL 的医药客户强烈要求提供更可靠且更实惠的选择。这就要求 DHL 在递送的各个阶段都要实时跟踪集装箱的温度。

虽然由记录器方法生成的信息准确无误，但是无法实时传递数据，客户和 DHL 都无法在发生温度偏差时采取任何预防和纠正措施。因此，敦豪快递（DHL）的母公司德国邮政世界网（DPWN）通过技术与创新管理（TIM）明确拟定了一个计划，准备使用 RFID 技术在不同时间点全程跟踪装运货箱的温度。通过国际商业机器公司（IBM）全球企业咨询服务部绘制决定服务的关键功能参数的流程框架。DHL 获得了两方面的收益：对于最终客户来说，能够使医药客户对运送过程中出现的装运问题提前做出响应，并以引人注目的低成本全面切实地增强了运送可靠性。对于 DHL 来说，提高了客户满意度和忠实度，为保持竞争差异奠定坚实的基础，并成为重要的新的收入增长来源。

任务二 区块链技术

一、区块链的定义

狭义来讲，区块链是一种按照时间顺序将数据区块以顺序相连的方式组合成的一种链式数据结构，并以密码学方式保证的不可篡改和不可伪造的分布式账本。

广义来讲，区块链技术是利用块链式数据结构来验证与存储数据、利用分布式节点共识算法来生成和更新数据、利用密码学的方式保证数据传输和访问的安全、利用由自动化脚本代码组成的智能合约来编程和操作数据的一种全新的分布式基础架构与计算方式。

一般说来，区块链系统由数据层、网络层、共识层、激励层、合约层和应用层组成。其中，数据层封装了底层数据区块以及相关的数据加密和时间戳等基础数据和基本算法；网络层则包括分布式组网机制、数据传播机制和数据验证机制等；共识层主要封装网络节点的各类共识算法；激励层将经济因素集成到区块链技术体系中来，主要包括经济激励的发行机制和分配机制等；合约层主要封装各类脚本、算法和智能合约，是区

块链可编程特性的基础；应用层则封装了区块链的各种应用场景和案例。该模型中，基于时间戳的链式区块结构、分布式节点的共识机制、基于共识算法的经济激励和灵活可编程的智能合约是区块链技术最具代表性的创新点。

二、区块链的分类

区块链分为公有区块链、联合（行业）区块链和私有区块链三类。

1. 公有区块链

公有区块链（Public Block Chains）：世界上任何个体或者团体都可以发送交易，且交易能够获得该区块链的有效确认，任何人都可以参与其共识过程。公有区块链是最早的区块链，也是应用最广泛的区块链，各大比特币系列的虚拟数字货币均基于公有区块链，世界上有且仅有一条该币种对应的区块链。

2. 联合（行业）区块链

行业区块链（Consortium Block Chains）：由某个群体内部指定多个预选的节点为记账人，每个块的生成由所有的预选节点共同决定（预选节点参与共识过程），其他接入节点可以参与交易，但不过问记账过程（本质上还是托管记账，只是变成分布式记账，预选节点的多少，如何决定每个块的记账者成为该区块链的主要风险点），其他任何人可以通过该区块链开放的应用程序接口（API）进行限定查询。

3. 私有区块链

私有区块链（Private Block Chains）：仅仅使用区块链的总账技术进行记账，可以是一个公司，也可以是个人，独享该区块链的写入权限，本链与其他的分布式存储方案没有太大区别。公有区块链的应用如比特币已经工业化，私有区块链的应用产品还在摸索当中。

三、区块链的特征

1. 去中介化

由于使用分布式核算和存储，体系不存在中心化的硬件或管理机构，任意节点的权利和义务都是均等的，系统中的数据块由整个系统中具有维护功能的节点来共同维护。

2. 开放性

系统是开放的，除了交易各方的私有信息被加密外，区块链的数据对所有人公开，任何人都可以通过公开的接口查询区块链数据和开发相关应用，因此整个系统信息高度透明。

3. 自治性

区块链采用基于协商一致的规范和协议（如一套公开透明的算法）使得整个系统

中的所有节点能够在去信任的环境中自由安全地交换数据，使得对“人”的信任改成了对机器的信任，任何人为的干预不起作用。

4. 信息不可篡改

一旦信息经过验证并添加至区块链，就会被永久地存储起来，除非能够同时控制住系统中超过51%的节点，否则单个节点上对数据库的修改是无效的，因此区块链的数据稳定性和可靠性极高。

5. 匿名性

由于节点之间的交换遵循固定的算法，其数据交互是无须信任的（区块链中的程序规则会自行判断活动是否有效），因此交易对手无须通过公开身份的方式让对方对自己产生信任，对信用的累积非常有帮助。

知识链接

区块链在物流供应链中的应用

供应链行业往往涉及诸多实体，包括物流、资金流、信息流等，这些实体之间存在大量复杂的协作和沟通。传统模式下，不同实体保存各自的供应链信息，严重缺乏透明度，造成了较高的时间成本和金钱成本，而且一旦出现问题（冒领、货物假冒等）难以追查和处理。

通过区块链各方可以获得一个透明可靠的统一信息平台，可以实时查看状态，降低物流成本，追溯物品的生产和运送整个过程，从而提高供应链管理的效率。当发生纠纷时，举证和追查也变得更加清晰和容易。

该领域被认为是区块链一个很有前景的应用方向。例如运送方通过扫描二维码来证明货物到达指定区域，并自动收取提前约定的费用。

阿里和京东相继传出各自在区块链商品溯源技术方面的计划，商品防伪溯源正式成为这两家电商巨头利用区块链技术争夺的第一个领域。

一、行业黑名单共享

区块链就像一个无法更改的、去中心化的加密账本，可以将每个公司的从业人员黑名单记录在链上，其他公司也可以查询，而且数据不可以被修改，并能够追溯到这个人是在哪家公司做了什么样的不恰当行为等信息。

二、安全事件监管

很多物流公司会装上安检机，政府也想知道物流公司有没有运输安全隐患事件。区块链技术可以通过分布式记账的模式，让各个物流公司将物品的有效信息记录于区块链上且不可篡改，使得监管机构可以实时监控。

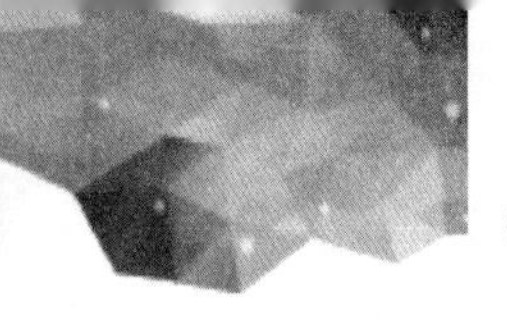

三、优化日程安排

物流信息存储在数据库里，区块链的存储解决方案会自主决定物品的运输路线和日程安排。还可对过往的运输经验进行分析，不断更新自己的路线和日程设计技能，使效率不断提高。对于收货人来说，不但能从货物离港到货物到达目的港为止全程跟踪其物流消息，并且还能随时修改优化货物运输的日程安排。

四、保证货物安全

货物的运输流程可以清晰地记录到链上，从装载、运输，到取件，整个流程清晰可见，可优化资源利用、压缩中间环节，提升整体效率。通过区块链记录货物从发出到接收过程中的所有步骤，确保信息的可追溯性，从而避免丢包、错误认领事件的发生。

对于快件签收情况，只需查下区块链即可，杜绝快递员通过伪造签名来冒领包裹等问题，也可促进物流实名制的落实。企业也可以通过区块链掌握产品的物流方向，防止窜货，利于打假，保证线下各级经销商以及用户的利益。

项目小结

本项目主要介绍了数据挖掘及区块链技术相关知识，包括数据挖掘的定义、发展过程、常用方法以及在快递行业的应用，区块链技术的定义及分类等。

知识巩固

（1）简述数据挖掘的定义及发展过程。

（2）区块链技术的定义是什么？

• 项目三　电子数据交换技术 •

知识目标

◇ 掌握电子数据交换的基本概念、特点和分类。

◇ 了解电子数据交换系统的构成及工作原理。

◇ 掌握电子数据交换标准的定义、构成和标准要素。

◇ 了解电子数据交换技术在快递行业中的具体应用。

技能目标

◇ 能够利用电子数据交换技术实现快递行业信息的传输。

导入案例

上海海关通关业务计算机及电子数据交换应用

上海是全国最大的通关口岸之一。上海海关日处理进出口报关单约 1.2 万份，征收关税占全国海关 1/4 以上，进出口货物年递增约 30%。上海海关全部通关业务均使用计算机作业。

上海海关在通关业务方面的计算机管理始于 1985 年，从刚开始时的单独业务环节处理程序发展到现在能全面、系统地处理海关业务和采用电子数据交换（Electronic Data Interchange，EDI）技术的现代化的大型数据处理系统。其发展过程大致经历了三个阶段。

第一阶段：1985—1989 年。

该阶段是计算机应用的起步阶段，海关开始在单独的业务环节上（如征税、统计、查询等方面）使用计算机作辅助处理，减轻了海关关员的劳动强度，提高了工作效率。

第二阶段：1990—1994 年。

该阶段上海海关全面使用了海关总署开发的 H883 报关自动化计算机管理系统，标志着上海海关彻底摆脱了手工作业的局面。计算机不仅作为一种辅助手段，而且发展成一种规范化的作业流程。计算机采集的海关业务数据通过全国海关的网络系统，汇总成国家数据资源的一部分，为国家的宏观决策提供依据。

从信息化的角度来看该阶段只能属于电子数据处理（Electronic Data Processing，EDP），是一种系统内部的电子数据处理系统。随着大量的原始数据的采集和录入，逐

步形成了信息化处理的瓶颈。其间，国家不同的管理部门以及不同行业、企业等各自内部系统的 EDP 也得到了蓬勃发展，又产生了不同的 EDP 之间的数据交换需求。因此，海关总署开始组织研究和开发 EDI 系统。

第三阶段：1995—1999 年。

海关总署将原来的 H883 系统升级为 H883/EDI 系统，并为上海海关装备了 EDI 平台使用的 AMTrix EDI 系统，使上海海关的计算机管理系统从 EDP 发展成了 EDI 系统。围绕海关业务，EDI 也在上海的外贸企业、进出口公司以及报关企业中得到应用。

作为海关 EDI 通关系统的一部分，1994 年底在上海海关开始应用至今的“海关空运快递 EDI 系统”，年均处理 200 万批国际快递物品，并全面实现无纸化作业，世界海关组织（WCO）曾联合其他组织在上海虹桥国际机场海关开现场会，向全世界推荐该 EDI 系统。海关 EDI 通关系统荣获国家科技进步三等奖。

任务一　电子数据交换技术概述

一、EDI 的概念

由于 EDI 应用的领域不同，EDI 技术的实施所达到的目的不同，EDI 的定义也不统一。至今 EDI 的定义还没有一个统一的规范。

美国国家标准局 EDI 标准委员会对 EDI 的解释是：在相互独立的组织机构之间所进行的标准格式、非模糊、的具有商业或战略意义的信息的传输。

联合国 EDIFACT 培训指南认为：在最少的人工干预下，在贸易伙伴的计算机应用系统之间标准格式数据的交换。

国际标准化组织（ISO）将 EDI 描述成：将贸易（商业）或行政事务处理按照一个公认的标准变成结构化的事务处理或信息数据格式，从计算机到计算机的电子传输。

国际电信联盟远程通信标准化组（ITU-T）将 EDI 定义为：从计算机到计算机的结构化的事务数据互换。

从上述解释中，对 EDI 技术的定义可以归纳出以下几点：①EDI 是计算机系统之间所进行的电子信息传输。②EDI 是标准格式和结构化电子数据的交换。③EDI 是由发送者和接收者达成一致的标准和结构。④EDI 由计算机自动读取而无须人工干预。⑤EDI 是为了满足商业用途。

本书将 EDI 的概念概括为：EDI 是参加商业运作的双方或多方按照协议，对具有一定结构的标准商业信息，通过数据通信网络，在参与方计算机之间进行传输和自动处理。因此，EDI 是一个电子平台，无论是快递领域还是其他领域，都是 EDI 的一个具体的应用对象或应用实例。

二、EDI 的特点

EDI 作为一种全球性的电子化贸易手段，具有以下显著的特点。

1. 单证格式化

EDI 传输的是格式化的数据，如订购单、报价单、发票、货运单、装箱单、报关单等，这些信息都有固定的格式与行业通用性，而信件、公函等一般性的通知不属于 EDI 传输的范围。

2. 报文标准化

EDI 所传输的报文是格式化的，并且符合国际或行业标准，这是计算机能自动处理的前提条件。同时应具有跟踪、确认、防篡改、防冒领、电子签名等一系列严密的安全保密功能，以保证对方计算机能准确、安全地接收。目前，应用最为广泛的 EDI 标准是联合国/行政、商业和运输电子数据交换（United Nations/Electronic Data Interchange For Administration，Commerce and Transport，UN/EDIFACT）及 ANSI X12。

3. 处理自动化

EDI 信息的传递路径是从计算机到数据通信网络，再到商业伙伴的计算机。信息最终被传递到计算机应用系统，它可以自动处理 EDI 系统传递的信息。因此，EDI 数据传输是非实时的，由收送双方的计算机系统直接传送、交换资料，不需要人工介入操作。

4. 运作规范化

EDI 一般通过增值网、专用网等作为数据通信网络。目前，随着网络技术的进一步发展，网络安全性的提高，因特网也逐步成为 EDI 用于数据通信的途径。

尽管传真或电子邮件也可以用来传输数据，但和 EDI 相比，仍有着本质的区别。EDI 的传输内容为格式化的标准文件并有格式校验功能，而传真或电子邮件为非格式化的；另外，EDI 的处理过程为计算机自动处理，而传真或电子邮件需要人工的阅读判断处理才能进入计算机系统。传统方式与 EDI 方式传输单证对比如图 4-10 所示。

三、EDI 的分类

（一）根据 EDI 的功能分类

1. 订货信息系统（Trade Data Interchange，TDI）

TDI 是最基本、最知名的 EDI 系统，又称为贸易数据互换系统，它用电子数据文件来传输订单、发货票和各类通知。

2. 电子金融汇兑系统（EFT）

EFT 即在银行和其他组织之间实行电子费用汇兑。EFT 系统已使用多年，但仍在不

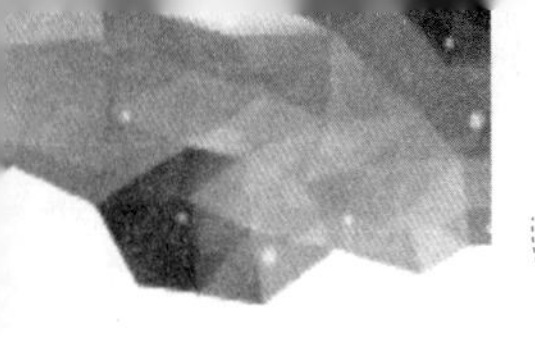

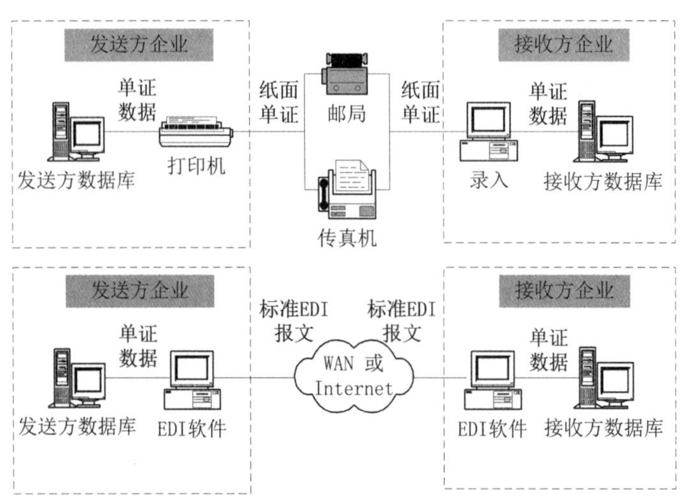

● 图 4-10　传统方式与 EDI 方式传输单证对比

断地改进之中，其中最显著的改进是同订货信息系统联系起来，形成一个自动化水平更高的金融汇兑系统。

3. 交互式应答系统（Interactive Query Response，IQR）

IQR 可应用在旅行社或航空公司作为机票预订系统。在应用这种 EDI 时，先要询问到达某一目的地的航班，要求显示航班的时间、票价或其他信息，然后根据旅客的要求确定所要的航班，打印机票。

4. 带有图形资料自动传输的 EDI

最常见的是计算机辅助设计的自动传输（Computer Aided Design，CAD）。例如，设计公司完成一个厂房的平面布置图，将其平面布置图传输给厂房的主人，请主人提出修改意见。一旦该设计被认可，系统将自动输出订单，发出购买建筑材料的报告，在收到这些建筑材料后，自动开具收据。

（二）根据 EDI 的运作形式分类

1. 封闭式 EDI

由于 EDI 传输的信息是格式化的商业文件或商业单据，因此，它要求商业机构之间必须统一传输技术和信息内容的标准。现行的 EDI 必须通过商业伙伴之间预先约定协议（如技术协议或法律协议）来完成，当其他贸易伙伴要加入时，也必须遵守原 EDI 参与方之间所有的约定、协议和方法。

由于不同行业、不同地区实施 EDI 所采用的标准和协议的内容是不同的，于是出现了大量不同结构的 EDI 系统。各个系统之间由于所采纳的标准和传输协议不同，彼此之间相对处于封闭状态，因此这种形式的 EDI 被称为封闭式 EDI。

2. 开放式 EDI

为了避免逐渐形成专用的、封闭的 EDI 孤岛式的格局，一些国际组织提出了开放式 EDI 的概念，即“使用公共的、非专用的标准，以跨时域、跨商域、跨现行技术系统和跨数据类型的交互操作性为目的的自治采用方之间的电子数据交换”。

开放式 EDI 试图通过建立一个通用基础传输协议和标准系统来解决开发中产生的问题，其方法是构造一个开放式的环境，发展 EDI 多应用领域的互操作性，以及创建应用多种信息技术标准的基础，同时保证 EDI 参与方对实际使用 EDI 的目标和含义有一个共同的理解，以减少乃至消除对专用协议的需求，使得任何一个参与方不需要事先安排就能与其他参与者进行 EDI 业务。

3. 交互式 EDI

交互式 EDI 是指在两个计算机系统之间连续不断地以询问和应答形式，经过预定义和结构化的自动数据交换达到对不同信息的自动实时反应。交互式 EDI 以开放式 EDI 为基础。

4. 以互联网为基础的 EDI

以互联网为基础的 EDI 交易信息经过加密压缩后作为电子邮件的附件在网上传输。许多种格式的文件之所以可以作为附件随电子邮件传输，是因为它们使用了一种称作 MIME 格式的传输协议。国际互联网的标准将 MIME 格式定义为传输 EDI 报文的格式。EDIFACT 也制定了相应的标准。

任务二　电子数据交换系统

一、EDI 系统的基本结构

从 EDI 技术实现的角度来分析，EDI 系统由 3 个基本组成要素构成，即 EDI 技术标准、EDI 软件及硬件、EDI 通信网络。这 3 个要素相互衔接、相互依存，是构成 EDI 的基本框架，其中软件及硬件是实现 EDI 的前提条件，通信网络是实现 EDI 的基础，EDI 技术标准是实现 EDI 的关键。

（一）EDI 技术标准

EDI 技术标准明确规定了进行电子事务处理的数据格式和内容，定义了一种在不同部门、不同公司、不同行业及不同国家之间进行信息传送的通用方法。

EDI 是以格式化的、可用计算机自动处理数据的方式来进行公司间文件交换的。在用人工处理订单的情况下，工作人员可以从各种不同形式的订单中得出所需的信息，如货物名称、型号规格、价格、交货时间等。这些信息可以是手工书写的方式，也可以是

打字的方式；可以先说明货物的名称、型号，再说明价格，也可以先说明价格，再说明货物的型号、规格。订单处理人员在处理这些格式不同的订单时，能明白它所表达的信息，但计算机却不行，要让计算机看懂“订单”，订单的有关信息必须是相应的电子文档，并且应该是按照事先规定的格式和顺序排列。事实上，商务上的任何数据和文件的内容都要按照一定的格式和顺序排列，才能被计算机识别和处理。

目前最广泛应用的 EDI 国际标准是 UN/EDIFACT 标准，除业务格式外还要符合计算机网络传输标准。EDI 标准主要包括语法规则、数据结构定义、编辑规则与转换、公共文件规范、通信协议、计算机语言等内容。现有的 EDI 标准已经达到可以满足全球业务数据交换的阶段，EDI 用户可以在全球范围内进行有关的事务处理资料的交换。

（二）EDI 软件及硬件

1. EDI 软件系统

EDI 软件具有将用户数据库中的信息译成 EDI 的标准格式以供传输交换的能力。也就是说，贸易双方在进行数据交换时，需要有专门的 EDI 翻译软件将各自专用的文件格式转换成一个共同确认的标准格式，以便对方能自动将标准格式转换成自己的专用格式。EDI 标准具有较强的灵活性，可以适应不同行业的众多需求。然而每个公司有其自己规定的信息格式，因此，当需要发送 EDI 报文时，必须用某些方法从公司的专用数据库中提取信息，并翻译成 EDI 标准格式进行传输，这就需要 EDI 相关软件的帮助。

EDI 系统中常用的软件有转换软件、翻译软件、通信软件和数据库维护软件，其结构如图 4-11 所示。

（1）转换软件。转换软件可以帮助用户将计算机系统文件转换成翻译软件能够理解的平面文件，或是将从翻译软件接收的平面文件转换成计算机系统中的文件。平面文件是用户格式文件和 EDI 标准格式文件之间的对照性文件，它符合翻译软件的输入格式，通过翻译软件变为 EDI 的标准格式文件。平面文件是一种普通的文本文件，其作用在于生成 EDI 电子单证，以及用于内部计算机系统的交换和处理等，它可以直接阅读、显示和打印输出。

转换软件大多数由公司内部开发，这是因为公司的业务不同而导致单证格式的不同。转换过程中，需要读取标准库和代码库中的信息。标准库中存放的是各种报文标准、数据段和数据元目录，代码库存放的是各种标准代码和合作伙伴使用的代码。

（2）翻译软件。翻译软件就是把平面文件翻译成 EDI 标准格式或将收到的 EDI 标准格式翻译成平面文件，再由通信软件进行传输。

（3）通信软件。将 EDI 标准格式的文件外层加上通信信封，再送到 EDI 系统交换中心的邮箱，或从 EDI 系统交换中心内将接收到的文件取回。通信软件负责管理和维护贸易伙伴的电话号码系统，执行自动拨号等功能。

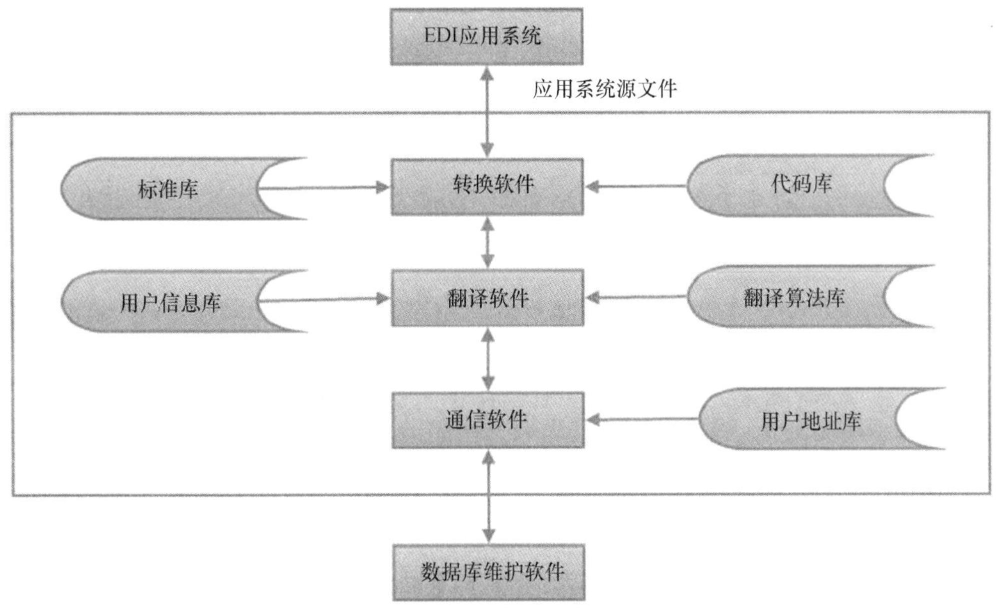

图 4-11 EDI 软件系统的构成

（4）数据库维护软件。在 EDI 系统中，转换软件、翻译软件和通信软件所使用的标准库、代码库、翻译算法库、用户信息库、用户地址库等，都需要由数据库维护软件负责对其进行维护。

2. EDI 硬件系统

EDI 的硬件系统主要包括计算机、调制解调器和通信线路。

（1）计算机。无论是个人计算机、工作站还是小型机、大型机等均可利用，是存储和处理 EDI 数据的主要设备。

（2）调制解调器（Modem）。由于使用 EDI 系统来进行电子数据交换，必须通过通信网络，因此可用来进行模拟信号和数字信号之间转换的调制解调器是必备的硬件设备。调制解调器的功能与传输速度应根据实际需要进行选择。

（3）通信线路。通信线路是保证信息传递的通路。最常用的通信线路是由通信部门提供的通信公网，如果对传输时效和资料传输量方面有较高要求，可以考虑租用数字数据网（Digital Data Network，DDN）专线。

（三）EDI 通信网络

通信网络是实现 EDI 的基本要求。EDI 的通信环境由一个 EDI 通信系统和多个 EDI 用户组成，EDI 的开发、应用就是通过计算机通信网络实现的。

1. 根据各种通信网络信息传递的特点分类

通信网络可分为公共电话网、分组交换网、专用网 3 种。

（1）公共电话网。使用电话网需要一个调制解调器，因为电话线是用来传递语音信号的，而 EDI 要求传送的是数字信号。因此，通过调制调解器把数字信号转换成模拟语音信号，这样就能把 EDI 的电子信息传送出去。同样，接收的计算机也需要通过调制解调器把模拟信号转换成数字信号。

（2）分组交换网。电话的交换方法对于计算机数据交换来说存在一个缺点，即线路占用的时间的浪费，因此产生了分组交换网。分组交换网的原理是建立通信子网，利用子网存储转发的功能提高通信线路的利用率。

（3）专用网。专用网往往以 DDN 作基础为用户提供服务。DDN 是利用数字信道传输数据信号的数据传输网，是利用数字信道为用户提供语音、数据、图像信号的半永久连接电路的传输网。它一般建立在光缆、数字微波和数字卫星的通道的基础上。DDN 可为 EDI 提供高速、高质量的通信环境。

2. 根据 EDI 用户之间相互传送电子信息的方式分类

通信网络可分为点对点、增值网和信报处理系统 3 种。

（1）点对点（Point To Point，PTP）。即 EDI 按照约定的格式，通过通信网络进行信息的传递和终端处理，完成相互的业务交往，两个单位的计算机之间的联网可以是直接的，也可以是间接的。点对点的方式又可分为一点对一点方式、一点对多点方式、多点对多点方式，如图 4-12 所示。

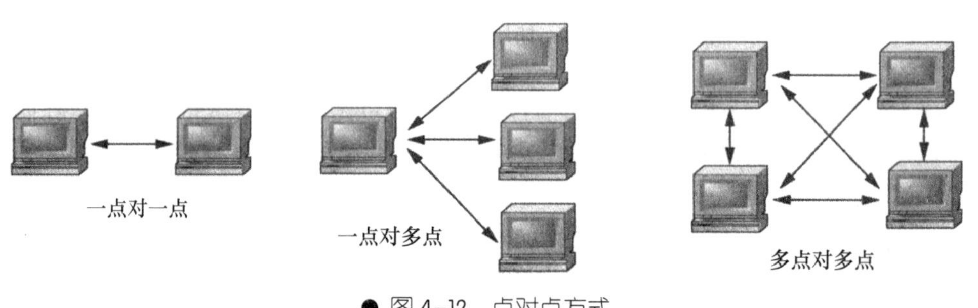

● 图 4-12　点对点方式

早期的电子数据交换是通过计算机直接联网来实现的，这被称作“点对点”的 EDI。在这种情况下，发送数据的计算机通过联网直接“访问”接收数据方的计算机。这种传输环境必须尽量单纯化，交换双方须以同一种格式与传输协议、同一速度，甚至在双方议定的同一时间段内进行交换，一旦交换对象或业务往来数量增加，就难以立即应变。此外，PTP 通信方式要求同步，不适合于跨国家、跨行业的使用。因此，PTP 是公司机构极少采用的一种方式。近年来，随着技术进步，这种点对点的方式虽然在某些领域中仍有用，但都有所改进。新方法采用的是远程非集中化控制的对等结构，利用基于终端开放型网络系统的远程信息业务终端，用特定的程序将数据转换成 EDI 报文，实现国际的 EDI 报文互通。

（2）增值网（Value Added Networking，VAN）。VAN 是一种特殊的计算机网络，指那些增值数据业务（VADS）公司利用已有的计算机与通信网络设备，除了在网络上开展一般通信服务外，还向用户提供 EDI 的其他服务，如把数据从某种格式标准转换为另一种格式标准，使数据处理速度不相同的计算机之间实现数据的交换。这些服务就像某公司把货物从一个地方运到另一个地方的过程中，同时对货物进行了加工，使其增值一样，因而被称为“增值网”。

VADS 公司提供给 EDI 用户的服务主要是租用信箱及协议转换，后者对用户是透明的。信箱的引入实现了 EDI 通信的异步性，提高了效率，降低了通信费用。因此，利用增值网开展 EDI 活动时，贸易伙伴之间就不需要直接联系了，它们利用在增值网里自己的“信箱”。发送者把电子信息交给增值网，增值网会把电子信息放到接收方的电子信箱里。接收方可以根据自己的安排，每天一次或数次打开自己的信箱，把电子信息传入到自己的计算机中。如果发送方和接收方的计算机所使用的标准不相同，那么可以由增值网来翻译，对数据格式进行转换。

VAN 方式（见图 4-13）尽管有许多优点，但因为各增值网的 EDI 服务功能不尽相同，VAN 系统并不能互通，从而限制了跨地区、跨行业的全球性应用。同时，此方法还有一个致命的缺点，即 VAN 只实现了计算机网络的下层，相当于 OSI 参考模型的下三层。而 EDI 通信往往发生在各种计算机的应用进程之间，这就决定了 EDI 应用进程与 VAN 的联系相当松散，效率很低。

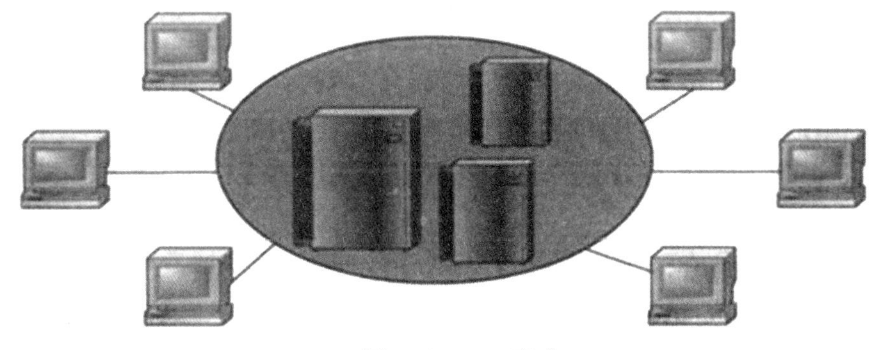

● 图 4-13 VAN 方式

（3）报文处理系统（Message Handing System，MHS）。MHS 是 ISO 和 ITU-T 联合提出的有关国际电子邮件服务系统的功能模型。它是建立在 OSI 开放系统的网络平台上，适应多样化的信息类型，并通过网络连接，具有快速、准确、安全、可靠等特点。它是以存储转发为基础的、非实时的电子通信系统，非常适合作为 EDI 的传输系统。

MHS 为 EDI 创造了一个完善的应用软件平台，减少了 EDI 设计开发上的技术难度和工作量。EDI 与 MHS 互联，可将 EDI 报文直接放入 MHS 的电子信箱中，利用 MHS 的地址功能和文电传输服务功能，实现 EDI 报文的完善传送，大大促进了国际 EDI 业务的发展。

二、EDI 系统的工作方式

根据接入 EDI 网络的方式不同，可以将 EDI 分为 3 种工作方式，如图 4-14 所示。

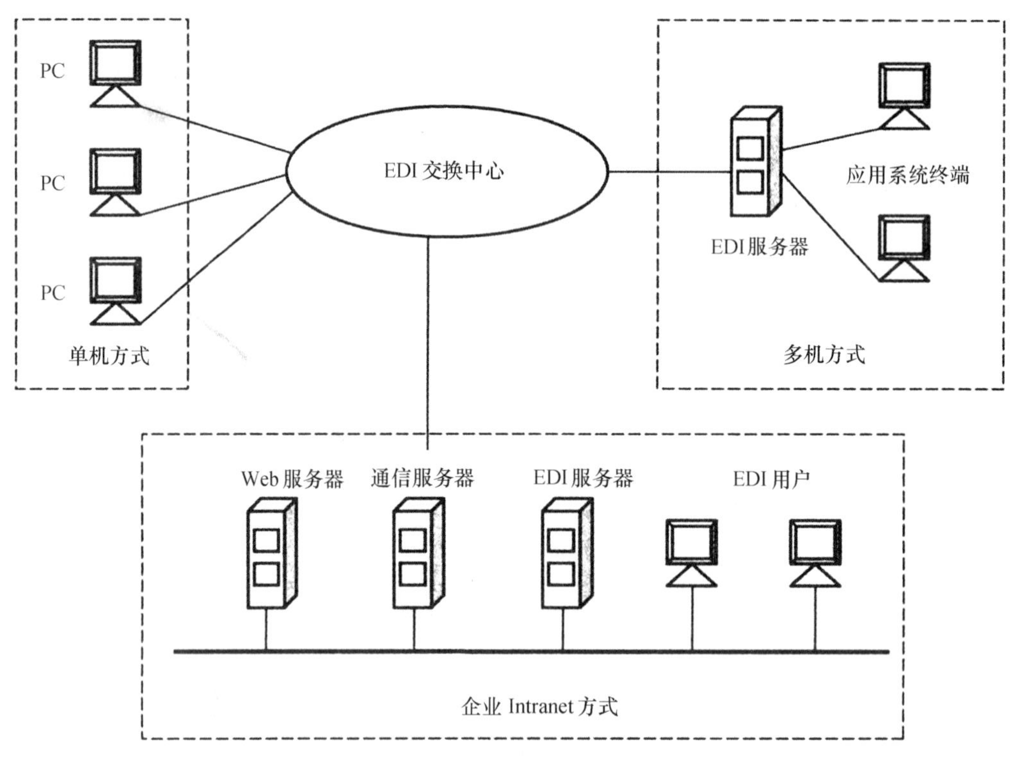

● 图 4-14　EDI 系统的工作方式

1. 单机方式

单机方式具有单一计算机应用系统的用户接入方式。用户通过连接电话交换网的调制解调器直接接入 EDI 交换中心，该计算机应用系统中需要安装 EDI 系统的专用通信软件及相应的转换和翻译软件。

2. 多机方式

多机方式具有多个计算机应用系统的用户接入方式。多个应用系统（如销售系统、采购系统、财务系统等）采用联网方式将各个应用系统首先接入负责与 EDI 中心交换信息的服务器中，再由该服务器接入 EDI 交换中心，该服务器不仅负责各个应用系统与 EDI 中心的统一通信，还承担 EDI 标准格式的翻译、企业各部门 EDI 的记账。

3. 企业内部专用网络（Intranet）方式

企业 Intranet 方式是采用基于 Internet 技术建立的企业内部专用网络来接入 EDI 交换中心。外联网（Extranet）概念的提出，使 Intranet 企业内部走向外部，它通过向一些主要的贸易伙伴添加外部连接来扩充企业内部专用网络。目前，在很多 EDI 系统中，用户已经可以使用浏览器通过 EDI 中心的 Web 服务器访问 EDI 系统。

三、EDI 系统的工作流程

EDI 的实质是通过约定的商业数据表示方法，实现数据经由网络在贸易伙伴所拥有的计算机应用系统之间的交换和自动处理，以达到迅捷和可靠的目的。EDI 的实现过程就是用户将相关数据从自己的计算机信息系统传送到有关贸易方的计算机信息系统的过程。在 EDI 工作过程中，所交换的报文都是结构化的数据，过程因用户应用及外部通信环境的差异有所不同，一般分为以下 6 个步骤，如图 4-15 所示。

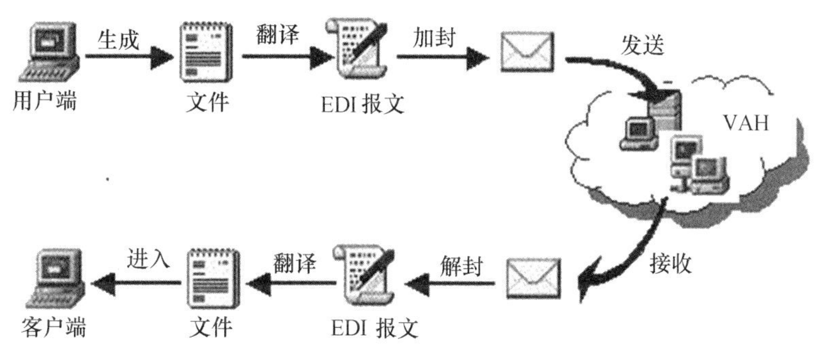

● 图 4-15　EDI 系统的工作流程

（1）生成 EDI 平面文件。用户应用系统将用户的应用文件（如单证、票据等）或从数据库中取出的数据，通过映射程序变换为平面文件（Flat File）。EDI 平面文件是通过应用系统将用户的应用文件（如单证、票据等）或数据库中的数据映射成为一种标准的中间文件。这一转换过程称为映射（Mapping）。

（2）翻译生成 EDI 标准格式文件。将平面文件通过翻译模块翻译生成 EDI 标准格式文件。EDI 标准格式文件是按 EDI 数据交换标准，即 EDI 标准的要求，将平面文件的目录项，加上特定的分隔符、控制符和其他信息，生成的一种包括控制符、代码和单证信息在内的只有计算机才能阅读的 ASCII 码文件。EDI 标准格式文件就是所谓的 EDI 电子单证（或称电子票据）。它是 EDI 用户之间进行贸易和业务往来的依据。

（3）通信。这一过程由用户端计算机通信软件完成。发送方通过计算机通信模块发送 EDI 信件，通信模块是 EDI 系统与 EDI 通信网络的接口。通信软件将已转换成标准格式的 EDI 报文经建立在报文处理系统（Message Handling System，MHS）数据通信

平台上的信箱系统，投递到对方的信箱中，信箱自动完成投递和转接，并按照 ITU-TX. 400/X. 435 通信协议的要求，为电子单证加上信封、信头、信尾、投送地址、安全要求及其他辅助信息。

（4）EDI 文件的接收。接收方通过通信网络接入 EDI 信箱系统，打开自己的信箱，将来函接收到自己的计算机中。

（5）拆开 EDI 信件并翻译成平面文件。

（6）将平面文件转换成接收方信息系统能处理的文件格式，进行编辑、处理和回复等操作。

任务三　电子数据交换技术在快递中的应用

EDI 最初由美国企业应用在企业间订货业务活动中，其后 EDI 的应用范围从订货业务向其他的业务扩展，如 POS 销售信息传送业务、库存管理业务、发货送货信息和支付信息的传送业务等。

EDI 作为一种有效的、新型的商业信息管理手段在快递行业的应用范围非常有限，企业之间快递信息的共享机制尚未形成，相对集中在进出口企业与海关、商检等管理部门之间的使用。

在快递企业中也存在着海关业务，海关业务中应用 EDI “无纸报关”，简单来说，就是指不需通过纸面单证，即可向海关进行申报。具体来说，就是快递企业在电子计算机终端上填写进出口报关单证，并通过电子传输其报关单证进海关的报关自动化系统，向海关申报；海关的电子计算机对报关单进行审核与处理后，凡适合海关监管规定的，就自动地发出海关放行指令或签发海关放行通知单（OK 单）。这种报关方式自始至终通过电子计算机进行而无须人工干预，所以称为“计算机报关”或“自动化报关”。由于取消了传统的纸面单证、文件，改用电子方法向海关申报，故通常又称为“无纸报关”。显而易见，对快递企业而言，无纸报关可以大大节省时间和减少费用，克服因海关现场报关而造成的旅途劳累和排队等候，从而保证了快件派送时效；对海关而言，无纸报关可以让海关人员有足够的时间来处理进出口报关单证，减少工作差错，从而提高了工作效率。

就国内多数快递企业而言，真正意义上的 EDI 应用还远未开展，其主要原因是：①快递企业整体的信息标准化水平不高，技术条件和信息管理基础相对薄弱。②EDI 系统的开发成本比较高，多数快递企业缺乏充足的开发资金实力。③上下游企业之间在认识上尚未达成一致，有些上下游企业甚至没有意识到 EDI 的作用。在一定意义上，EDI 应用水平低是制约工商企业利用外部资源和快递企业的重要原因。

项目小结

本项目主要介绍了 EDI 的基本概念、特点和分类，EDl 系统的基本结构和工作方式及流程、EDI 技术在快递中的应用。

知识巩固

（1）什么是 EDI？

（2）简述 EDI 的分类。

（3）EDI 系统由哪些模块组成？

（4）简述 EDI 的工作方式。

（5）阐述 EDI 系统的工作原理。

（6）在网上查找资料，进一步了解国外 EDI 在快递行业中的应用情况。

实训任务　EDI 技术操作应用

实训目的

（1）了解 EDI 的基本概念、系统组成。

（2）掌握 EDI 的工作流程和操作。

实训参考

EDI 操作步骤见表 4-2。

表 4-2　　EDI 操作步骤

操作步骤	操作内容
EDI001	用户登录 EDI 网站，成为 EDI 会员。EDI 系统界面如图 4-16 所示
EDI002	会员登录，进入 EDI 应用系统，浏览 EDI 系统结构，如图 4-17 所示
EDI003	新增贸易伙伴类型，具体操作如下：①进入贸易伙伴管理页面，单击“新增类型”按钮。②输入贸易伙伴类型，单击“保存”按钮，如图 4-18 所示
EDI004	修改贸易伙伴类型，具体操作如下：①进入贸易伙伴管理页面，选择贸易伙伴类型，单击“修改类型”按钮。②输入贸易伙伴类型，单击“保存”按钮
EDI005	删除贸易伙伴类型，具体操作如下：①进入贸易伙伴管理页面，选择贸易伙伴类型，单击“修改类型”按钮。②单击“删除”按钮
EDI006	新建贸易伙伴，具体操作如下：①进入贸易伙伴管理页面，单击“新增贸易伙伴”按钮。②输入新增贸易伙伴信息，单击“保存”按钮

续表

操作步骤	操作内容
EDI007	修改贸易伙伴，具体操作如下：①进入贸易伙伴管理页面，选择贸易伙伴，单击“贸易伙伴明细”按钮。②输入修改值，单击“保存”按钮
EDI008	删除贸易伙伴，具体操作如下：①进入贸易伙伴管理页面，选择贸易伙伴，单击“贸易伙伴明细”按钮。②单击“删除”按钮
EDI009	查询贸易伙伴，具体操作如下：①进入贸易伙伴管理页面。②输入查询条件，单击“查询”按钮
EDI010	新增商品，具体操作如下：①单击“商品信息管理”，单击“新增商品”按钮。②输入新增商品信息，单击“保存”按钮
EDI011	修改商品，具体操作如下：①单击“商品信息管理”，选择商品，单击“商品明细”按钮。②输入修改商品信息，单击“保存”按钮
EDI012	删除商品，具体操作如下：①单击“商品信息管理”，选择商品，单击“商品明细”按钮。②单击“删除”按钮
EDI013	查询商品，具体操作如下：①进入商品信息管理页面。②输入查询条件，单击“查询”按钮
EDI014	新建单证，具体操作如下：①单击单证管理页面的“新建单证”按钮，或单击“单证录入”链接。②选择“卖主编号”，单击“添加商品”按钮，选择商品，单击“添加商品”按钮。③输入单证完整信息，单击“保存单证”按钮
EDI015	查询单证，具体操作如下：①进入单证管理页面。②输入查询条件，单击“查询”按钮
EDI016	作废单证，具体操作如下：①进入单证管理页面，选择单证，单击“单证明细”按钮。②单击“作废”
EDI017	报文生成发送处理，具体操作如下：①进入单证管理页面，选择单证，查看明细；或直接单击“报文生成处理”链接。②单击“生成平面文件”按钮。③单击“生成EDI报文”按钮。④单击“发送”按钮；或单击“通信模块”链接，发送报文

● 图 4–16　EDI 系统界面（EDI001）

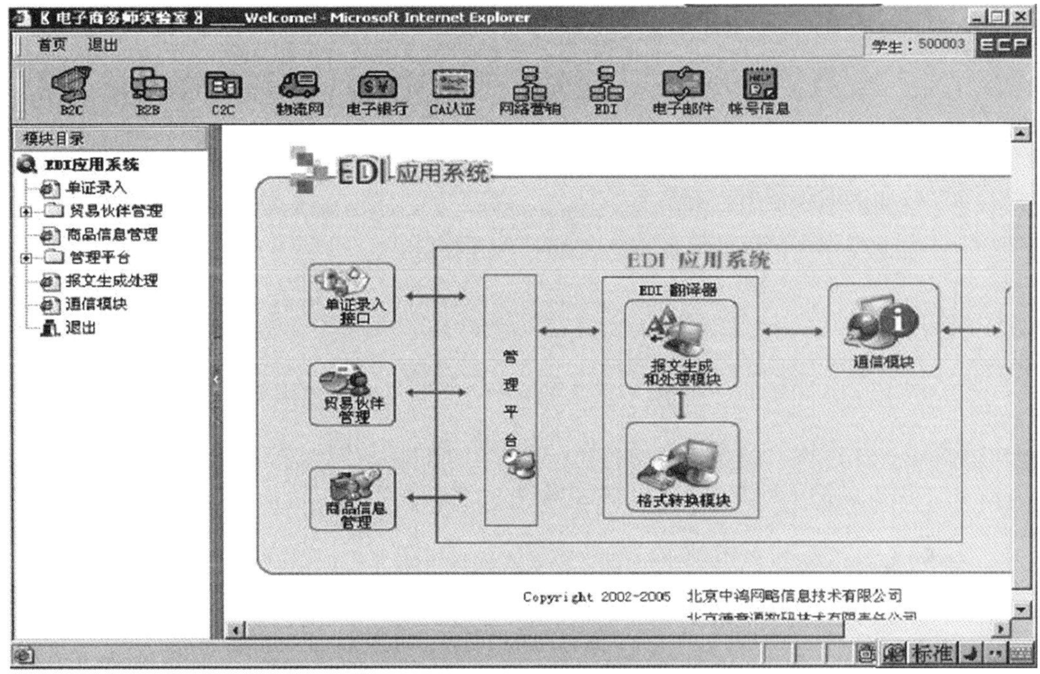

● 图 4-17　浏览 EDI 系统结构（EDI002）

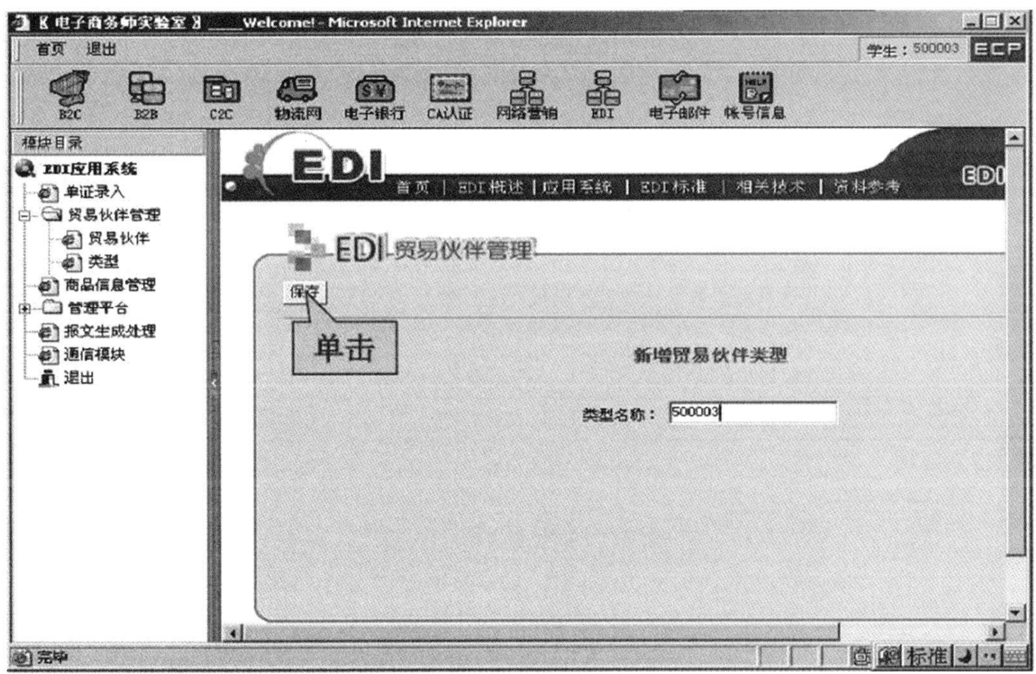

● 图 4-18　新增贸易伙伴类型（EDI003）

实训要求

学生以“出口单位”的身份，应用德意电子商务软件 EDI 应用系统模块，模拟完成 EDI 贸易伙伴管理、EDI 单证处理、报文生成、报文发送等环节。

（1）按照实训任务书，完成各项任务。

（2）遵循操作步骤，认真完成，提交实训报告。

实训准备

（1）教师准备好实训任务书，讲清该任务实施的目标和知识要点。

（2）实训中心准备好实训设备、德意电子商务软件和网络环境。

（3）学生根据任务目标，通过教材和 Internet 收集相关资料并做好知识准备。

实训考核

实训考核表

<table>
<tr><td colspan="2">专业：</td><td colspan="2">班级：</td><td colspan="3">被考评小组成员：</td></tr>
<tr><td>考评时间</td><td colspan="3"></td><td>考评地点</td><td colspan="2"></td></tr>
<tr><td>考评内容</td><td colspan="6">EDI 技术操作应用</td></tr>
<tr><td rowspan="5">考评标准</td><td>内容</td><td>分值</td><td>小组互评（50%）</td><td>教师评议（50%）</td><td>考评得分</td></tr>
<tr><td>实训过程中遵守纪律，礼仪符合要求，团队合作友好</td><td>20</td><td></td><td></td><td></td></tr>
<tr><td>实训记录内容全面、真实、准确，PPT 制作规范，表达准确</td><td>20</td><td></td><td></td><td></td></tr>
<tr><td>应用德意电子商务软件 EDI 应用系统，模拟操作正确</td><td>40</td><td></td><td></td><td></td></tr>
<tr><td>学生按照要求撰写实训报告</td><td>20</td><td></td><td></td><td></td></tr>
<tr><td colspan="2">综合得分</td><td>100</td><td></td><td></td><td></td></tr>
<tr><td colspan="6">指导教师评语：</td></tr>
</table>

• 项目四 快递管理信息系统 •

知识目标

◇ 掌握快递管理信息系统的基本概念、特点、基本构成和功能结构。

◇ 能够说明和应用快递管理信息系统的开发原则。

◇ 能够区分和比较快递管理信息系统的结构化开发方法、原型方法、面向对象开发方法和计算机辅助软件工程方法。

◇ 掌握典型的快递管理信息系统，熟悉快递信息系统的基本功能。

技能目标

◇ 理解快递管理信息系统开发的理论支撑，在掌握这些理论的基础上才能对系统进行开发。

◇ 能熟练操作典型的快递业务信息系统，体会信息技术和快递业务的结合。

导入案例

某快递公司的快递管理信息系统

某快递公司根据快递业务流程，在快递管理信息系统开发的必要性及可行性分析的基础上，构建了图 4-19 和图 4-20 所示的数据流程图。

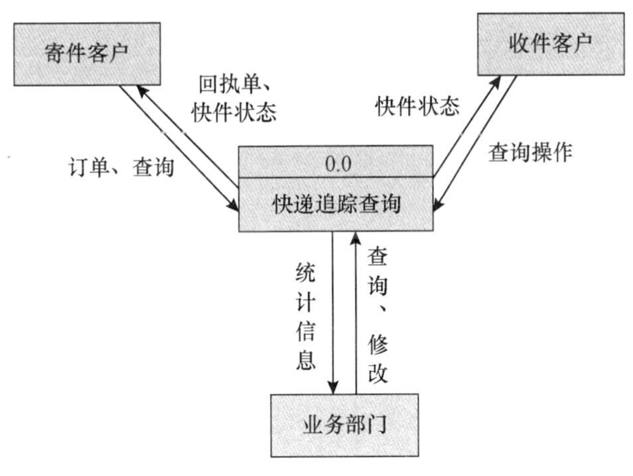

● 图 4-19 第一层数据流程图

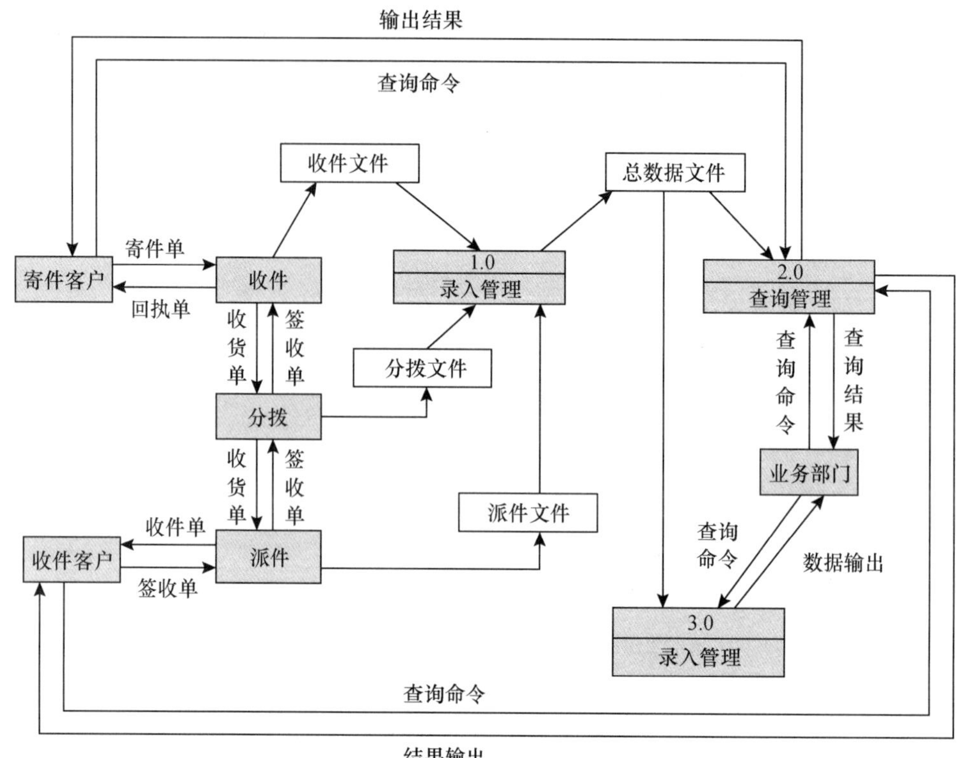

● 图 4-20　第二层数据流程图

（1）营运类业务管理系统。面向对象为营运本部用户，通过此类系统可对全网的营运业务做出有效的调度配置和管理，又可分为订单系统、仓储管理信息系统、追踪查询系统、资源调度系统，其中快递追踪查询系统由单据录入子系统、单据查询子系统、统计报表 3 大部分组成，如图 4-21 所示。

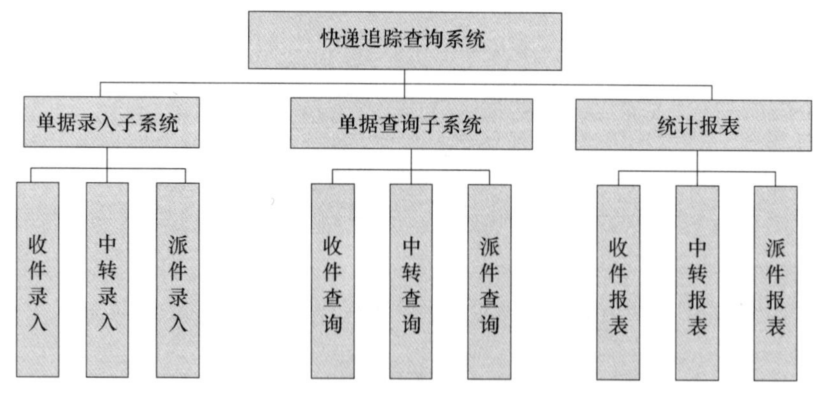

● 图 4-21　快递追踪查询系统

（2）客服类业务管理系统。面向对象为客户服务部门及其全国呼叫中心，通过与客户的信息交流互动，实现快速及时服务。

（3）管理报表类管理系统。面向对象为综合本部等相关部门，将其业务规划等资料形成电子单据，统一制度标准，及时实现管理政令的上传下达，并以清晰规范的形式完善报表考核制度。

（4）综合类管理系统。综合类管理系统是对前三类管理系统的业务统一合并，同时也是对前三类管理系统的有效补充。

快递管理信息系统是快递业务操作系统的神经中枢，它作为整个企业管理系统的指挥和控制系统，可以分为多种子系统或者多种基本功能。

任务一　快递管理信息系统概述

一、认识快递管理信息系统

（一）快递管理信息系统的定义

快递管理信息系统（Express Management Information System）是企业管理信息系统中的一个重要的子系统，是通过对系统内外快递相关信息的收集、存储、加工处理，获得快递管理中有用的信息，来达到对物质流、资金流的有效控制和管理，并为企业提供战略运作、信息分析和决策支持的人机系统。快递系统内部的衔接是通过信息进行沟通的，资源的调度也是通过信息共享来实现的，组织快递活动必须以信息为基础。

快递管理信息系统是企业信息系统中的一类，是企业按照现代管理的思想、理念，以信息技术为支撑所开发的信息系统。快递管理信息系统充分利用数据、信息、知识、计算机网络等资源，进行快递信息的收集、存储、传输、加工整理、维护和输出，为快递管理者及其他组织管理人员提供战略、战术及运作决策的支持，提高快递运作的效率与效益，其最终目的是提高企业的核心竞争力。

（二）快递管理信息系统的特点

随着社会经济的发展、科学的进步，快递管理信息系统具有管理性和服务性、适应性和易用性，并正在向信息分类的集成化、系统功能的模块化、信息采集的实时化、信息传输的网络化以及信息处理的智能化方向发展。

1. 管理性和服务性

快递管理信息系统的目的是辅助快递企业的管理者进行快递运作的管理和决策，提供与此相关的信息支持。因此，快递管理信息系统必须同快递企业的管理体制、管理方法、管理网络相结合，遵循管理与决策行为理论的一般规律。为了适应管理快递活动的

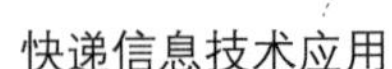

需要，快递管理信息系统必须具备处理大量快递数据和信息的能力，具备各种分析快递数据的方法，拥有各种数学和管理工程模型。

2. 适应性和易用性

根据系统的一般理论，一个系统必须适应环境的变化，尽可能地做到当环境发生变化时，系统能够不需要经过太大的变化就能适应新的环境。这主要体现了系统的适应性，适于人们根据外界环境的变化对系统进行相应的修改。一般模块式系统结构相对易于修改。因此，快递管理信息系统也要具有对环境的适应性。

3. 集成化

集成化指快递管理信息系统将业务逻辑上相互关联的部分连接在一起，为企业快递活动中的集成化信息处理工作提供基础。在系统开发过程中，数据库的设计、系统结构以及功能的设计等都应该遵循统一的标准、规范和规程（即集成化），以避免出现“信息孤岛”现象。

4. 模块化

模块化是将快递管理信息系统划分为各个功能模块的子系统，各子系统通过统一的标准来进行功能模块的开发，然后实现集成并组合起来使用，这样既满足了快递企业中不同管理部门的需要，也保证了各个子系统的使用和访问权限。

5. 实时化

实时化是指借助于编码技术、自动识别技术、GIS 技术、GPS 技术等现代技术，对快递活动进行准确实时的信息采集，并采用先进的计算机与通信技术，实时地进行数据处理和传送快递信息，通过网络的应用将发件人、收件人按业务关系连接起来，使快递管理信息系统能够即时地掌握和分享属于发件人、收件人的信息。

6. 网络化

网络化是指通过 Internet 等网络将分散在不同地理位置上的快递分支机构、发件人、收件人等连接起来，形成一个复杂但又密切联系的信息网络，从而通过快递管理信息系统实时地了解各地业务的运作情况。快递信息中心将各节点传来的快递信息进行汇总、分类、综合分析，然后通过互联网把结果反馈传达下来，从而起到指导、协调、控制快递业务的作用。

7. 智能化

智能化是快递管理信息系统未来的发展方向。例如，在快递企业决策支持系统中的知识子系统，负责对决策过程中所需要的快递领域知识、专家的决策知识和经验知识进行收集、存储和智能化处理。

二、快递管理信息系统的结构

（一）快递管理信息系统的基本组成

快递管理信息系统由快递信息源、快递信息处理器、快递信息用户和快递信息管理者4个基本组成部分组成，快递管理信息系统的基本组成部分及关系如图4-22所示。

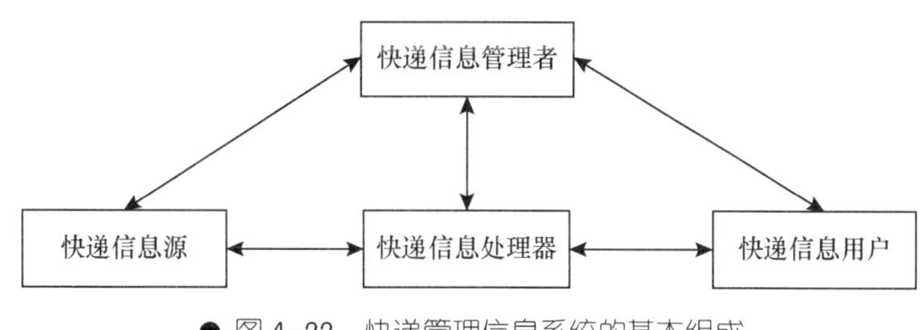

● 图4-22 快递管理信息系统的基本组成

快递信息源是指原始数据的产生及来源地。

快递信息处理器利用计算机软件和硬件对原始数据即快递信息源进行收集、加工、整理和存储，把它转化为有用的信息，再将这些有用的信息传输给信息使用者。

快递信息用户是信息的使用者，不同的信息使用者依据收到的信息进行决策。

快递信息管理者负责管理信息系统的设计和维护工作，在快递管理信息系统实现以后，还要负责协调信息系统的各个组成部分，保证信息系统的正常运行和使用。快递管理信息系统越复杂，信息管理者的作用就越重要。

（二）快递管理信息系统的层次结构

在快递管理信息系统的实际应用中，根据信息处理的内容及应用的层次一般把快递活动由上至下分为3层：决策分析及战略计划层、管理控制层和业务操作层。一般来说，下层系统的处理量比较大，上层系统的处理量相对小一些，所以就形成了一个金字塔式的结构。不同的管理层次需要不同的信息服务，为它们提供服务的信息系统就可以按这些管理层次来相应地进行划分。为不同管理层次所设计的信息系统在数据来源和所提供的信息方面都是完全不同的。

1. 业务操作层

业务操作层是用于启动和记录个别快递活动的最基本的层次，它的任务是有效利用现有资源展开各项活动，按照管理层所制订的计划与进度表，具体组织人力和物力去完成上级指定的任务，如快递派前准备、快递派送服务、快递后续处理等具体的快递活动。因此，业务操作层的信息系统处理过程都是比较稳定的，可以按预先设计好的程序和规则进行相应的信息处理。

在这一层次上的信息系统一般由事物处理、报告处理和查询处理3种处理方式组

成。这 3 种处理方式的工作过程十分相似。首先将处理请求输入处理系统中，系统自动从文件中搜寻相关的信息并进行分析处理，最后输出处理结果或报告。业务操作层所面对的信息通常是确定型的，决策过程是程序化的，决策问题多数是结构化的。

2. 管理控制层

管理控制层的主要任务是根据高层管理者所确定的总目标，对组织内所拥有的各种资源制订出分配计划及实施进度表，并组织基层单位来实现总目标。这是面向各个部门负责人的，是为他们提供所需要的信息服务，以支持他们在管理控制活动中能正确地制订各项计划和了解计划的完成情况。管理控制层所需要的信息和数据来源主要有两个渠道，一方面是控制企业活动的预算、标准、计划等；另一方面是作业活动所提供的信息，主要包括决策所需要的模型、对各部门的工作计划和预测、对计划执行情况的定期或不定期的偏差报告、对问题的分析评价、对各项查询的响应等。管理控制层一般处理的决策问题多数是半结构化的。

3. 决策分析及战略计划层

决策分析及战略计划层的任务是确定企业的总体目标和长远发展规划。为决策分析及战略计划层服务的快递管理信息系统需要比较广泛的数据来源。其中，除了内部数据，主要包括相当数量的外部数据，如当前社会的政治形势、经济发展趋势和国家的政策，企业自身在国内外市场上所处的位置和竞争能力等。此外，决策分析及战略计划层信息系统所提供的信息是为企业制订战略计划服务的，所以要有高度的概括性和综合性，如对企业当前能力的评价和对未来能力的预测，对市场需求和竞争对手的分析等。这些信息对企业制订战略计划都有很大的参考价值。

三、快递管理信息系统的功能

快递管理信息系统主要实现快递业务处理层、信息查询层的功能，同时也实现部分信息分析层的功能，还包括结构化决策问题的建模与求解，具体功能见表 4-3。

表 4-3　快递管理信息系统的功能

对应层次	功能
快递业务处理层	（1）完成原始数据的收集，提供相应的单证、票据、派送单等信息，实现订单管理及输入和输出的功能 （2）及时处理单证准备、快件交接、快件排序等企业相关业务，反馈和控制快递网点的日常经营的信息 （3）将收集、加工后的快递信息存储在数据库中，以满足信息查询与分析的需求
信息查询层	（1）检索数据库中的现存信息或简单加工后的信息，满足企业和客户对相关快递信息的查询需求 （2）提供对快递系统状况和货物、车辆的监视与跟踪功能 （3）为客户提供所需的网上查询和信息服务手段

续表

对应层次	功能
信息分析层	根据用户的要求，采取适当的计算方法和模型，对数据库、数据系统中存储的数据进行加工分析，将输入数据加工处理成快递信息，并产生相关的分析报告，帮助快递企业经营管理者对企业的运行状况进行分析评估
决策支持层	对快递业务进行评估和成本—收益分析，主要包括快递业务量分析、经营成本分析、利润增长点分析、路线优化、配载优化及客户行为分析等功能，为快递企业高层领导及管理人员提供相应的辅助决策服务

任务二　快递管理信息系统的开发

快递管理信息系统的开发是一个复杂的系统工程，它涉及系统理论、组织结构、管理理念、计算机处理技术及工程化方法等方面的问题。

一、快递管理信息系统开发原则

1. 系统性原则

建立快递管理信息系统，不是单项数据处理的简单组合，它是一个范围广、协调性强、人机结合紧密的系统工程必须要有系统规划，系统规划是快递管理信息系统开发的最重要的环节。因此，快递信息管理要保证系统开发的完整性，制定出相应的管理规范，如快件收寄和派送的管理规范、单证规范、问题件处理规范、客户维护规范等，保证系统开发和操作的完整性和可持续性。

2. 灵活性原则

无论组织机构还是设备、管理制度或管理人员，在一定时间内只能是相对稳定的，其变化才是经常的。因此，要求构建的快递管理信息系统具有很强的环境适应性、较好的开放性和结构的可变性。在快递管理信息系统设计中，应尽量采用模块化结构，以提高各模块的独立性，尽可能减少模块间的数据耦合，使各系统间的数据依赖减至最低限度。这样既便于模块的修改，又便于增加新的内容，提高快递管理信息系统适应环境变化的能力。

3. 可靠性原则

快递管理信息系统的稳定可靠运行是快递业务有序高效运作的基础。可靠性是指快递管理信息系统抵御外界干扰的能力及受外界干扰时的恢复能力。一个成功的管理信息系统必须具有较高的可靠性，如安全保密性、检错及纠错能力、抗病毒能力等。而信息系统的可靠性依赖于主机、操作系统、网络数据库、应用软件支撑框架、应用软件等全

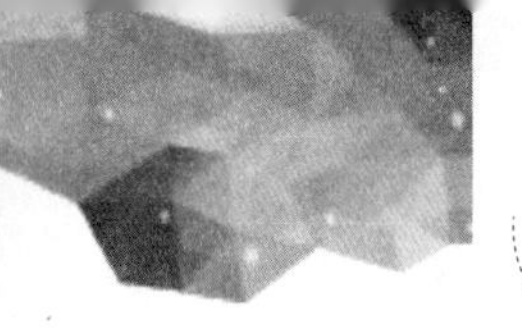

方位的可靠性保障。因此，在快递管理信息系统设计中，从电源、主机、硬盘，到网络等所有的关键硬件资源都应尽可能做到冗余备份，达到单点故障不影响整个系统正常运行的目的。选用高性能系统管理软件完成主机网络数据库和应用进程的实时监控，对可能发生和已经发生的故障能够做到预警、检测、接管并恢复，保证系统安全可靠。

4. 经济性原则

在满足需求的情况下，尽可能选择性价比高、相对成熟的产品，不要贪大求新。一方面，在硬件投资上从实际出发以满足应用需要即可，不要盲目追求技术上的先进；另一方面，系统设计中各模块应尽量简单，以便缩短处理流程，减少处理费用。

5. 简单性原则

快递管理信息系统设计要做到应用系统人机界面直观明了，在达到预定的目标、具备所需要的功能的前提下，系统应当尽量简单，易于操作、维护和管理，提高系统效率。

6. 开放性原则

快递管理信息系统在开发过程中需要考虑系统运行平台的开放性，保证系统可以在所有的计算机硬件平台上都能运行。开放的系统应该能够包容多种计算机，支持多种网络协议，具备高度的开放性和兼容性，后台可以使用不同厂商的数据库软件，并能够适应今后的技术发展。

二、快递管理信息系统开发方法

目前常用的开发快递管理信息系统的具体方法有结构化系统开发方法、原型法、面向对象开发方法和计算机辅助软件工程方法。

（一）结构化系统开发方法

结构化系统开发方法是自顶向下结构化方法、工程化的系统开发方法和生命周期方法的结合，是目前应用最普遍、最成熟的一种方法。

1. 结构化系统开发方法的基本思想

结构化系统开发方法将软件工程和系统工程的理论和方法引入到信息系统的研制开发中，按照用户至上的原则，结构化、模块化、自顶向下地对系统进行分析和设计。把信息系统的整个开发过程视为一个生命周期，分成系统规划、系统分析、系统设计、系统实施、系统运行维护与评价 5 个阶段，新系统开发完成后投入使用。经过若干时间，当系统不能再适应业务的发展或用户有了新的需求时，一个新的生命周期重新开始，这是一个循环的过程。结构化系统开发方法的流程如图 4-23 所示。

2. 结构化系统开发方法的优缺点

优点：注重系统开发的整体性和全局性，强调在整体优化的前提下考虑具体的分析设计问题；严格区分开发阶段，每一阶段都有明确的任务，同时产生相应的文档资料。

缺点：系统开发周期太长．有时候系统开发尚未完成而内外环境已经发生了变化，用户对系统的需求也发生了变化；在系统实施之前，开发人员只能通过技术文档和用户沟通，交流比较困难。

（二）原型法

原型法是 20 世纪 80 年代随着计算机软件技术的发展，特别是在关系数据库系统（Relational Data Base System，RDBS）、第四代程序生成语言（4th Generation Language，4GL）和各种系统开发生成环境产生的基础上，提出的一种从设计思想、工具、手段都全新的系统开发方法。

1. 原型法的基本思想

"原型"是指该系统早期可运行的一个版本，反映系统的部分重要功能和特征，其主要内容包括系统的程序模块、数据文件、用户界面、主要输出信息和其他系统的接口。原型系统不同于最终系统，它需要快速实现、投入运行。因此，必须注意功能和性能上的取舍，可以忽略一切暂时不必关心的部分，力求原型的快速实现。但要能充分地体现原型的作用，满足评价原型的需求。

原型法的基本思想是开发管理信息系统时，在投入大量的人力、物力之前，在限定的时间内，用最经济的方法构造一个系统模型，使用户尽早看到未来系统的概貌，在系统原型的实际运行中与用户一起发现问题，提出修改意见，不断完善原型，使其逐步满足用户的要求，形成一个相对稳定、较为理想的系统，其流程如图 4-24 所示。

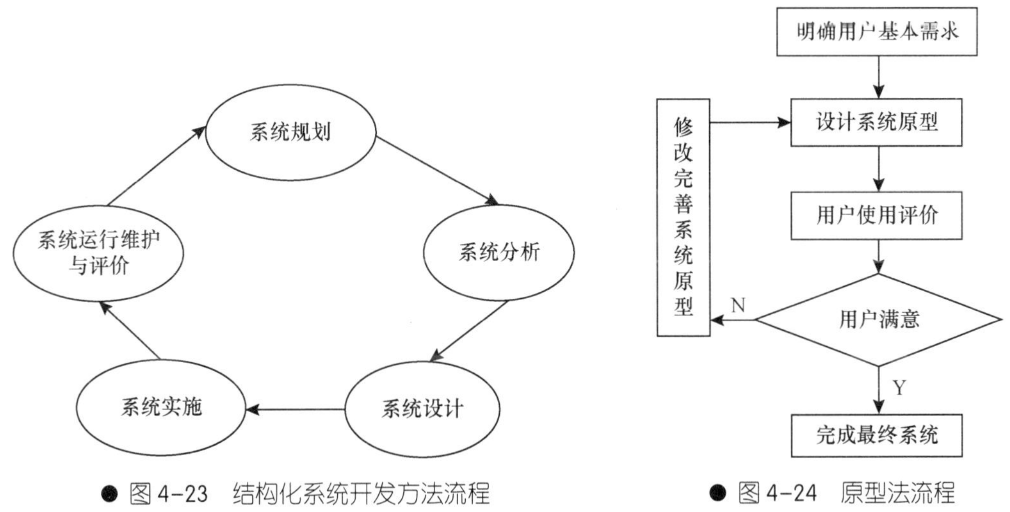

● 图 4-23 结构化系统开发方法流程

● 图 4-24 原型法流程

2. 原型法的优缺点

优点：符合人们认识事物的规律，系统开发循序渐进，反复修改，确保较好的用户满意度；开发周期短，费用相对少；由于有用户的直接参与，系统更加贴近实际；易学

易用，减少用户的培训时间；应变能力强。

缺点：不适合大规模系统的开发；开发过程管理要求高，整个开发过程要经过“修改—评价—再修改”的多次反复；用户过早看到系统原型，误认为系统就是这个模样，易使用户失去信心；开发人员易将原型取代系统分析；缺乏规范化的文档资料。

（三）面向对象开发方法

面向对象开发方法可以被认为是面向过程技术和面向数据技术相结合的产物，是20世纪80年代末逐步发展起来的一种新的系统开发方法。客观世界是由各种各样的对象组成的，每种对象有各自的内部状态和运动规律，不同对象之间的相互联系和相互作用就构成了各种不同的系统。面向对象开发方法把数据和过程包装成为对象，以对象为基础对系统进行分析与设计，是一种综合性的开发法，开发过程如图4-25所示。

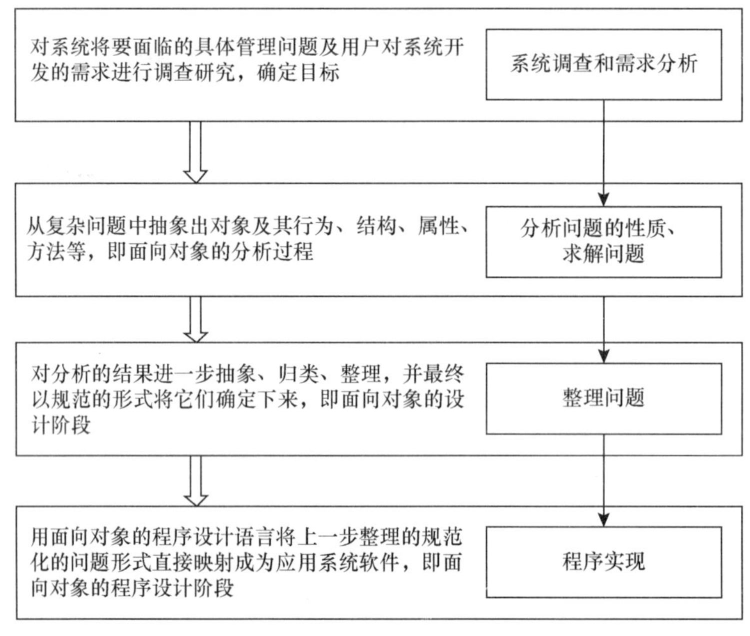

● 图4-25　面向对象开发方法开发过程

（四）计算机辅助软件工程方法

自从计算机在信息处理领域应用以来，系统开发过程，特别是系统分析、设计和实施过程，一直是制约信息系统发展的瓶颈。直到20世纪80年代中后期，计算机图形处理技术和程序生成技术的出现才有效地缓解了这种情况。解决这一问题的工具就是集图形处理技术、程序生成技术、关系数据库技术和各类开发工具于一身的计算机辅助软件工程（CASE）方法。

1. CASE方法的基本思想

CASE是计算机技术在系统开发活动和方法中的应用，是软件工具和开发方法的结合体。CASE 工具是指能够支持或使系统开发中的一个或多个阶段自动化的计算机程序（软件）。

2. CASE 方法解决问题的基本思路

CASE 方法解决问题的基本思路是在前面所介绍的任何一种系统开发方法中，如面向对象开发方法系统调查后，系统开发过程中的每一步都可以在一定程度上形成对应关系，就完全可以借助于专门研制的软件工具实现上述一个个系统的开发过程。

由此可见，CASE 方法不是真正独立意义上的方法。利用 CASE 工具进行系统开发，必须结合一种具体的开发方法，如结构化系统开发方法、原型法或面向对象开发方法等，CASE 方法只是为具体的开发方法提供了支持每一过程的专门工具，把原先由手工完成的开发过程转变为以自动化工具支持的自动化开发过程。

三、快递管理信息系统开发过程

以结构化系统开发方法为例，简要介绍一下快递管理信息系统的开发过程。采用结构化系统开发方法时，开发过程一般分为 5 个阶段，即系统规划、系统分析、系统设计、系统实施、系统运行维护与评价。

1. 系统规划

系统规划既是快递管理信息系统开发工作的初始阶段，又决定了所开发出的快递管理信息系统的功能和运行效率，它始于用户提出要求。在这个阶段，用户提出的要求往往是需要解决的问题的简单罗列，开发人员的任务就是要对用户的要求进行初步调查和可行性研究，通过关键成功因素法、企业系统规划法等方法提出未来快递管理信息系统的总体功能结构。

2. 系统分析

系统分析是快递管理信息系统开发工作中最重要的一个阶段，这个阶段要解决未来快递管理信息系统“做什么”的问题，是快递管理信息系统的逻辑设计阶段。这个阶段的工作分为两大部分：一是在规划阶段初步调查的基础上对企业进一步详细调查；二是建立快递管理信息系统的逻辑方案。

3. 系统设计

系统设计阶段是对快递管理信息系统进行物理设计，回答快递管理信息系统“如何做”的问题，主要工作分为两部分：总体设计和详细设计。

总体设计在系统分析的基础上主要完成以下工作：

（1）设计快递管理信息系统的硬件结构和系统软件结构。

（2）根据选定的硬件平台及系统软件的特点，设计快递管理信息系统的数据处理流程及数据类。

（3）由快递管理信息系统的数据处理流程确定快递管理信息系统的应用软件结构。

（4）完成快递管理信息系统的数据库设计及共享编码的设计。

详细设计又称物理模型设计，设计对象是构成快递管理信息系统的每一个功能模块。

4. 系统实施

系统实施是将系统设计的结果付诸实践，该阶段包括以下工作：实施快递管理信息系统环境、编写和调试程序、组织系统调试和测试、对用户进行培训和切换交付快递管理信息系统。

5. 系统运行维护与评价

这个阶段的工作包括两部分：系统运行维护和系统评价。

（1）系统运行维护。为保证快递管理信息系统的正常运行和系统资源的有效使用，需要进行系统维护，不断完善系统、扩充系统功能和提高系统效率。

（2）系统评价。快递管理信息系统投入使用后，要看看系统是否满足了最初系统规划阶段的设想，系统运行的情况如何等，这称为系统评价。通常从 4 个方面来评价系统：①系统目标的完成情况，看是否实现了设计阶段提出的所有功能；②系统运行的情况，如系统运行的速度、稳定性和可靠性，用户是否满意等；③系统的安全性和保密性；④系统的直接经济效益和间接经济效益。

经过一段时间的维护以后，随着快递企业业务的变化、规模的扩大，快递管理信息系统需要升级，以求进一步提高效率、满足用户更高的要求。这时这个系统就要达到生命周期的终点了，开发人员将重新进行快递管理信息系统规划、分析、设计、实施等，开始新的一轮生命周期。

任务三　快递管理信息系统的基本功能和系统模块

快递管理信息系统的各应用子系统运行在共享的操作平台上，对共享资源进行统一管理和调度，保证了信息和业务处理的完整性和连续性，并通过网络实现了互联互通。目前，各个快递企业的管理信息系统不尽相同，但基本模块和功能是相同的。

一、营运业务系统

（一）营运业务系统管理

1. 快递业务信息采集管理

快递业务员利用便携式数据采集器，可在快件揽收过程中及时录入快件信息并发送至数据中心。同时，还可进行相关数据的查询，包括快件资费的查询和估算、大客户信息的直接查询等。

利用无线式移动数据终端，快递业务员可将收派信息及时准确地反馈到数据处理中心，大大缩减反馈时间，提高作业效率。业务员随身携带无线数据终端，可在收派过程中将采集到的数据通过 GPRS/CDMA 向数据中心发送，也可通过 GPRS/CDMA 短信息服务（SMS）接收调度指令，发送位置信息。当快件派送到客户手中时，业务员使用采集器扫描快件条码，可将此数据发送至数据处理中心，或者利用短信将该快件的签收信息发送至数据处理中心。由于采集器上已下载了需要派送快件的所有数据，业务员可随时查看派送情况，对已派送了多少件、尚未派送多少件等情况一目了然。

2. 快递信息监控

快递信息监控就是对整个网络实现运单的统一管理，对快件的流程进行全程跟踪，对班车进行实时电子化监控，实现数据共享，方便客户查件。

（1）快件跟踪管理。快件跟踪管理是指中心或站点利用数据采集器采集信息，对出入的快件实施全程跟踪。如果出现丢件等问题，可以快速查询到丢件环节并追查丢失原因。每个中心或站点都可对到件进行预测，也可对中心或站点的到件和发件进行对比，让中心或站点提前知道是否有遗漏的到件和发件。

（2）快件签收管理。对快件的签收进行时效监管，根据寄出时间可在信息系统平台上查询寄出快件当前状态，如已经签收票数、在分拨中心票数、问题件票数、正在派送中的票数、退回票数等，从而实现对整个快递过程的监控。

（3）班车监控管理。利用 GPS 或 BDS 和 GIS，采用 SMS 和 GPRS 作为数据传输手段，建立在途跟踪系统，及时调配车辆和人员，获取车辆和快件信息，实现对班车远程跟踪控制。

利用监控管理平台，调度人员根据客户的即时需求向驾驶员发送调度信息，驾驶员通过通信设备查阅相关信息并反馈，确认是否前去取件。在此过程中，驾驶员可持续向调度中心发送位置信息和快件的装载、卸载情况，调度中心可及时获取信息并根据实际情况控制车辆运行。在途跟踪系统能回放重现车辆的行驶过程，实时查询车辆的位置和行驶数据信息。在途跟踪系统一般还具有报警、语音监听、指定行驶路线、查询营运数据等功能，可对班车的车门进行监管，防止快件中途人为丢失。通过 GIS 功能模块，可在电子地图上查找客户的地理位置和合理的行车路线。

（4）常见问题监控。充分利用信息系统数据库数据，及时发现问题，并做出适当的调整、修正、补救，对改善企业的经营管理，提高客户服务水平具有重要意义。通常可以通过在系统中的查询发现营运操作中的以下问题：①快件在库房是否滞留。②快件是否出现异常。③快递班车是否晚点。④质量考核指标是否合格。⑤快件出港是否晚点。⑥派件方式选择是否错误。⑦垫付费用是否偏高。⑧业务员工作量是否饱和。

3. 快递营运信息查询

快递营运模块是快递业务信息系统中的核心功能模块，快递信息查询为快递业务管理提供基础数据，为快递业务的管理提供了极大的方便。在快递业务营运过程中，常见的业务查询内容如下。

（1）转运站有发件无到件。

（2）转运站有到件无发件。

（3）上站有发件本站无到件。

（4）上站无发件本站有到件。

（5）本站有发件下站无到件。

（6）本站无发件下站有到件。

（7）扫描/录单/签收/派件监控对比查询。

（8）未正常回单明细。

（9）未录单明细查询。

4. 决策分析

所谓决策分析，就是在对公共信息管理平台的数据进行管理维护的基础上，根据决策信息需要采用的数据仓库和数据挖掘技术，进行快递业务数据统计分析，生成各种统计报表，为决策提供依据。

按月或按天统计全网任何一个网点或中心的收、发、到、派票数及重量，并且可以按收、发、到、派的收件业务员、上下网点、派件业务员来统计汇总，甚至可以用图形显示，这样有助于清晰了解快递企业每个中心、网点的业务量走势，为中心、网点的发展策略制定提供基础数据。

（二）营运业务系统管理应注意的问题

营运管理系统为企业提供了方便、统一的操作和管理平台，极大地提高了企业的经营水平和作业效率。但是，营运管理系统本质上是一个用来管理和操作快递业务的工具，企业相关人员在使用营运管理系统时要严格按照营运管理系统的使用要求和规则来进行，否则会造成信息失真、遗漏等问题，影响营运管理系统的正常使用。在使用营运管理系统时，常见的问题及原因如下。

1. 统计数据失真

多录、少录都会导致统计数据失真。

2. 费用分摊不准确

中转数据重复计算，导致费用分摊不准确。

3. 财务核算不准确

回款不销账、销账无回款，影响财务核算的准确性。

4. 影响客户的查询

单证已签收但未录入，或单据没有签收却录入信息。此外，延迟录入单据信息等都会影响到客户的查询。

5. 不能对上一环节实行控制

信息不全、信息错误、随意更改会影响对上一环节的控制。

二、客户关系管理系统

从行业特点来看，快递属于服务性行业。快递企业通过为客户提供优质的快递服务，赚取一定的利润，从而获得生存和发展。在经济全球化的今天，市场对快递企业的客户服务水平要求越来越高。信息技术特别是通信网络技术的快速发展，为企业做好客户关系管理，提高客户服务水平，提供了强大的技术支持。

（一）客户关系管理的概念

客户关系管理（Customer Relationship Management，CRM）是指企业为了提高核心竞争力，达到竞争制胜、快速成长的目的，树立以客户为中心的发展战略，并在此基础上开展包括判断、选择、争取、发展和保持客户所需实施的全部商业过程。它是企业以客户关系为重点，通过开展系统化的客户研究及优化企业组织体系和业务流程，提高客户满意度和忠诚度，提高企业效率和利润水平的工作实践；也是企业在不断改进与客户关系相关的全部业务流程，最终实现电子化、自动化营运目标的过程中所创造并使用的信息技术、软硬件技术和优化的管理方法、解决方案的总和。

（二）CRM 系统的功能构成及在快递市场中的应用

1. 功能构成

CRM 系统作为管理软件主要包括市场营销管理、销售管理、服务与技术支持管理、现场服务管理、后台数据分析 5 个子系统。

（1）市场营销管理子系统。市场营销管理子系统通过资料分析工具帮助市场人员对客户和市场信息进行全面的分析，从而对市场进行细分，产生高质量的市场策划活动，指导销售队伍更有效地进行工作。

（2）销售管理子系统。销售管理子系统把企业所有销售环节有机地组合起来，在企业销售部门之间、异地销售部门之间以及销售与市场之间建立一条以客户为导向的工作流程。该子系统能将企业最新的动态客户信息、产品价格信息甚至同行业竞争对手的信息等及时传递给销售业务员，使业务员与客户更好地沟通交流，最终达到缩短企业的销售周期、提高销售的成功率等目的。

（3）服务与技术支持管理子系统。服务与技术支持管理子系统为客服人员提供业务资料支持或解决方案以及问题分析诊断等查询检索工具。其目的是使客户服务人员能

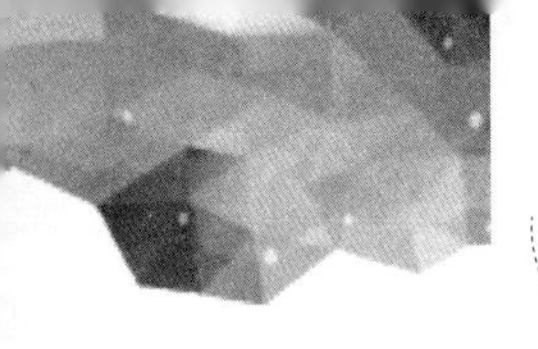

够有效地提高服务效率和服务能力，及时准确地捕捉、跟踪服务中出现的问题，并能根据客户的需求进行分析调研，扩大、提升销售量，保持和增强客户对企业的忠诚度和信任度。

（4）现场服务管理子系统。现场服务管理子系统支持业务员使用移动通信系统进行管理，通过现场服务管理能实现呼叫中心业务人员、商业合作伙伴和客户在内的随时连接及通信。

（5）后台数据分析子系统。后台数据分析子系统对从客户服务中获取的资料进行统计、处理、分析，可以为改善客户服务提供决策依据。例如，对快递服务质量进行量化，设立质量指针，对一定时期的质量指针进行统计计算，找出服务的瓶颈所在，加以改善提高。这对增强快递企业的竞争能力、提高经营效率具有不错的功效。

2. CRM 系统在快递业务中的应用

快递服务不仅指快递实体作业活动本身，还包括提高服务质量的管理活动。具体形式有：提供交易前作业流程的介绍资料，提供电话或面对面的咨询等服务，提供交易中准确的收取、派送时间，接受客户的抱怨、投诉和退件等。这些服务处理正是通过客户关系管理中的市场营销管理、销售管理、服务与技术支持管理、现场服务管理等子系统来完成的。

通过客户关系管理系统对客户信息进行分析。例如，通过与客户交流、合作，建立客户资料，分析筛选客户的反馈意见（包括产品特性、销售渠道、需求变动等），并对客户的行为、客户的需求进行分析预测，从而帮助企业管理者更全面地做出决策，改善和发展企业与客户的协同关系，发展与客户的长期战略关系，为客户提供个性化服务，提高客户服务水平。

通过客户关系管理，向快递企业的作业、销售、市场和服务等部门和人员提供全面的个性化信息，从而强化跟踪服务和信息分析能力，建立与客户的协同互动关系，为客户提供高质量、及时的服务。

通过客户关系管理，能够建立与客户共享的信息平台，为客户提供良好的交流工具。

三、财务结算管理系统

财务管理涵盖企业的应收、应付、业务运作账单的审核与核销，实收款、实付款、业务流水账、业务利润和业务人员业绩的统计以及其他经营分析类财务报表的管理。

（一）财务结算

1. 对整个网络的报价体系进行统一管理

报价变动时能够即时在整个网络生效；对运费、中转费、派件费、货款手续费等费用标准进行统一的管理，根据具体的产生条件自动产生费用并报价；报价需要变更时，更新网络数据库报价资料即可达到全网络自动变更的效果。

2. 对整个网络费用结算进行自动计算

录单后，根据客户、快件重量、目的地等因素可自动计算出快件的运费。

3. 在整个网络实行预付款结算的方式

中心对加盟的站点要求其先期缴纳一定的费用，才能给予站点发件许可，以防收取费用困难，同时通过计算机网络对预付款进行自动扣减，实现对网络的预付款结算。

4. 对中转费和派件费等费用实行自动计算

（1）中转费管理。在扫描过程中，根据快件重量、操作要求、运输成本等因素可自动计算出快件经过该中心的中转费用。

（2）网络派件费管理（按重量计算）。根据寄件运单的重量乘以价格来计算派件费，收取寄件站点的派件费。

（3）签收率自动罚款。超时签收和没有签收的快件按票数罚款，并自动从该站点扣除一定的预付款。

5. 代收货款管理

（1）预收货款结算。由寄件站点录入货款金额，中心做到件扫描（如果需要重量信息以备理赔之用，则可以使用电子秤到件扫描，通过锁定目的网点来加快到件扫描速度），检查寄件站点是否录入货款，只有录入货款的快件才能派发。派件站点签收时，系统自动把货款从派件站点预付款账号划拨到寄件站点预付款账号，完成整个货款的结算，中心货款部只需要每天监控货款是否签收即可，可大幅度地节省人力成本，降低人为的出错概率。

由寄件站点录入货款金额后，中心必须进行发件或者到件扫描才能产生对派件站点的应收货款。只要是派件站点应退的货款，中心都会在当天收取，中心只有收到派件站点的货款才会退款给寄件站点。中心人员在勾选退货款给寄件站点后，系统才会自动把货款从派件站点预付款账号划拨到寄件站点预付款账号。对于欠货款太多的站点，中心财务人员可以通过人为勾选来限制该站点从中心派发快件，直至该中心交清货款。

（2）非预收货款结算。由寄件站点录入货款金额，派件站点在签收之后把需要退给中心的货款进行登记，中心的财务人员在确认派件站点已把货款划拨到中心银行账号以后进行收款确认登记，并生成对寄件站点的退货款日期记录，然后中心财务人员在退款日期内把货款退给寄件站点。

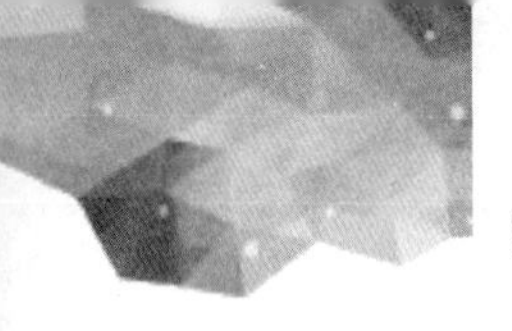

由寄件站点录入货款金额，派件站点在签收之后进行已收货款登记，派件站点人员到中心之后把所退货款退给中心，中心进行收款登记，并于第二天把所收货款退给寄件站点，进行退寄件站点货款登记。

（二）决策分析核算

成本指标是快递企业重要的管理指标。管理人员及时掌握快递业务营运成本情况，对企业改善经营管理、提高核心竞争力具有极为重要的意义。

快递管理信息系统根据录入的相关营运信息进行统计分析等加工处理，形成各种营运成本指标，以报表或图表的形式输出，便于管理人员阅读和分析。

1. 运输成本核算

根据信息系统录入的运输业务量和成本费用，计算机自动计算生成运输成本核算报表或图表。按照相关指标，对照同行业的指标或以往的统计指标分析运输成本的变化，并采取改善或维持措施。

2. 操作成本核算

根据信息系统录入的操作业务量和成本费用，计算机会自动计算生成操作成本核算报表或图表。按照成本/操作量等指标，对照同行业的指标或以往的统计指标对操作成本的变化进行分析，并采取改善或维持措施。

3. 人员工资核算

根据信息系统录入的业务量和人员工资费用，计算机可自动计算生成人员工资核算报表或图表。按照工资费用/单位操作量等指标，对照同行业的指标或以往的统计指标分析人员工资费用的变化，并采取改善或维持措施。

4. 其他费用核算

根据信息系统录入的操作量、成本和收入，计算机将自动计算生成其他费用核算报表或图表。快递企业管理人员根据这些指标来采取适当的管理措施。

任务四　快递信息安全管理

进入 21 世纪，众多快递企业为了提高办事效率和市场反应能力，纷纷依靠 IT 技术构建企业自身的信息系统和业务运营平台，改善了企业管理水平、提高了劳动生产率、增强企业核心竞争力。然而，网络在带给企业机遇与便利的同时，也造成了企业信息系统具有致命的脆弱性、易受攻击性。一旦企业网络遭到攻击，企业信息泄露，甚至被人篡改，就会给企业带来不可估量的损失。因而，研究与防范信息安全问题，对各个快递企业来说是重要的、紧迫的。

一、快递企业面临的安全隐患

各个快递企业信息系统的形式是多种多样的，涉及的安全问题方方面面，很难给出一个固定的模式，但是无论怎样，一个企业信息系统的安全问题，主要面临以下几方面的隐患。

（一）物理因素造成的隐患

1. 场地环境受到侵扰

计算机机房所处的位置有一定的安全技术要求。网络线缆和通讯媒介等通信设施都可能因为地震、电磁场、雷电等环境因素以及其他人为因素而发生物理损坏；来自各种自然灾害、电磁辐射、电磁干扰等自然威胁是不可预测的，会直接影响企业信息的安全；计算机电源保护和接地保护同样非常重要，一旦出现故障，直接造成企业信息的丢失或破坏。

2. 计算机自身出现故障

计算机主要部件如硬盘、内存等的运行情况同样会影响数据的安全性，其可靠性值得企业管理者注意。另外，各部件防盗以及防老化，都不可忽视。

3. 移动存储带来危害

当今各种移动存储设备（如优盘、移动硬盘、MP3 等）在企业中被大量使用，如果缺乏设备监管及监督，很可能造成计算机感染病毒和数据的泄露。

（二）网络共享造成的隐患

1. 系统和软件的漏洞

以微软 Windows 为代表的各种操作系统的漏洞不断地被发现，相应的蠕虫病毒也不断地产生，这对企业内计算机的安全补丁工作提出了极高的要求；另外，很多软件存在“后门”，这些“后门”本来是软件公司的设计编程人员为了以后软件扩展和维护而设置的，一般不为外人所知，但一旦“后门”打开，其就会成为攻击者攻击网络系统的捷径。

2. 人为的恶意攻击

典型的黑客攻击和计算机犯罪属于这一类威胁。此类攻击又可以分为以下两种：一种是主动攻击，它以各种方式有选择地破坏信息的机密性、可用性和完整性；另一种是被动攻击，它是在不影响网络正常工作的情况下，进行截获、窃取、破译以获得重要机密信息。这两种攻击均可对计算机网络造成直接的极大的危害，导致企业机密数据的泄漏和丢失。

3. 病毒、垃圾邮件等的威胁

计算机病毒、蠕虫、恶意代码、垃圾邮件、间谍软件、流氓软件等很容易利用企业

网络安全防护措施的漏洞侵入企业的内部网络，给企业信息基础设施、企业业务带来无法估量的损失。

（三）人文环境造成的隐患

1. 员工网络信息安全意识淡薄

许多人一接触网络就忙着用于学习、工作和娱乐等，对网络信息的安全性无暇顾及，安全意识相当淡薄，对网络信息不安全的事实认识不足。权威调查机构国际数据公司（IDC）的统计表明：30%~40%的工作时间内发生的企业员工网络访问行为是与业务无关的，如游戏、聊天、视频、P2P 下载等。另一项调查表明：1/3 的员工曾在上班时间玩电脑游戏。这些行为无疑会浪费网络资源、降低劳动生产率、增加企业运营成本支出，并有可能因为不良的网络访问行为导致企业信息系统被入侵和机密资料被窃。

2. 企业缺乏必要的管理与监督

企业经营者往往看重的是网络对企业运行的便捷效用，而忽视了其带来的安全隐患，对企业信息安全的投入和管理远远不能满足安全防范的要求。管理者的忽视，造成在整个企业中从上到下普遍存在侥幸心理，没有形成主动防范、积极应对的全民意识，更无法从根本上提高网络监测、防护、响应、恢复和抗击能力。

二、信息安全隐患防范策略

现实中企业所面临的安全问题形势是更加复杂且严峻的。因此，企业管理者必须时刻保持警觉，不断增强防范意识，采取切实有效的防范措施，把影响网络安全的各个方面结合起来，相互弥补，不断完善，才能织起一张安全大网。从防范策略上来讲，可以采用技术、管理和法律三大手段。

（一）技术手段

1. 防火墙技术

防火墙是网络安全的屏障，配置防火墙是实现网络安全最基本、最经济、最有效的安全措施之一。防火墙是指一个由软件和硬件设备组合而成，处于企业或网络群体计算机与外界通道之间，限制外界用户对内部网络访问及管理内部用户访问外界网络的权限。当一个网络接上 Internet 之后，系统的安全除了考虑计算机病毒、系统的健壮性之外，更主要的是防止非法用户的入侵，而这目前主要是靠防火墙技术完成。防火墙能极大地提高一个内部网络的安全性，并通过过滤不安全的服务而降低风险。防火墙可以强化网络安全策略。通过以防火墙为中心的安全方案配置，能将所有安全软件（如口令、加密、身份认证）配置在防火墙上。防火墙可以对网络存取和访问进行监控审计。如果所有的访问都经过防火墙，那么，防火墙就能记录下这些访问并做出日志记录，同时也能提供网络使用情况的统计数据。当发生可疑动作时，防火墙能进行适当的报警，并提供网络是否受到监测和攻击的详细信息。防火墙可以防止内部信息的外泄。利用防火墙对内部网络的划分，可实现内部网重点网段的隔离，从而降低了局部重点或敏感网络安全问题对全局网络造成的影响。

2. 安装防病毒软件

杀毒软件，也称反病毒软件或防毒软件，是用于消除计算机病毒、特洛伊木马和恶意软件的一类软件。杀毒软件通常集成监控识别、病毒扫描和清除、自动升级等功能，有的杀毒软件还带有数据恢复等功能，是计算机防御系统（包含杀毒软件、防火墙、特洛伊木马和其他恶意软件的查杀程序、入侵预防系统等）的重要组成部分。

杀毒软件的任务是实时监控和扫描磁盘。部分杀毒软件通过在系统添加驱动程序的方式，进驻系统，并且随操作系统启动。大部分的杀毒软件还具有防火墙功能。

杀毒软件的实时监控方式因软件而异。有的杀毒软件，是通过在内存中划分一部分空间，将计算机内存中的数据与杀毒软件自身所带的病毒库（包含病毒定义）的特征码相比较，以判断是否为病毒。另一些杀毒软件则在所划分到的内存空间里面，虚拟执行系统或用户提交的程序，根据其行为或结果做出判断。而扫描磁盘的方式，则和上面提到的实时监控的第一种工作方式一样，只是在这里，杀毒软件会将磁盘上所有的文件（或者用户自定义的扫描范围内的文件）做一次检查。

3. 加密技术

信息加密是网络安全最有效的技术之一，可以有效保护网内的数据、文件、口令和控制信息，保护网上传输的数据。企业信息加密，不但可以防止非授权用户的搭线窃听和入网，而且也是对付恶意软件的有效方法之一。

4. 数据备份

数据备份是指将计算机系统中硬盘上的一部分数据通过适当的形式转录到可脱机保存的介质（如移动硬盘、优盘和光盘）上，以便需要时再输入计算机系统使用。没有任何一项措施比数据备份更能够保障信息的安全。制订应急处理计划，做好备份和恢复，是企业信息安全的后方阵地。平时做好数据备份应当是企业内计算机管理员的一项重要工作。完善的数据备份应该是动态的、多重的备份，这样才能保证操作系统遭到破坏后能够迅速恢复这些数据库的使用。

（二）管理手段

1. 强化安全保护意识，做好环境建设

企业各级管理者应当加强计算机及系统本身实体的安全管理，如机房、计算机终端、网络控制室等场所的物理安全，注意对意外事故和自然灾害的防范。

2. 建立健全企业信息安全管理制度和操作规程

制度建设是确保企业信息安全的关键。因此，企业首先要树立网络信息安全管理理念，确定信息安全保护工作的目标和对象，要求“实体可信，行为可控，资源可管，事件可查，运行可靠”；其次，建立健全安全管理制度，确保所有的安全管理措施落到实处，如操作人员管理制度、操作技术管理制度、病毒防护制度、设备管理维护制度、软件和数据管理制度等。最后，制定科学、详细的操作规程，规范日常操作，制定信息系统的维护制度和应急预案，确保企业信息系统的安全管理。

3. 加强计算机用户管理

企业应结合自身硬件、软件、数据和网络等方面实际情况，提高工作人员的保密观念、责任心和安全意识，加强业务技术培训，防止人为事故的发生。必要时，可运用技术手段，通过设置身份限制，对不同设备设置访问权限，对于各子系统工作人员每人设置一个账号，并且每个账号设置口令，并要求定期进行更改口令。

（三）法律手段

1. 加强法律意识

在网络环境下，企业的信息安全问题应该有相应的法律、法规作为保障。它涉及网络安全、计算机安全、数据安全、使用权限和信息主权以及个人隐私等法律范畴。尽管我国到目前为止，对企业信息安全的法律保护还很薄弱，但已经有一些相应的法律法规可供企业管理者借鉴。1994 年 2 月颁布的《中华人民共和国计算机信息系统安全保护条例》[现行的为 2011 年 1 月 8 日公布的《中华人民共和国计算机信息系统安全保护条例（2011 年修正本）》] 揭开了我国计算机安全工作新的一页，是我国信息安全领域内第一个全国性的行政法规，它标志我国的计算机安全工作开始走上规范化的法律轨道。随后，《中华人民共和国计算机信息网络国际联网管理暂行规定》《计算机信息网络国际联网安全保护管理办法》《商用密码管理条例》《计算机信息系统国际联网保密管理规定》《计算机病毒防治管理办法》等一系列法律法规相继出台，成为企业信息安全的有力保障。因此，企业管理者及各级工作人员应当强化自己的法律意识，认真学习领会相关法律条款的精神和规定，从思想上真正认识到企业信息安全问题的重要性和必要性。

2. 落实法律责任

采取系列措施防范企业信息安全隐患固然重要，但是一旦问题出现，往往会出现企业内部人员相互推卸责任的现象。因此，要从根本上强化企业人员的信息安全意识，关键点和突破口在于落实企业人员的法律责任。企业应建立健全合法性的责任追究制，明确机构、人员的职责和要求，也明确部门负责人和相关人员的职责和要求，从制度上保证了各级人员依法履行责任和义务。大量事实证明，只有企业内所有人员都在法律的约束下规范自己的行为，才能为本单位做好信息安全工作创造良好的法律环境。

3. 用法律武器抵制侵犯

国务院颁发的《中华人民共和国计算机信息系统安全保护条例》中明确规定计算机安全应引起各级管理者的重视，并且强调要“维护计算机信息系统的安全运行”。网络侵犯以黑客攻击最为普遍。我国各项计算机安全法律法规出台以后，在威慑黑客方面一直在做着不懈的努力。《中华人民共和国刑法》第二百八十五条规定：“违反国家规定，侵入国家事务、国防建设、尖端科学技术领域的计算机信息系统的，处三年以下有期徒刑或者拘役。”最高人民法院于 1997 年 12 月确定上述罪行的罪名为“非法侵入计算机信息系统罪”。因而，对于恶意侵犯企业信息安全的不法行为，企业各级人员应当坚决地运用法律武器，制止侵犯行为，捍卫企业信息的安全与完整。

项目小结

本项目主要介绍了快递管理信息系统相关知识，包括快递管理信息系统的特点、结构、功能和开发原则，常用的 4 种快递管理信息系统开发方法（结构化系统开发方法、原型法、面向对象开发方法和计算机辅助软件工程方法），快递管理信息系统开发过程，3 种主要的快递管理信息系统（营运业务系统、客户关系管理系统和财务结算管理系统）以及快递信息安全管理的技术手段。

知识巩固

（1）什么是快递管理信息系统？

（2）简述快递管理信息系统的特征。

（3）开发快递管理信息系统应遵循哪些原则？

（4）分别简要说明开发快递管理信息系统的结构化系统开发方法、原型法、面向对象开发方法和计算机辅助软件工程方法的基本思想、特点和优缺点。

（5）简述快递管理信息系统的基本功能和系统模块。

（6）简述营运业务系统。

（7）快递企业面临哪些安全隐患？

（8）简述快递信息网络安全管理措施。

实训任务　应用快递管理信息系统

实训目的

（1）认识快递管理信息系统，理解快递管理信息系统的相关知识。

（2）掌握快递管理信息系统各功能模块的业务流程。

（3）会应用快递管理信息系统的主要功能模块处理快递运营业务。

实训参考

1. 登录到操作界面

火云快递 110 管理软件登录界面和主界面分别如图 4-26 和图 4-27 所示。

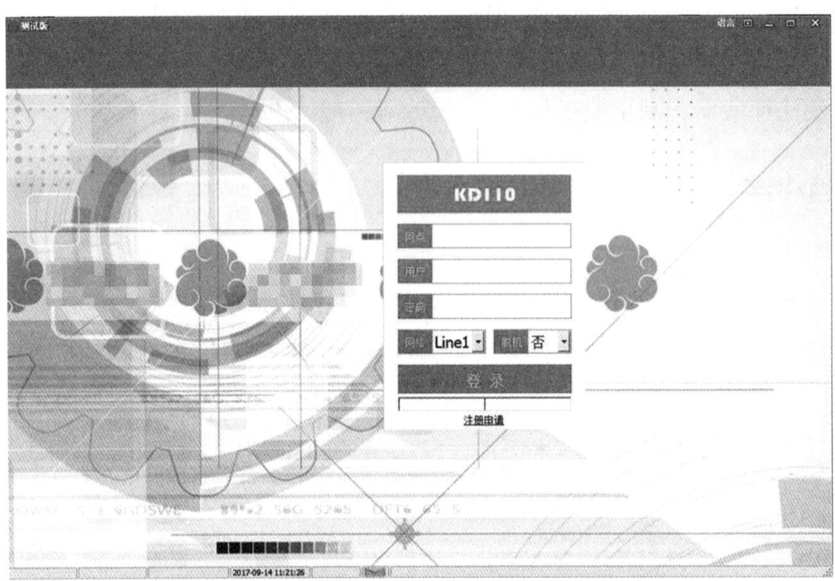

● 图 4-26　火云快递 110 管理软件登录界面

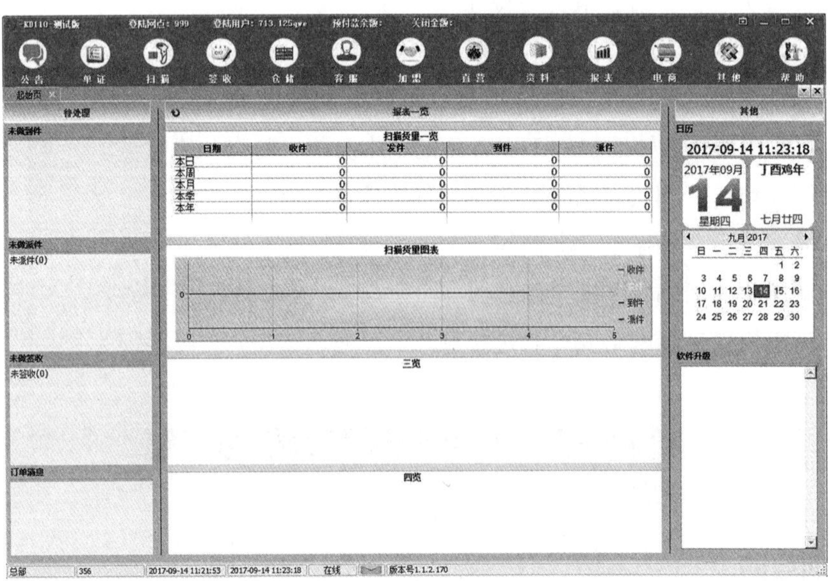

● 图 4-27　火云快递 110 管理软件主界面

2. 寄件录入

单击主界面上的“单证”按钮，选择下拉框中的“寄件录入”，正确填写录入界面的显示框（见图 4-28），即可完成一份快递单的录入工作。

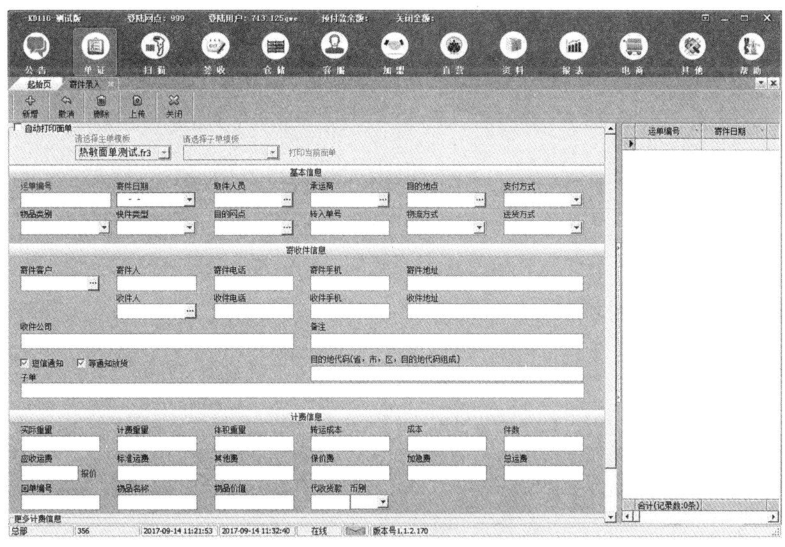

● 图 4-28 寄件录入界面

3. 问题件管理

单击主界面上的“客服”按钮，选择下拉框中的“问题件”，依次完成问题件登记、处理、查询、统计等管理工作。问题件登记、处理、查询、统计界面分别如图 4-29 至图 4-32 所示。

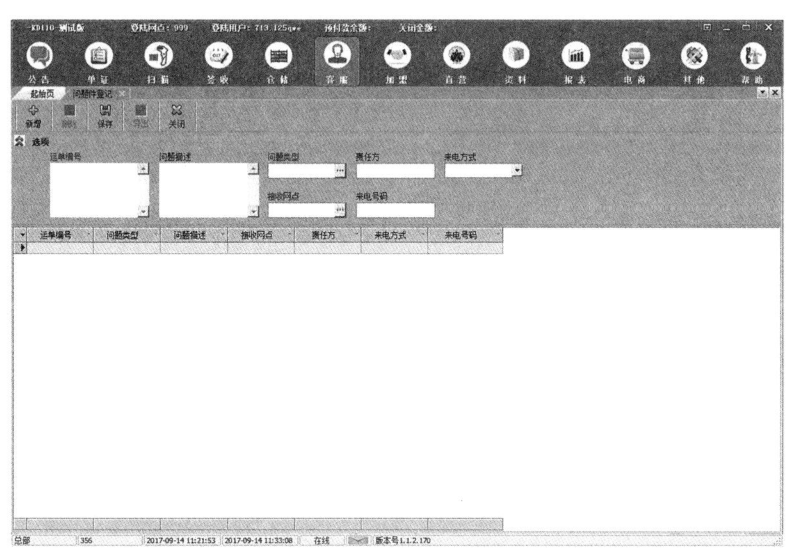

● 图 4-29 问题件登记界面

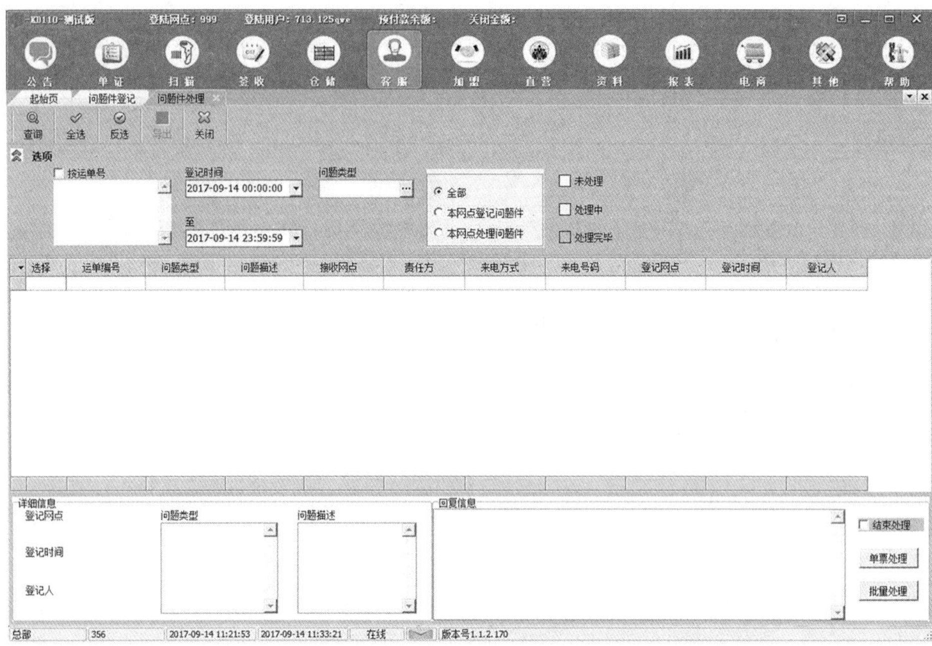

● 图 4-30　问题件处理界面

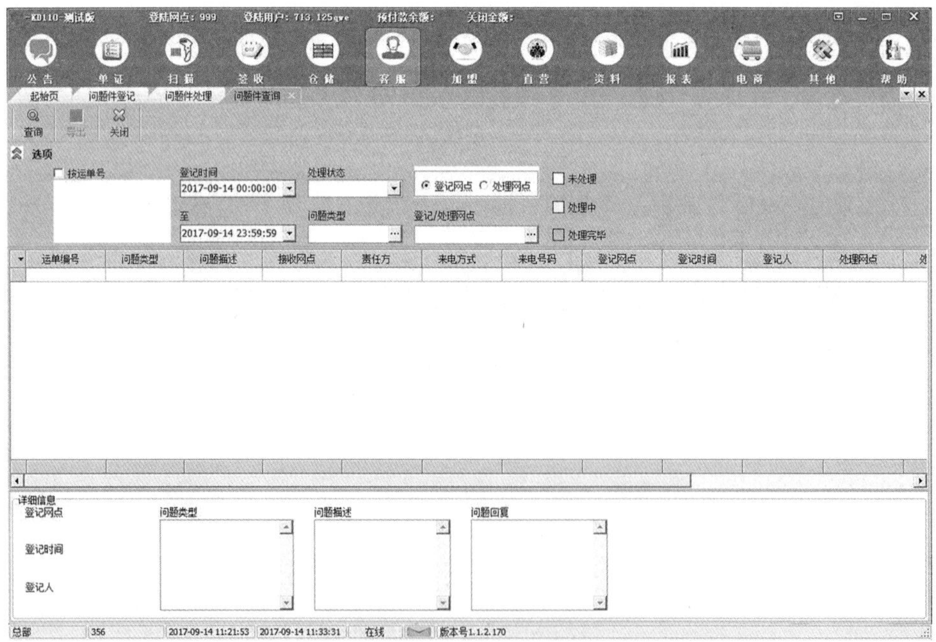

● 图 4-31　问题件查询界面

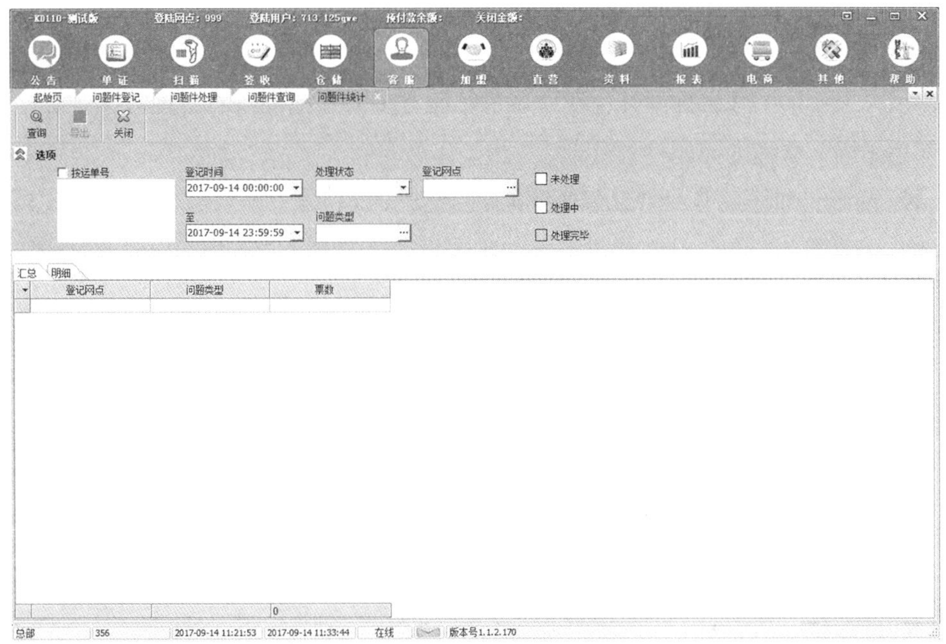

● 图 4-32　问题件统计界面

4. 其他主要功能模块

火云快递 110 管理软件主要功能模块见表 4-4。

表 4-4　火云快递 110 管理软件主要功能模块

主要功能模块	功能子模块
企业公告	公告发表—网点、查看公告、公告管理、弹出公告、起始页
操作管理	收件扫描、发件扫描、到件扫描、派件扫描、问题件、留仓件、转代理扫描、收件交单、重复扫描记录删除、预报到件扫描
运单管理	寄件运单录入、寄件运单编辑、寄件运单审核、寄件运单删除、寄件运单查询
派件运单	派件运单录入、派件运单编辑、派件运单审核、派件运单删除、派件运单查询
签收管理	签收录入、签收查询
物料管理	网点运单发放、业务员运单发放、网点运单发放查询、业务员运单发放查询、运单使用监控、发放专项付款、物料品名维护
客服中心	问题件登记、问题件回复、问题件提示、问题件类型维护、快件跟踪查询、签收明细查询
直营代收款	网点贷款登记、货款对冲查询、网点货款充值
查询	快件跟踪查询、签收明细查询
现金收款	收款登记（录单后）、收款管理、收款统计表、收款汇总表
月结收款	账单生成、账单打印、收款核销、账单管理
提成管理	业务员寄件提成算费、业务员收件提成算费
运单监控	网点状态监控、全网状态监控

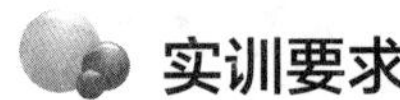

实训要求

使用火云快递 110 管理软件完成业务员小张当天要完成的所有寄件录入工作，以及客服部小李当天受理的问题件的处理。

（1）按照实训任务书，完成各项任务。

（2）遵循操作步骤，认真完成，提交实训报告。

实训准备

（1）教师准备好实训任务书，讲清该任务实施的目标和快递管理信息系统知识要点。

（2）实训中心准备好实训设备、火云快递 110 管理软件和网络环境。

（3）学生根据任务目标，通过教材和 Internet 收集相关资料并做好知识准备。

实训考核

实训考核表

专业：		班级：	考评小组成员：		
考评时间			考评地点		
考评内容	应用快递管理信息系统				
考评标准	内容	分值	小组互评（50%）	教师评议（50%）	考评得分
	实训过程中遵守纪律，礼仪符合要求，团队合作友好	20			
	实训记录内容全面、真实、准确，PPT 制作规范，表达准确	20			
	使用火云快递 110 管理软件处理快递业务操作正确	40			
	学生按照要求撰写实训报告	20			
综合得分		100			
指导教师评语：					

参考文献

[1] 杨秀清. 移动通信技术与应用 [M]. 2版. 北京：人民邮电出版社，2016.

[2] 张亮. 现代移动通信技术与应用 [M]. 北京：清华大学出版社，2014.

[3] 杨爱敏. 移动通信系统 [M]. 北京：机械工业出版社，2014.

[4] 吴彦文. 移动通信技术与应用 [M]. 2版. 北京：清华大学出版社，2013.

[5] 胡建国. 天街有网亦比邻：新一代移动通信技术与移动互联网应用 [M]. 广州：广东出版社，2013.

[6] 曹求光. 物流信息技术与应用 [M]. 北京：电子工业出版社，2016.

[7] 卢少平，王林. 物流信息技术应用 [M]. 武汉：华中科技大学出版社，2009.

[8] 高连周. 物流信息技术应用 [M]. 北京：清华大学出版社，2016.